21世纪普通高等学校数字媒体技术专业规划教材精选

数字媒体基础及应用技术

姬秀娟 周彦鹏 张晓媛 杨艳竹 编著

清华大学出版社

北京

内 容 简 介

本书是一本全面介绍数字媒体技术理论和实践的教材,是编者多年来从事数字媒体技术教学和研究的总结。该书内容丰富,图文并茂,共包括 10 章,主要内容包括数字化多媒体的基本概念、基本理论,媒体系统主要构件(图像、声音、图形、视频、动画)的原理、物理特性及使用,最后通过实例分别介绍了网页制作工具 Dreamweaver、动画制作工具 Flash、图像编辑工具 Photoshop、视频编辑工具 Premiere 的使用。每章都有小结和对应的练习题。

本书可作为高等院校数字媒体技术专业课的教材,适合图像设计、影视、动画、网页设计和广告等专业的本科生学习,也可作为数字媒体作品设计爱好者的自学用书。

图书在版编目(CIP)数据

数字媒体基础及应用技术/姬秀娟等编著.--北京:清华大学出版社,2014(2022.1重印)
21 世纪普通高等学校数字媒体技术专业规划教材精选
ISBN 978-7-302-35031-6

Ⅰ. ①数… Ⅱ. ①姬… Ⅲ. ①数字技术-多媒体技术-高等学校-教材 Ⅳ. ①TP37

中国版本图书馆 CIP 数据核字(2014)第 006796 号

责任编辑:刘向威　王冰飞
封面设计:文　静
责任校对:焦丽丽
责任印制:刘海龙

出版发行:清华大学出版社
　　　　　网　　　址:http://www.tup.com.cn,http://www.wqbook.com
　　　　　地　　　址:北京清华大学学研大厦 A 座　　　　邮　　编:100084
　　　　　社 总 机:010-62770175　　　　　　　　　　　邮　　购:010-83470235
　　　　　投稿与读者服务:010-62776969,c-service@tup.tsinghua.edu.cn
　　　　　质量反馈:010-62772015,zhiliang@tup.tsinghua.edu.cn
　　　　　课件下载:http://www.tup.com.cn,010-83470236
印 装 者:三河市龙大印装有限公司
经　　销:全国新华书店
开　　本:185mm×260mm　　　印　张:20.5　　　字　　数:495 千字
版　　次:2014 年 3 月第 1 版　　　　　　　　　　印　　次:2022 年 1 月第 10 次印刷
印　　数:9001～10000
定　　价:59.00 元

产品编号:051919-03

　　"国家中长期教育改革和发展规划纲要(2010—2020)"中指出:"中国未来发展、中华民族伟大复兴、关键靠人才,基础在教育。"[1]

　　以数字媒体、网络技术与文化产业相融合而产生的数字媒体产业,被称为21世纪知识经济的核心产业,在世界各地高速成长。新媒体及其技术的迅猛发展,给教育带来了新的挑战。目前我国数字媒体产业人才存在很大缺口,特别是具有专业知识和实践能力的"创新型、实用型、复合型人才紧缺"。[1]

　　2004年浙江大学(全国首家)和南开大学滨海学院(全国第二家)率先开设了数字媒体技术专业。迄今,已经有近200所院校相继开设了数字媒体类专业。2012年教育部颁发的最新版高等教育专业目录中,新增了数字媒体技术(含原试办和目录外专业:数字媒体技术和影视艺术技术)和数字媒体艺术(含原试办和目录外专业:数字媒体艺术和数字游戏设计)专业。

　　面对前所未有的机遇和挑战,建设适应人才需求和新技术发展的学科教学资源(包括纸质、电子教材)的任务迫在眉睫。"21世纪普通高等学校数字媒体技术专业规划教材精选"编委会在清华大学出版社的大力支持下,面向数字媒体专业技术和数字媒体艺术专业的教学需要,拟建设一套突出数字媒体技术和专业实践能力培养的系列化、立体化教材。这套教材包括数字媒体基础、数字视频、数字图像、数字声音和动画等数字媒体的基本原理和实用技术。

　　该套教材遵循"能力为重,优化知识结构,强化能力培养"[1]的宗旨,吸纳多所院校资深教师和行业技术人员丰富的教学和项目实践经验,精选理论内容,跟进新技术发展,细化技能训练,力求突出实践性、先进性、立体化的特色。

　　突出实践性　丛书编写以能力培养为导向,突出专业实践教学内容,为专业实习、课程设计、毕业实践和毕业设计教学提供具体、翔实的实验设计,提供可操作性强的实验指导,适合"探究式"、"任务驱动"等教学模式。

　　技术先进性　涉及计算机技术、通信技术和信息处理技术的数字媒体技术正在以惊人的速度发展。为适应技术发展趋势,本套丛书密切跟踪新技术,通过传统和网络双重媒介,

---

　　[1]　国家中长期教育改革和发展规划纲要(2010—2020),教育部,2010.7。

及时更新教学内容,完成传播新技术、培养学生新技能的使命。

教材立体化 丛书提供配套的纸质教材、电子教案、习题、实验指导和案例,并且在清华大学出版社网站(http://www.tup.com.cn)提供及时更新的数字化教学资源,供师生学习与参考。

本丛书将为高等院校培养兼具计算机技术、信息传播理论、数字媒体技术和设计管理能力的复合型人才提供教材,为出版、新闻、影视等文化媒体及其他数字媒体软件开发、多媒体信息处理、音视频制作、数字视听等从业人员提供学习参考。

希望本丛书的出版能够为提高我国应用型本科人才培养质量,为文化产业输送优秀人才做出贡献。

丛书编委会

2013.5

前 言

FOREWORD

随着计算机技术、通信技术和数字广播媒体等技术的不断发展,以互联网、无线通信为传播载体,以数字化内容为核心的数字媒体产业在全球范围内快速崛起,并正在改变着人们的信息获取方式和休闲娱乐的形式。数字媒体产业成为继 IT 产业后的又一个经济增长点。一方面,数字媒体产业与其他关联产业在更深、更广的程度上融合。以数字技术为手段的影视特效、游戏动画、数字出版、数字学习、新媒体等,以其炫目和不可思议的视觉效果,方便、快捷的浏览形式,引领着最新科技、娱乐和社会价值的传播。另一方面,数字媒体产业本身也是现代服务业的重要组成部分,为社会提供数字内容产品和服务。

从世界范围看,数字媒体产业是具有高增长、高附加值的新型文化产业,其带动的衍生产品多,形成的产业链长。据不完全统计,全球数字内容产业在 2006 年已达到 2340 亿美元,年增长率达 30%,其中,动漫、网络游戏、在线学习名列前茅。我国数字媒体产业发展才刚刚起步,但发展的势头很猛,潜力很大。"十五"期间,为推动我国数字媒体技术及其产业的发展,国家科技部批准北京、上海、成都和长沙组建四个集数字媒体技术产、研、用和测试、人才培养于一体的"国家 863 数字媒体技术产业化基地"。同时,发展数字媒体产业对于弘扬中华优秀文化、调整改造我国产业结构、提升全民文化教育素质等具有重要的战略意义。数字媒体产业是国家科技部、工业与信息化部、文化部、新闻出版总署等多部委通力合作、共同推动发展的产业,在不久的将来数字媒体技术将会成为整个信息产业的重要支柱之一。

随着数字媒体这一新兴的朝阳产业的快速发展,必然需要大量的专业技术人才,特别是那些既有一定的理论基础和艺术修养,又有很强动手能力的专业技术人才。增设数字媒体技术专业,加快数字媒体人才的发展,是国家产业结构战略调整政策的必然要求。自 2004 年浙江大学开设第一家数字媒体技术专业以来,目前已有 200 多所院校开设数字媒体技术专业及其相关专业。

本教材对理论知识的阐述由浅入深、通俗易懂;内容组织和编排以应用为主线,略去了一些理论推导和数学证明的过程,在讲授实例的过程中融入本章的知识点,注重培养实际应用能力。为了保证授课的先进性,在后面几章中采用了最新版本的软件。

本书共分为 10 章。第 1 章为数字媒体技术概述部分,第 2 章~5 章分别介绍了媒体构件的原理、特性和使用。第 6 章介绍了流媒体技术。第 7~10 章分别介绍了媒体相关软件,包括 Dreamweaver、Flash、Photoshop 和 Premiere。

　　本书第 1、第 2 和第 6 章由姬秀娟编写，第 3、第 5 和第 10 章由周彦鹏编写，第 4 章和第 7 章由杨艳竹编写，第 8 章和第 9 章由张晓媛编写。最后由姬秀娟统稿，在编写过程中得到了朱耀庭教授的指导。在本书的编写过程中，作者参考了大量书籍和网络资料，在此对原作者表示衷心的感谢。在参考文献中已经列出主要的参考书籍和网址，但限于篇幅，难免有不周到的地方。由于本书稿编写时间仓促，难免出现错误和不足之处，恳请广大读者和同行给予批评指正，以便日后加以改进。

　　本书从申请清华大学出版社应用型本科多媒体系列教材到批准立项，以及在写作和出版的过程中，得到了南开大学滨海学院、天津师范大学津沽学院、天津理工大学中环信息学院、天津商业大学宝德学院的大力支持和帮助，在此一并感谢。感谢清华大学出版社的编辑为本书出版付出的辛勤劳动。

编　　者

2013 年 11 月

目录

CONTENTS

第 1 章

数字化多媒体基础

本章学习目标

- 熟练掌握媒体、多媒体以及数字化多媒体的特征。
- 了解多媒体技术研究的主要内容和应用领域。
- 了解多媒体产品开发流程以及多媒体技术发展的趋势。

本章首先向读者介绍媒体、多媒体以及数字化多媒体的主要特征，简要介绍多媒体技术的发展历程。第二部分简要介绍多媒体计算机系统的硬件和软件部分。进而再介绍多媒体技术目前研究的主要内容与应用领域。最后介绍多媒体产品开发的流程。

1.1 多媒体与数字化多媒体

1.1.1 媒体与多媒体

1. 媒体

媒体所对应的英文单词来源于拉丁语"Medium"，意为中介、中间或两者之间。一般用于指信息在传递过程中，从信息源传递到信息接受者之间承载并传递信息的载体和工具。承载信息的载体和工具主要分为实物载体和逻辑载体。实物载体是指承载信息的物体，如纸张、磁盘、内存、U盘等。逻辑载体是指由人类发明创造或定义的用于记录和表示信息的载体，如文字、符号、条形码等。

国际电话电报咨询委员会（Consultative Committee on International Telephone and Telegraph，CCITT）把媒体分成感觉媒体、表示媒体、显示媒体、存储媒体和传输媒体五类。

1) 感觉媒体（Perception Medium）

感觉媒体是指直接作用于人的感觉器官，使人产生直接感觉的媒体。如：可以引起人视觉反应的文本、图形、图像等，可以引起听觉反应的声音等等。

2) 表示媒体（Representation Medium）

表示媒体是指为了存储或传输感觉媒体人为研究或构造的媒体，如为了计算机存储定义的文本编码（ASCII码、汉字机内码等），为了存储或传输图像定义的图像编码（JPEG、

GIF 等），以及用于产品标识的条形码等。

3）显示媒体（Presentation Medium）

显示媒体是指用于电信号和感觉媒体之间进行信息转换的媒体，一般指进行信息输入/输出的媒体，如键盘、鼠标、扫描仪、话筒、摄像机等为输入媒体；显示器、打印机、扬声器等为输出媒体。

4）存储媒体（Storage Medium）

存储媒体是指用于存储某种媒体的物理介质，如硬盘、软盘、磁盘、光盘、内存等。

5）传输媒体（Transmission Medium）

传输媒体是指传输某种媒体的物理介质，如电话线、电缆、光纤等。

2. 多媒体

多媒体的英文单词是 Multimedia，它由 Multiple 与 Media 合成，意指含有两种或多种媒体的混合媒体。在信息领域，多媒体是指信息的表示、信息的存储、信息的传递、信息的再现的"多媒介"和"多手段"。例如，一张图文混排的报纸，一部有声有色的电影，包含图像、声音、视频的网站等。

随着计算机技术和网络技术的大发展，计算机硬件不断升级，网络带宽不断提高，数码相机、摄像机等多媒体设备日益普及，多媒体文档以及使用越来越普遍，多媒体制作也越来越日常化、平民化，多媒体传播途径和渠道也日益广泛。

1.1.2 数字媒体与数字化多媒体

数字媒体是指最终以二进制数的形式记录、处理、传播、获取的媒体，包括数字化的文字、图形、图像、声音、视频和动画等。

数字化多媒体简称数字多媒体，是指以二进制数的形式记录、处理、传播、获取的多媒体。一般局限在一个比较狭窄的范围，即数字化信息和计算机信息领域的多媒体。数字媒体使用的媒体包括文字、图形、图像、声音、动画和视频影像。数字媒体可以以非纸张方式发布，特别是可以在 Internet 上发布。本教材中以后所指的多媒体，未加特别声明，就是指数字多媒体。

与模拟媒体相比，数字媒体具有许多优点。其一，由于数字媒体采用二进制数记录信息，而不是利用物理量记录信息。因此在信息的存储，传递和再现过程中不会失真。其二，可以采用数字压缩技术对数字信息进行压缩和解压缩，从而减少信息的存储容量和传输时间。其三，数字媒体可以方便地借助相应软件复制、创新型编辑等。

1.1.3 数字化多媒体技术的主要特征

（1）集成性。多媒体技术是结合文字、图形、图像、声音、视频、动画等各种媒体的一种应用，并且是建立在数字化处理的基础上。

（2）交互性。交互性是数字化多媒体技术的主要特征，且数字化多媒体系统的最终用户界面必须是人机交互式，这也正是它和传统媒体最大的不同。通过交互可使用户按照自己的意愿来进行主动选择和控制，更可借助这种交互式的沟通来帮助用户进行思考，以达到增进知识及解决问题的目的。而传统媒体只能单向地、被动地传播信息。

（3）数字化。数字化多媒体技术必须由计算机控制，必须能够以数字化的形式存储、记录、变换、传递和再现。

1.1.4　多媒体技术的发展历程

自 20 世纪 80 年代以来,计算机的产业化、个人计算机的普及、网络技术、通信技术的快速发展,为多媒体集成技术奠定了基础。尤其是这一时期高性能的微处理器、精简指令系统计算机的提出、Cache、宽频总线的应用等硬件的发展,在一定基础上为多媒体技术的发展奠定了硬件基础,同时并行技术和图形处理技术极大地拓宽了计算机的应用领域。计算机图形学快速发展,在图形处理方面取得了突破性的发展,交互性能好、易于操作、可视化强的二维/三维图形图像处理软件走向市场。

20 世纪 90 年代以来,随着声音、图像、视频信息的采集、量化、编码、压缩和解压缩技术的改进,随着光盘等海量存储技术的发展,计算机 CPU 和内存性能的不断提高。通信技术的发展,计算机网络的出现,Internet 的普及,标志着人类社会已经开始全面进入数字化时代。多媒体改善了人类信息的交流,缩短了人类传递信息的路径。应用多媒体技术是 20 世纪 90 年代计算机应用的时代特征,也是计算机的又一次革命。在这个时期人工智能研究发展出复杂的数学工具来解决特定的分支问题,同时也取得长足的发展。人工智能在知识表示、知识获取、自动推理、自然语言理解和处理、计算机视觉、机器翻译等方面越来越深入和实用。计算机网络迅速发展,宽带网的使用大大扩展了数据的传输范围,使实时计算机协同工作、视频传输成为可能。数据压缩、大容量存储设备的应用,尤其是海量存储设备的产业化、规模化生产,使许多设计大数据存储和管理的多媒体应用成为可能。

多媒体技术的迅速发展给传统的计算机带来了方向性的变革,对大众传媒产生深远的影响。同时,多媒体计算机也加速了计算机进入家庭和社会各领域的进程,给人们的工作、生活和娱乐都带来了深刻的变革。多媒体技术的未来更是激动人心的,并将会以意想不到的方式进入人们生活的各个方面,并且越来越简单化、高速化、智能化。

1.2　多媒体计算机系统

多媒体计算机是指能够综合处理多种媒体信息,使多媒体信息建立逻辑连接,集成为一个系统并具有交互性的计算机。

多媒体个人计算机实质是在现有 PC 的基础上增加一些硬件接口、板卡以及相应软件使其具有综合处理图、文、声并茂信息的功能。

多媒体计算机系统的基本特征:带有光盘驱动器、具有高质量的音频输入/输出和处理设备、具有高分辨率的图形图像显示能力(如显示器),以及具有管理和处理多媒体的软件系统。

多媒体计算机系统由多媒体计算机硬件和多媒体计算机软件两大部分组成。

1.2.1　多媒体计算机硬件

早期的计算机只具有数学运算的能力,随着计算机技术的不断发展,计算机逐步具有了文字处理能力,具有了图形、动画、图像处理能力。而多媒体计算机不但具有以上功能,而且增加了对包括视像和伴音在内的视频信息的存储、处理和显示的能力。特别是计算机具有人机交互的能力在多媒体应用中越来越发挥得淋漓尽致。

多媒体计算机所涉及的硬件包括多媒体处理器和芯片组、多媒体总线、支持多媒体外部设备的接口、多媒体接口卡、多媒体外部设备。

1）多媒体处理器和芯片组

Intel 公司为多媒体计算机推出了专用多功能的多媒体扩展 MMX CPU（Multi Media eXtension CPU）。此外，如 Philips 公司的 Trimedia 等，都是专门为多媒体设计的 CPU 芯片。极大提高了计算机在多媒体和通信应用方式的功能。带有 MMX 技术的 CPU 特别适合于数据量很大的图形、图像数据处理，从而使三维图形、图画、运动图像为目标的 MPEG 视频、音乐合成、语音识别、虚拟现实等数据处理的速度有了很大提高。

2）多媒体总线

除众所周知的 PCI（Peripheral Component Interconnect）总线外，Intel 公司在 1997 年为解决 3D 图形中数据流的瓶颈问题，提出了图形端口加速总线 AGP（Accelerated Graphics Port）。AGP 总线具有 32 位的多路地址和数据总线，同时拥有一条 8 位的侧面寻址总线，有效地改变了 PC 平台对 3D 图像的支持。

3）支持多媒体外部设备的接口

支持多媒体外部设备的接口通常使用并口、串口，还有 SCSI 接口、USB 串行总线、1394 火线接口等。

4）多媒体接口卡

多媒体接口卡主要有声卡、视频采集压缩或解码播放卡、VGA/TV 转换卡、文/语转换卡、图形显示或图形加速卡、SCSI 卡、网卡、光纤连接接口 FDDI 卡。

5）多媒体外部设备

常用的多媒体外部设备有彩色/黑白激光打印机、彩色/黑白扫描仪、传真机、液晶显示器、投影仪、触摸屏、白板、头盔显示器、光笔、鼠标、手套或其他传感器、麦克风、扬声器、摄像机、录放像机、数码相机、CD ROM/CD RW 光盘驱动器、DVD-R/DVD-RW 光盘驱动器等。

多媒体个人计算机 MPC（Multimedia PC）却有其正规定义，它是指符合 MPC 联盟标准的个人计算机。MPC 联盟是 1990 年由 Microsoft 公司发起，联合了国际上一些计算机制造商、多媒体设备制造商、软件开发商所组成的联盟，称为 Multimedia PC Marketing Council。MPC 联盟旨在建立多媒体计算机系统硬件的功能标准和解决 MPC 的关键技术，从而进一步推动多媒体计算机技术的应用。随着多媒体计算机技术的发展，MPC 联盟共提出三个标准，即 MPC-1、MPC-2 和 MPC-3。1990 年 MPC 联盟推出 MPC-1 规范，1993 年 MPC 联盟推出 MPC-2 规范，1995 年 MPC 联盟通过第三代多媒体计算机 MPC-3 规范，它们对硬件的相关要求标准如表 1-1 所示。

表 1-1　MPC-1、MPC-2 以及 MPC-3 最低功能配置要求

项目	MPC-1	MPC-2	MPC-3
CPU	16MHz	25MHz	75MHz
RAM	2MB	4MB	8MB
硬盘	30MB	160MB	540MB
CDROM	150kB/s(1×)	300kB/s(2×)	600kB/s(4×)
声卡	8b	16b	16b
显示	640×480　16 色	640×480　65 535 色	640×480　65 535 色
I/O 端口	MIDI	MIDI	MIDI

由表 1-1 可看出,现在市面机器的硬件配置都远远超出了这些标准。随着多媒体计算机技术的发展,这些标准已不再适用。因此,可以这样说:凡是可以用于构成多媒体信息系统或多媒体应用系统的计算机都可以称为多媒体计算机。

目前,多媒体计算机的典型配置如图 1-1 所示,可以根据需要增减外部设备。

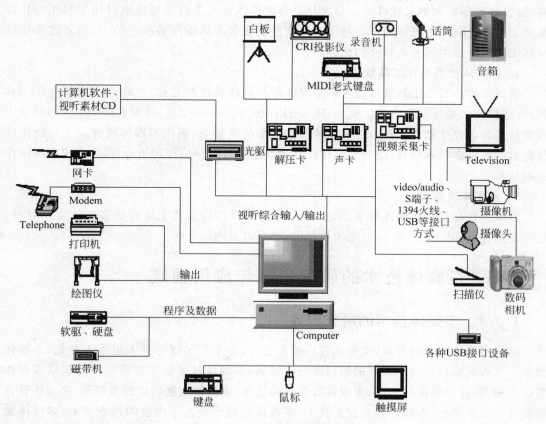

图 1-1　多媒体计算机的典型配置

1.2.2　多媒体计算机软件

多媒体计算机的软件系统包括多媒体设备驱动程序、多媒体操作系统、多媒体构件加工与制作工具软件、多媒体作品写作工具软件等。

1. 多媒体设备驱动程序

多媒体设备驱动程序在多媒体计算机软件系统中处于最底层,直接和多媒体硬件设备打交道的软件。驱动程序向下负责完成相应多媒体设备的初始化和各种操作,向上负责与操作系统的通信,驱动程序一般都常驻内存,它是操作系统功能的扩充。

2. 多媒体操作系统

多媒体操作系统是多媒体计算机软件系统的核心。它负责全面调度、控制和管理计算机的所有软硬件资源,以便最大限度地发挥计算机的功能。多媒体操作系统向下管理各种多媒体设备,向上支持各种多媒体应用。

3. 多媒体构件加工与制作工具软件

多媒体构件加工与制作工具软件也称为多媒体素材加工工具软件。多媒体构件加工与制作工具软件,包括各种文本编辑软件、各种图像采集与编辑转换软件、各种声音采集与编辑转换软件、各种视频图像采集与编辑转换软件、各种动画制作软件、各种合成音乐制作软件,以及光盘编辑与刻录软件等。总之凡是为多媒体作品进行多媒体素材加工制作的软件都属于这一范畴。多媒体加工与制作工具软件是在多媒体操作系统支持下,为多媒体作品写作工具软件提供服务的软件的总称。

4. 多媒体作品写作工具软件

多媒体作品写作工具软件是各种多媒体作品制作软件的总称,也称为多媒体创作工具软件,或简称多媒体创作工具。例如,PowerPoint、Authware、Direct 和 FrontPage 等都属于这类软件。多媒体创作工具是在多媒体操作系统的支持下,利用多媒体构件加工与制作软件提供的各种多媒体构件,按照多媒体作品的要求进行各种编程和组合,最终完成多媒体作品的软件。

5. 多媒体作品

多媒体作品是在多媒体操作系统支持下,在多媒体计算机上运行的多媒体应用软件。它由多媒体创作工具完成,可以是单机版的,也可以是网络版的。

1.3　多媒体技术的研究内容与应用领域

1.3.1　多媒体技术的研究内容

随着多媒体技术的发展,多媒体应用越来越广,为了使多媒体技术更加人性化,多媒体技术一直被看做信息技术研究的热门课题。目前,多媒体技术的关键研究内容包括多媒体数据压缩/解压缩算法与标准、多媒体数据存储技术、多媒体数据的组织与管理、多媒体计算机硬件和软件平台、多媒体人机交互技术、多媒体数据库与基于内容的检索技术、多媒体通信与分布式多媒体系统、虚拟现实技术等。

1. 多媒体数据压缩/解压缩算法与标准

在多媒体系统中,由于处理的主要是图形、图像、视频和音频等非常规数据类型,这些媒体数据的存储空间非常大。例如,分辨率(640×480)的真彩色视频,帧频为 $25\,Hz$,那么每秒钟的数据量为 $25 \times 640 \times 480 \times 24 = 175.78\,Mb = 21.97\,MB$,一分钟该视频的数据量即可达 $1318\,MB$,那么一部视频作品的数据量大得惊人。其次,随着网络的普及,必须考虑多媒体数据在通信网络上的传输带宽。在通信网络上,以太网设计速率为 $10\,Mbps$,实际仅能达到其一半以下的水平,大多数远程通信网络的速率都在每秒几十 Kb 以下,因此对数据进行有效压缩是多媒体发展中必须要解决的最关键技术之一。

多媒体压缩技术经过 40 多年的发展研究,从 PCM 编码理论开始,到现今成为多媒体数据压缩标准的 JPEG 和 MPEG,已经产生了各种各样针对不同用途的压缩算法、压缩手段和实现这些算法的大规模集成电路或计算机软件。虽然,多媒体数据压缩技术及其标准化工作取得了长足进展,但它仍处在研究和发展阶段,依然是多媒体的重要研究内容之一。不断探索和研究压缩比高、算法简单、压缩质量好的方法仍是今后多媒体研究的重要课题。

2．多媒体数据存储技术

多媒体数据的特点之一就是数据量大,那么就需要适用于大容量数据的存储技术。多媒体数据存储技术包括多媒体数据的存储介质和多媒体数据的存储组织两个方面。多媒体数据存储介质包括大容量硬盘、光盘等,并且随着技术的不断改进,存储容量取得了大幅度提高。例如,现在普通 DVD 盘片单面存储容量可达 4.7GB,双面可达 8.5GB。蓝光的则比较大,其中 HD DVD 单面单层 15GB、双层 30GB;BD 单面单层 25GB、双面 50GB、三层 75GB、四层可达 100GB。前不久,英国开发出一种"五维"光盘,其容量超过现有光盘的 2000 倍,可存储两三百部高清电影。此外,除了光盘,现有的大容量数据存储设备还有 RAID 和磁带库等。

3．多媒体数据的组织与管理

多媒体数据具有数据量大,媒体种类繁多,且媒体之间既有差别又有联系的基本特征,如何表示这些信息? 如何存储组织这些数据? 如何管理这些信息? 就成为多媒体数据存储组织的主要内容。如何操纵和查询这些数据? 因为媒体数据和传统数据有很大的区别,因此传统数据库系统的能力和方法难以胜任。目前,人们利用面向对象方法和机制开发了新一代面向对象数据库,结合超媒体技术的应用,为多媒体信息的建模、组织和管理提供了有效的方法。但是面向对象数据库和多媒体数据库的研究还很不成熟,有待进一步的探索和研究。

4．多媒体计算机硬件和软件平台

多媒体计算机硬件平台是多媒体计算机实现多媒体功能的物质基础。任何多媒体信息的采集、处理、传输、存储和播放都离不开多媒体硬件平台的支持。因此,随着多媒体技术的发展和普及,多媒体设备越来越丰富,如摄像机、扫描仪、触摸屏、打印机、绘图仪和光笔设备等。

多媒体软件平台将种类繁多的各种多媒体硬件有机地组织在一起,给用户提供了方便使用多媒体设备和多媒体技术的桥梁。多媒体软件按照层次结构包括多媒体设备驱动软件、多媒体操作系统、多媒体构件加工和集成软件等。正是因为这些软件提供强大的功能才使用户可以方便地应用多媒体技术。

5．多媒体人机交互技术

人机交互技术是指通过计算机输入、输出设备,以有效的方式实现人与计算机对话的技术。多媒体人机交互技术是多媒体技术和人机交互技术的结合。信息表示的多样化和如何通过多种输入/输出设备与计算机进行交互是多媒体人机交互技术的重要内容,使用户与计算机的交互方式不再仅仅局限键盘或鼠标手动输入。目前多媒体人机交互技术的输入技术包括语音输入、触摸屏的手写输入、数字化仪输入、扫描输入、三维输入与视觉输入。多媒体人机交互技术的输出技术包括显示终端输出、声音输出、打印输出和三维输出(头盔显示器、电视眼镜等)等。多媒体人机交互技术包括软件界面的多媒体化、自然语言人机交互、输入/输出设备、计算机辅助设计和制造。将来更理想的人机交互是不需要任何特别训练,使用户非常自然地利用日常技能就可以和计算机系统进行交互,因此人机交互技术与认知学、人机工程学、心理学等学科领域有密切的联系。

6．多媒体数据库与基于内容的检索技术

搜索引擎目前对文本检索已经比较成熟,得到了用户的许可。目前各大公司投入很大

力量进行基于内容的多媒体信息检索的研发,而多媒体检索却由于技术上的难度目前在应用上还没有取得突破,离用户的要求还有一定的差距。

多媒体基于内容的检索非常困难,主要由于多媒体对象具有十分复杂的特征,多媒体表示形式多样化,对同一主题,多媒体表达千差万别,因此进行特征表示比较困难,对多媒体对象的理解就更困难。其次,由于用户检索需求非常复杂,有些是基于低级特征、有些是基于元数据文字描述、有些是基于高级语义特征,用户的需求无法明确表示。

目前多媒体检索的方法大致分为两大类:基于关键词检索的方法和基于内容检索的方法(Content Based Retrieval,CBR)。基于关键词检索的方法和传统的基于关键词的搜索没有太大区别,通过人工标注或自动抽取对多媒体多项进行关键词标注,从而便于搜索。基于内容检索的方法是当前大多数研究所关注的方法。从多媒体对象的内容出发,抽取它们的特征并进行特征表示,在特征层面上进行相似度计算,得到检索结果。例如,基于颜色或形状的图像检索,或者根据一句歌词查找整支歌曲。

7. 多媒体通信与分布式多媒体系统

多媒体通信要求传输速率高、严格的信息同步等性能,因此电话网、广播电视网和计算机网络,其传输性能都不能很好地满足多媒体数据数字化通信的需求。因此,多媒体通信对多媒体产业的发展、普及和应用有着举足轻重的作用。

要想广泛地实现信息共享,计算机网络及其在网络上的分布式与协作操作就不可避免,因此就出现了分布式多媒体系统。分布式多媒体系统是指将分布在不同地点的多媒体终端、多媒体服务器等设备通过高速通信网络互联起来,能够把各种媒体信息的处理、传输、管理统一控制和协调起来,实现多媒体功能的分布式系统。分布式多媒体系统集成计算机的交互性、网络通信的分布性、多媒体信息表示的综合性于一体。多媒体信息处理技术、分布式数据处理技术和多媒体计算机网络技术的迅速发展为分布式多媒体应用系统的实现奠定了良好的基础,向用户提供多媒体信息检索与查询、视频会议系统、多媒体邮件系统、多媒体文档交换、计算机支持协同工作、多媒体点播服务系统、远程计算机辅助教学等多种多媒体综合信息服务。

8. 虚拟现实技术

虚拟现实技术就是利用计算机技术和一些辅助设备模拟产生一个三维空间的虚拟世界,提供用户关于视觉、听觉、触觉等感官的模拟,让用户好像身临其境一般。概括地说,虚拟现实是人们通过计算机对复杂数据进行可视化操作与交互的一种全新方式,与传统的人机界面以及流行的视窗操作相比,虚拟现实在技术思想上有了质的飞跃。

虚拟现实是一种多技术多学科相互渗透和集成的技术,涉及了计算机图形学、人机交互技术、传感技术、人工智能等领域。因此研究难度非常大,但是应用前景非常好,这就促使虚拟现实的研究非常热。

1.3.2 多媒体技术的应用领域

数字化多媒体影响了整个信息产业,标志着计算机进入了一个全新的时代。多媒体技术已经广泛应用于社会的各个领域和行业,其应用领域从教育、商业、日常生活、工业、金融到娱乐等,并且已经带来明显的经济效益。多媒体技术在教育行业的应用,如网络多媒体教学、各类电子出版物、计算机辅助教学软件及各类视听教材、电子培训材料等。多媒体技术在商业广告、电视和电影制作中的应用,如特技合成、大型演示、影视商业广告、大型显示屏广告、平面印刷广告。

多媒体技术在日常生活中的应用,各种公用多媒体查询系统,如航班、车、船、招聘、招考查询系统,已经进入人们的日常生活,成了不可或缺的部分。多媒体信息管理系统,如图书资料库、病历库、新闻报刊音响图片库、工程档案库等已经推广应用。

多媒体技术的加入使工业自动化提升到了一个更高的层面。目前,它在工业方面的应用主要有:应用虚拟化制造技术改变了产品的设计制造方式;其次,对高危型生产现场进行监控,同时改变了人与机器设备的交互方式。

多媒体技术已经深入游戏、娱乐和各种文化艺术领域,如 VCD、DVD、MP3 等家用电器产业已经形成。视频会议、可视电话、因特网电话、点播电视、电子乐器等产品正在进入各行各业和千家万户。数字电视、数码相机、数码摄像机等行业已经兴起。随着计算机网络、通信网络、电视网络互相渗透,数字化多媒体技术的应用将会出现许多以前只有在科幻小说中才能见到的事情。让人们展开想象的翅膀,用已经和将要掌握的现代多媒体技术,来迎接各种奇迹的出现吧。

1.4　多媒体作品及其开发

多媒体作品应该有明确的主题,采用文本、图形、图像、动画、音频、视频中多种媒体的集成,具有人机交互性的应用系统。

1.4.1　多媒体作品的开发工具

随着多媒体技术的发展,多媒体作品的开发工具也得到快速发展。多媒体开发工具是基于多媒体操作系统基础上的多媒体软件开发平台,可以帮助开发人员组织各种多媒体构件及创作多媒体应用软件。

1. 多媒体开发工具的类型

多媒体开发工具有多种分类方法,按其所创作出的作品运行平台,可以分为单机作品开发工具和网络作品开发工具。例如,Dreamweaver 和 FrontPage 就是网络作品开发工具,而Authorware 就是单机作品开发工具。

基于多媒体创作工具的创作方法和结构特点的不同,可将其划分为如下几类。

1) 基于时间的多媒体创作工具

基于时间的多媒体创作工具是以时间轴来组织安排对象或事件的时间顺序。时间轴包括许多图层,从而可使多种对象同时出现。它还可以从某一时刻对应的帧跳转向一个序列中的任何位置,从而增加了导航功能和交互控制。通常基于时间的多媒体创作工具中都具有控制播放面板,用于控制播放操作。优点:操作简便,形象直观,在一时间段内,可任意调整多媒体素材的属性,如位置、转向等。缺点:要对每一素材的展现时间作出精确安排,调试工作量大。典型代表有 Director、Action 和 Flash。

2) 基于图标或逻辑流程的多媒体创作工具

在这类创作工具中,多媒体对象或事件按结构化框架或过程组织,多媒体对象或事件以图标形式存在于工具软件中,作品的时间或执行顺序是以流程线为主干,从而使作品的组织方式简化而且多数情况下是显示沿各分支路径上各种活动的流程图。多媒体素材的展现是以流程为依据的,在流程图上可以对图标进行编辑。优点:流程图结构清晰易理解,调试方便,在复杂的导航结构中,流程图有利于安排导航。缺点:当多媒体应用软件规模很大时,图标及分支增多,进而复杂度增大。典型代表有 Authorware 和 IconAuthor。

3) 基于卡片或页面的多媒体创作工具

在这类创作工具中,文件与数据以页或卡片的形式组织和管理,一页或一张卡片便是数据结构中的一个节点,它类似于教科书中的一页或一张卡片。只是这种页面或卡片的结构比教科书上的一页或一张卡片的数据类型更为多样化。将这些页面或卡片连接成有序的序列,即是作品的播放顺序。在结构化的导航模型中,可以根据命令跳至所需的任何一页,形成多媒体作品。优点:组织和管理多媒体素材非常方便。缺点:在要处理的内容非常多时,由于卡片或页面数量过大,不利于维护和修改。典型代表有 ToolBook、HyperCard 与PowerPoint 等。

4) 以传统程序语言为基础的多媒体创作工具

采用传统的高级程序设计语言创作多媒体作品。优点:高级程序设计语言功能强大,控制能力强大,并且易于实行面向对象、可视化和构件化。缺点:需要用户编程量较大,而且重用性差,不便于组织和管理多媒体素材、调试困难。典型代表有 VB、VC 与 Java 等。

2. 多媒体开发工具的功能和特征

多媒体创作工具的共同特点是,有比较友好的界面,用户通过人机交互完成多媒体作品的开发,因此用户不需要进行复杂的程序设计。随着多媒体开发工具的不断更新和发展,创作工具的功能也日益强大。纵观各种多媒体开发工具,大概具有如下特征。

1) 可视化的编辑界面

多媒体开发工具通常都提供比较友好的可视化界面,屏幕展现的信息要多而不乱,即多窗口、多进程管理。用户易学易用,用户通过人机交互方式即可完成作品的开发。

2) 所见即所得

用户在开发过程中可以随时在开发界面与作品效果界面之间切换,更便于检查和修改开发中的问题。

3) 集成性和编辑能力

多媒体创作工具必须具有集成和编辑多媒体构件的能力。在编辑方面,它不一定像具体的多媒体构件加工工具一样具备深层次的加工处理能力。在集成方面,它必须提供一定的逻辑控制方式将多个构件之间集成起来。因为多媒体作品需要用到多种媒体构件,如图形、图像、音频和视频等构件,因此要求多媒体创作工具应具备多媒体数据的输入/输出功能。

4) 交互能力

交互式特性使项目的最终用户能够控制内容和信息流。创作工具应提供一个或多个层次的交互特性。通过按键、鼠标、定时器超时或脚本等,提供转移到多媒体产品中另外一部分的能力。

5) 动画处理能力

多媒体创作工具需要提供播放由其他动画软件生成的动画的能力,以及通过程序控制动画中的物体的运动方向和速度,制作各种过渡等,如移动位图、控制动画的可见性、速度和方向；其特技功能指淡入淡出、抹去、旋转、控制透明及层次效果等。

6）网络功能

多媒体创作工具可通过网络组件提供网络功能。

7）播放特性

在制作多媒体项目的时候，要不断地装配各种多媒体元素并不断测试，以便检查作品的效果。创作工具应具有建立项目的一个片段或一部分并快速测试的能力。测试时就好像用户在实际使用它一样。

8）发布功能

提交项目的时候，可能要求使用多媒体创作工具建立一个运行版本。因此创作工具需提供发布作品的功能。通常，运行版本不允许用户访问或改变项目的内容、结构和程序。出售的项目就应是运行版本的形式。

9）模板套用功能

多数创作工具都会提供模板套用功能。模板是针对某种经常使用的应用预先开发好一些框架，用户在使用时，只要在模板框架中添加内容即可完成作品的开发，从而可以提高用户的开发效率。例如，Flash 工具中的特效模板，Dreamweaver 中的网页模板功能等。

10）外部应用程序的连接能力

多媒体创作工具能将外界的应用控制程序与所创作的多媒体应用系统连接，也就是一个多媒体应用程序可激发另一个多媒体应用程序并加载数据，然后返回运行的多媒体应用程序。

1.4.2　多媒体作品的开发流程

一个多媒体作品、一个多媒体应用系统的开发是一个系统的工程，从最初的需求分析、策划到最后交付使用，其设计与开发过程都需要遵循一定的流程。

1. 需求分析

首先是需求分析，需求分析是多媒体作品或应用系统设计的依据。需求分析有两种，一种是针对应用环境和应用目标有明确要求的作品所进行的分析；一种是根据市场需求、市场预测，针对拟开发的产品做出的需求分析。需求分析的内容包括用户群、用途、应用场合、交互程度、软硬件条件、可能提供的经费、使用者的维护能力等。

例如，某某院校提出要制作一个 CAI 课件，这应该说是特定用户提出的明确要求。作为需求分析，必须了解是哪一门课的课件，是针对哪些学生使用的，是学生自学用，还是教师授课用，是在网上用，还是单机使用，采用何种交互方式等。

例如，根据预测，多媒体医院导诊系统有广阔的市场前景。公司在开发这一系统前，所作的需求分析应该包括：适用医院范围，患者对产品的期望，医护人员对产品的期望，医院管理人员对产品的期望等。作为适用范围，根据目前情况，一般来说县级以下的医院规模小，目前还没有这一需求，主要是大中型医院才有这一需求。患者的希望是要求通过与系统的简单交互，快速地了解看病的程序和步骤，希望知道要诊病的科室所在的确切位置，以及由当前位置如何到达所要到达的科室，还有希望知道哪个大夫在哪个时候应诊等。作为医院管理人员所关心的是系统投资少，使用方便、安全可靠，以及能够及时更新信息、设备和系统尽量免维护或少维护等。以上内容都是需求分析所必不可少的内容。

2. 目标定位

目标定位是根据需求分析做出的对多媒体作品的最终目标要求的定位。目标定位的主要内容包括：确定作品种类，大的方面首先要确定作品是属于哪一种工作方式的多媒体应用；然后根据需求在所确定的工作方式中，细化目标。例如，一个中学平面解析几何课件，根据需求目标定位为单机应用、交互自学型、光盘发行等。又如，医院导诊系统，根据需求定位为网络型应用、前台触摸屏多媒体交互、后台院方实时信息更新等。

3. 创意构思

目标定位后，进入创意阶段，创意是对未来作品框架轮廓的勾绘、风格的确定。同一个选题不同的设计者，可能创作出面貌完全不同的作品，因而就会有不同的应用效果。这就要求设计者对同类作品有着深厚的技术功底和鉴赏能力。同样一个作品，一个好的创意往往会带来事半功倍的效果，而一个不好的创意则恰恰相反。创意包括整体创意和局部创意，整体创意决定了作品的整体风格，局部创意则往往使人耳目一新。整体创意在作品开发前必须确定，在开发过程中完善，局部创意可以在开发过程中逐步构思与实现。

4. 内容设计

内容设计是指为达到多媒体应用目标决定向用户提供哪些多媒体信息。这些信息不应该是内容的堆积，必须重点突出，主线清晰，要尽量做到少而精；要通过设计风格吸引和激发用户的兴趣，对于那些多媒体教学软件要充分运用教育心理学，让用户在轻松愉快的环境下获取知识。内容设计将决定多媒体素材的选取范围，内容设计要与基本设计同步进行。由创意和内容设计应该给出一个大纲，这个大纲结构将决定多媒体作品的菜单、跳转、分支和链接。

5. 脚本编写

文字脚本要结合创意和内容设计完成，文字脚本类似电视、电影、戏剧的脚本。文字脚本由该应用领域的专家撰写。以教学软件为例，撰写者应该是长期教授该课程的教师，他熟悉并且精通教学内容，了解学生的心理状态，熟悉教学方法。文字脚本必须重点突出，层次明确，必须对内容结构、表现形式、交互方式、教学顺序、需要突出的难点、需要反复训练的知识点做出明确的标注。

6. 结构设计

结构设计是程序设计人员根据作品目标定位所选择的软件、硬件开发平台，根据内容设计提供的大纲与文字脚本，给出作品总体框架结构和程序开发脚本的设计过程。多媒体作品的总体框架结构往往是非线性的树状和网状结构。程序开发脚本由精通程序设计的人员根据文字脚本完成。程序开发脚本的设计与开发者的经验和所用开发工具有关。程序开发脚本应该包括开发流程和多媒体应用模板。多媒体应用模板可以通过设计的各种专用模板进行描述，这些专用模板是故事描述模板、文字描述模板、按钮描述模板、动画序列模板、视频模板、音频模板等。模板用来指出媒体间相互关系、媒体特征、媒体出场顺序，模板还用来记录开发过程和步骤。

7. 构件设计

构件设计是将多媒体作品内容涉及的素材，利用多媒体素材加工工具软件，根据结构设计给出的各种模板，如故事描述模板、文字描述模板、按钮描述模板、动画序列模板、视频模板、音频模板等的要求，加工成作品将使用的构件的过程。例如，用文本编辑产生文本构件，用图像处理软件将原始图像素材加工成图像构件,用音频编辑软件将采集到的语音编辑成语音构件,用 MIDI 创作工具软件编写某首 MIDI 配音歌曲构件,用视频编辑软件将采集到的视频素材加工成视频构件等。

8. 软件开发

软件开发是利用多媒体创作工具,根据目标定位、创意构思、内容设计、结构设计的要求,将已经加工好的多媒体作品构件组织成多媒体作品的再创作过程。作品创作要由能够熟练使用相应多媒体创作工具的软件设计人员进行。作品创作的难易程度在很大程度上取决于所选择的多媒体创作工具。例如,要求开发一个房地产产品销售的演示软件在房产交易会上使用。用 VB 和 Authorware 都可以实现,在同样熟练的情况下,用 Authorware 开发就要比用 VB 难度小一些,开发周期短一些,修改容易些。因此针对要开发的多媒体作品,正确选择多媒体创作工具是非常重要的。选择不当,不但会延长开发周期,增加开发难度,甚至会造成无法实现的后果。例如,开发一个用于网络方式的多媒体课件,如果选择 Authorware 进行开发,使用时不但需要安装插件,而且运行效率很低。可是如果采用 FrontPage 或其他网页制作工具进行开发,效果好得多。

9. 应用测试

和其他软件开发一样,多媒体应用开发也离不开应用测试。测试分为部分测试和全局测试。在多媒体作品开发的每一个阶段,都要进行局部测试。局部测试包括功能测试和错误修正。功能测试的重点是按钮、菜单、跳转、链接、发声、播放、交互功能的正确与否的测试和排错。错误修正包括文字、图像、音频、视频、动画的纠错,必要时用多媒体素材加工工具进行再加工后反复测试,直到正确为止。全局测试的重点是涉及全局性的链接跳转的测试、整体风格的调整等。

10. 出版发行

以何种方式向用户提供产品,是出版发行必须考虑的问题。一般的多媒体作品信息量大,往往需要通过光盘或网络发行。以光盘发行为例,如何将软件打包,如何设计自动运行和安装程序,如何提供在线帮助是制作光盘前必须考虑的问题。此外出版发行还必须按照我国音像出版物的要求完成一系列的准备工作。作为网络发行的作品,发行前必须选择一个能够提供网络服务的服务商,了解如何将作品上载的全过程,或者是按照网络服务商的要求制作光盘,交由网络服务商完成上载和发行。作为正式发行的多媒体软件和作品,一定要注意培养版权意识。这包括保护自己的版权不被别人侵犯和自己的作品不含有侵权的内容,特别要注意作品中那些搜集来的素材。

1.5 本章小结

多媒体技术及其产品是当今世界计算机产业发展的新领域,已逐步应用在各个行业各个领域,给人们的工作、生活、学习和娱乐带来了深刻的变化,并且已经产生巨大的经济效益。本章围绕媒体、多媒体、数字媒体和数字化多媒体相关概念进行比较系统的介绍。其次,重点介绍了多媒体系统的特点、多媒体系统的组成。进而介绍多媒体技术目前研究的主要内容与应用领域,使读者对多媒体领域目前研究的热点有一个全面的了解。最后概括介绍了多媒体开发工具以及多媒体产品开发的流程,为以后章节的展开奠定了很好的基础。

习题 1

1. 简述媒体、多媒体、数字媒体以及数字化多媒体技术。
2. 数字化多媒体技术的主要特征。
3. 按照 CCITT 的分类，媒体分为哪几类？针对每类媒体列举一种。
4. 多媒体计算机软件都包括哪些？
5. 多媒体作品的创作工具按创作工具本身的特点和创作方式有哪几类？举例说明。
6. 简述多媒体技术的研究内容与应用领域。
7. 按先后步骤写出多媒体作品创作步骤。

数字图像基础

本章学习目标
- 了解视觉系统对颜色感知的基本原理。
- 熟练掌握图像的三大类色彩模型。
- 熟练掌握图像相关的基本属性。
- 熟练掌握图像文件结构的分析方法。

本章首先向读者介绍视觉系统对颜色的感知,再介绍计算机等领域常用的三大类色彩模型,然后介绍图像相关的一些基本属性。最后介绍常用图像的文件结构,并借助相关工具对文件结构进行剖析。

图像是多媒体信息中最多见、最常用、最主要的媒体之一,同时也是数字化多媒体作品中不可缺少的主要构件。图像的存储原理,实际上是存储构成图像的像素点的颜色信息,从而记录一幅图像,那么视觉系统对图像的感知实际是对图像像素点颜色感知的结果。

2.1 视觉系统对颜色的感知

1. 光与颜色

之所以人们的眼睛可以感知颜色,是因为眼睛的视网膜上有三种不同的锥细胞,它们分别对红、绿、蓝三种波长的光线敏感,当不同波长的光波进入眼睛并投映在视网膜上时,大脑就通过分析由各个锥细胞输入的信息去感知景物的颜色。

那么物体在视网膜上呈现什么样的颜色,其实是由物体到达视网膜上光源的波长或频率所决定的。判断物体所呈现的颜色,要分物体本身是否可以发光,即分发光物体和非发光物体分别来看。对于发光物体来说,它自身可以发射光线,光线自身的波长即决定了它的颜色。而对于非发光物体,首先需要有外部光源照射到它上面,它自身吸收一部分光源,反射到我们视网膜上的光源的波长即决定了物体呈现的颜色。所以非发光物体所呈现的颜色主要取决于外部光源和物体自身反射的光源。

众所周知,光是一种电磁波,具有电磁波的一般特性。电磁波范围非常广,能够被人们眼睛感知的只有其中一小段,称为可见光,其频率在 $4.3\times10^{14}\sim7.5\times10^{14}$ Hz 范围。可见光谱上色光由低频到高频依次为红、橙、黄、绿、青、蓝、紫连续过渡,如图 2-1 所示。光有单色光和复色光之分,若一束光中只包含单一频率的光,则它就是单色光,如通常所说的光谱颜色赤、橙、黄、绿、青、蓝、紫;反之若包含多种频率的光则是复色光,它的颜色则取决于它的主频率,即振幅最大的那个频率,如白光就是复色光,它包含了全部频率的可见光。

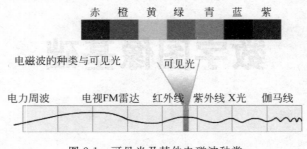

图 2-1　可见光及其他电磁波种类

2. 色彩的三要素

色彩的三要素分别是色相、纯度及亮度。调整色相、纯度及亮度 3 个属性值,可形成人们在视觉感知中变化万千的色彩。

1)色相

色相也称为色调,是指色彩的相貌。在可见光谱上,眼睛可感受到赤、橙、黄、绿、青、蓝、紫等不同的色彩。而各种不同的色相,其频率和波长都不同。

2)纯度

纯度也称为饱和度,是指色彩的纯净程度。任何一种色彩,如果增加其他色光,如白色、黑色或灰色,都会降低它的纯度。

3)亮度

亮度是指色彩的明暗程度。任何一种色彩,当加入白色时,其亮度增加;当加入黑色时,其亮度降低。当加入白色越多,亮度越高;当加入黑色越多,亮度越低。

3. 色光三原色

经过实验证明,自然界中所有颜色都可由红、绿和蓝 3 种色光按照不同比例混合产生,因此称红、绿、蓝为色光三原色。这 3 种色光本身具有独立性,即三原色中任何一种色光都不能用其他两种色光混合产生,但是由这 3 种色光按照不同比例混合可产生自然界中的一切色彩。

当三原色光蓝、绿、红相等量两两进行混合时,可以分别得到青(C)、品红(M)、黄(Y),当红、绿、蓝三者等量混合时可得到白色(White),其颜色方程如下:B+G=C、B+R=M、G+R=Y、B+G+R=W,如图 2-2 所示。

如果两种色光相混合能形成白光,则这两种色光互为补色。在图 2-2 中,可知 R、C、G、M、B、Y 互为补色,互补色是彼此之间最不一样的颜色。

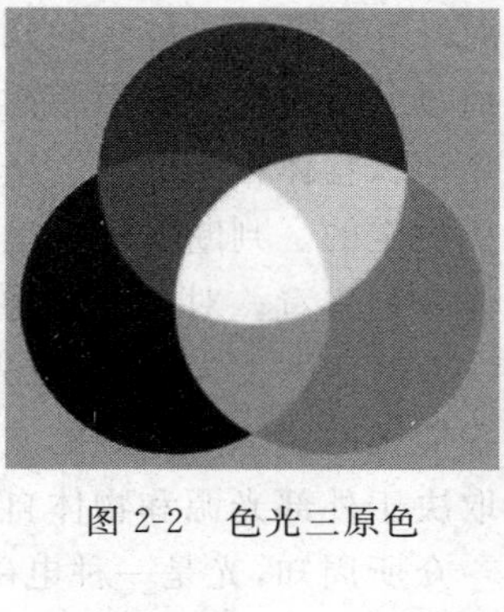

图 2-2　色光三原色

2.2 色彩模型

自然界的颜色千变万化,为了在不同应用领域使用时给颜色一个量化的衡量标准,就需要建立色彩模型来描述各种各样的颜色。色彩模型实际是采用数学方法对颜色值进行量化,从而便于在某个颜色域方便地指定颜色。色彩模型通常采用三维坐标空间对色彩进行描述,用三维坐标的 3 个参数描述颜色。色彩模型是指某个三维颜色空间中的一个可见光子集,它包含某个颜色域的所有颜色。

在计算机系统中,常常涉及用几种不同的色彩模型,以对应于不同的场合和应用。因此,图像、视频等多媒体信息的生成、存储、处理及显示时对应不同的色彩模型需要作不同的处理和转换。

常用的色彩模型主要包括三基色色彩模型、直观的色彩模型与色差模型三大类。三基色色彩模型主要有 XYZ、RGB、CMY 等,直观的色彩模型主要有 HSV、HSI 等,色差模型主要有 YUV、YIQ 与 YCrCb 等。它们分别应用于不同的行业和领域,但在计算机技术方面运用最为广泛。

2.2.1 三基色模型

1. CIEXYZ 和 CIELab

国际照明委员会(CIE)在进行了大量正常人视觉测量和统计,并于 1931 年建立了"标准色度观察者"以及定义了三基色及其匹配函数,从而奠定了现代 CIE 标准色度学的定量基础。国际照明委员会(CIE)制定的与设备无关的颜色模型,包括 CIEXYZ 和 CIELab 两个标准,它们包含了人眼所能辨别的全部颜色。

CIE 在 RGB 系统基础上,用假想的 3 个 X、Y、Z 基向量建立了一个新的色度系统,任意一种颜色 C 可以表示为: $C = aX + bY + cZ$,定名为"CIE1931 标准色度观察者光谱三刺激值",简称"CIE1931 标准色度观察者"。这三基色称为 CIE 基色,由其表示的颜色模型称为 CIEXYZ 模型。CIEXYZ 色度图如图 2-3 所示。

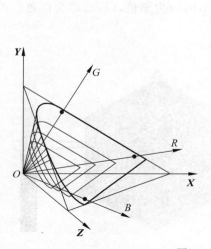
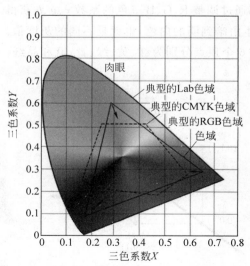

图 2-3 CIEXYZ 色度图

色度图中的颜色范围是直线段和多边形。连接封闭区域中的两点,得到一段直线,该直线段上任一点的颜色可由该直线的两个端点颜色以不同的比例混合而成。连接封闭区域中的 3 个点得到一个三角形区域,该三角形区域内的任何一点所表示的颜色可以由 3 个顶点的颜色以不同比例混合而成。因此色度图可以用来表示不同的基色组,以及由该基色组表示的颜色范围。由于三基色表示颜色的范围是在三角形内,因此任何三基色也不能完全表示所有可见光的颜色。

CIELab 颜色模型也是由 CIE 制定的一种色彩模型。常用来描述人眼可见的所有颜色的最完备的色彩模型。Lab 经常用做 CIE1976(L^*,a^*,b^*) 色彩空间的非正式缩写,采用 L^*、a^* 和 b^* 3 个基本分量表示颜色,L^* 表示颜色的亮度($L^*=0$ 表示黑色,而 $L^*=100$ 表示白色),a^* 表示在红色/品红色和绿色之间的位置(a^* 负值表示绿色,a^* 正值表示品红),b^* 表示在黄色和蓝色之间的位置(b^* 负值表示蓝色,b^* 正值表示黄色)。CIELab 色彩模型如图 2-4 所示。

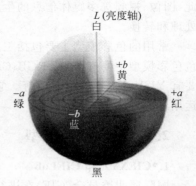

图 2-4　CIELab 色彩模型

CIELab 颜色模型是以数字化方式来描述人的视觉感应,是与设备无关的颜色模型。所以它弥补了 RGB 和 CMYK 模式必须依赖于设备色彩特性的不足。自然界中任何一种颜色都可以在 Lab 色彩模型表示,它的色彩空间比 RGB 空间大。这就意味着 RGB 以及 CMYK 所能表示的色彩都可以在 Lab 颜色模型中得以影射。

2. RGB

RGB 色彩模型是计算机系统中使用较多的色彩模型。它采用三维直角坐标系,用红(Red)、绿(Green)、蓝(Blue) 3 种分量来表示任何一种颜色的色彩模型。任意色光 F 都可以用 R、G、B 三色不同分量的相加混合而成:F$=r$[R]$+g$[G]$+b$[B]。r、g、b 分别表示 R、G、B 3 种色光的比例。

RGB 色彩模型通常采用如图 2-5 所示的三维的立方体来表示。该立方体中任何一颜色 F 都通过调整 R、G、B 三色的系数 r、g、b 获得。在正方体的主对角线上,各原色的强度相等,产生由暗到明的白色,也就是不同的灰度值。(0,0,0)为黑色,(1,1,1)为白色。正方体的其他 6 个顶点分别为红、黄、绿、青、蓝和品红。

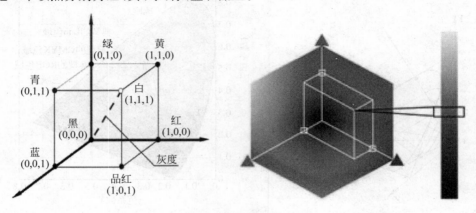

图 2-5　RGB 色彩模型

RGB 色彩模型主要用来描述发光设备,如显示器、电视机、扫描仪等装置所表现的颜色。RGB 色彩模型所覆盖的颜色域取决于硬件设备的颜色特性,因此它是与设备相关的颜色模型。例如,彩色光栅图形的显示器使用 R、G、B 数值来驱动 R、G、B 电子枪发射电子,分别激发荧光屏上的 R、G、B 3 种颜色的荧光粉,发出不同亮度的光线,通过相加混合产生各种颜色。

3．CMY

CMY 色彩模型主要应用于印刷业。同 RGB 色彩模型一样,它也采用三维直角坐标系,用青(Cyan)、品红(Magenta)、黄(Yellow)三原色油墨按照不同比例的混合来表示任何一种颜料的色彩模型。

CMY 色彩模型通常采用如图 2-6 所示的三维的立方体来表示。该立方体中任何一颜色 F 都通过调整 C、M、Y 三原色油墨不同比例调和产生。

实际印刷中,一般采用 CMYK 四色模式,即在原有的 CMY 色彩模型中增加了黑色(Black)。当青、品红和黄等比例混合时应该可以产生黑色,但由于工艺原因油墨中含有杂质,因而不会产生纯正的黑色。

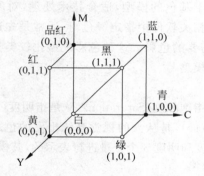
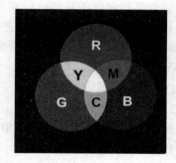

图 2-6　CMY 色彩模型

CMYK 色彩模型是与设备以及印刷过程相关的,即工艺方法、油墨的特性、纸张的特性等,不同的条件有不同的印刷结果。在印刷过程中,必然要经过一个分色的过程,所谓分色,就是将计算机中使用的 RGB 颜色转换成印刷使用的 CMYK 颜色。CMY 色彩模型与 RGB 色彩模型之间的关系如图 2-7 所示,其相加色和相减色的关系如表 2-1 所示。在转换过程中存在着两个问题,其一是 RGB 色彩模型与 CMY 色彩模型在表现颜色的范围上不完全一样,RGB 色域较大,而 CMYK 色域较小,因此需要进行色域压缩;其二是这两个色彩模型都是和具体设备相关的,颜色本身没有绝对性。因此需要通过一个与设备无关的色彩模型进行转换,如上面介绍的 XYZ 等色彩模型进行转换。

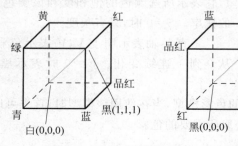

图 2-7　CMY 色彩模型与 RGB 色彩模型

表 2-1　相加色与相减色的关系

相加混色	相减混色	生成的颜色
RGB	CMY	
000	111	黑
001	110	蓝
010	101	绿
011	100	青
100	011	红
101	010	品红
110	001	黄
111	000	白

2.2.2　直观色彩模型

RGB 色彩模型和 CMY 色彩模型都是基于基色的模型,适合技术处理,对颜色的描述不直观,不适合绘画和绘图使用。而在多媒体相关软件中指定颜色时,通常是先选定某个色调,然后再通过调整亮度和饱和度,去产生所需要的色彩。这种色彩模型比较类似于人类视觉系统感知颜色的原理,因此也称为直观色彩模型。

1. HSV

HSV 色彩模型中,H 是指色相(Hue),S 是指饱和度(Saturation),V 是指明度(Value)。有时,HSV 色彩模型也称为 HSB(B 指 Brightness),是从人的视觉系统出发的色彩模型。在 HSV 色彩模型中,每一种颜色是由色相、饱和度和明度 3 个分量进行表示的,其模型如图 2-8 所示,用六棱锥体表示。

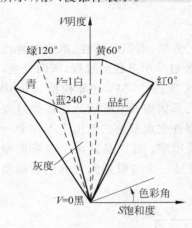

图 2-8　HSV 色彩模型

HSV 色彩模型实际是从 RGB 立方体模型演化而来的。设想从 RGB 沿立方体对角线的白色顶点向黑色顶点观察,在垂直投影面就可以看到六边形外形。

在图 2-8 所示的 HSV 色彩模型中,六棱锥的面的六边形边界表示色调 H,即所处的光谱颜色的位置。该参数用一角度量来表示,红色、绿色、蓝色分别相隔 120°,红色、黄色、绿色、青色、蓝色、品红分别对应于 0°、60°、120°、180°、240°、300°。每一种颜色和它的补色相差 180°。

水平 X 轴表示饱和度 S,S 为一比例值,范围从 0 到 1,它表示所选颜色的饱和度和该颜色最大的饱和度之间的比率。$S=0$ 时,只有灰度。

垂直 Y 轴表示明度 V,V 表示色彩的明亮程度,范围从 0 到 1 连续变化。$V=0$ 时表示黑色,颜色六边形在 $V=1$ 的垂直平面上。

HSV 色彩模型是一种直观的色彩模型,当在使用该模型时,首先可以指定一种色调 H,通过向其中增加黑色或白色来获取所需要的色彩。

2. HSL

HSL 也是一种直观的色彩模型,其中 H 是指色相(Hue),S 是指饱和度(Saturation),L 是指亮度(Lightness/Luminance),也称 HLS 或 HSI(I 指 Intensity)。HSL 色彩模型与 HSV 非常相似,仅用亮度(Lightness)替代了明度(Value)。两者区别在于,一种纯色的明度等于白色的明度,而纯色的亮度等于中度灰的亮度。

HSL 色彩模型如图 2-9 所示,用一个圆锥空间模型来描述。色调 H 用与水平 X 轴的夹角表示,$H=0°$、$60°$、$120°$、$180°$、$240°$、$300°$时,分别表示红色、品红、蓝色、青色、绿色、黄色,它们在色相环上按照 $60°$ 圆心角的间隔排列。

水平 X 轴表示饱和度 S,S 为一比例值,范围从 0 到 1,它表示所选颜色的饱和度和该颜色最大的饱和度之间的比率。当 $S=0$ 时,仅有灰度,由 0 到 1 连续变化,表示色彩纯度连续增加,当 $S=1$ 时,$L=0.5$ 时表示纯彩色。

垂直 Y 轴表示亮度 L,L 表示色彩的明亮程度,范围从 0 到 1 连续变化。$L=0$ 时表示黑色,$L=1$ 时表示白色,灰度随 L 的变化而连续变化,纯色彩位于 $L=0.5$ 的平面上。

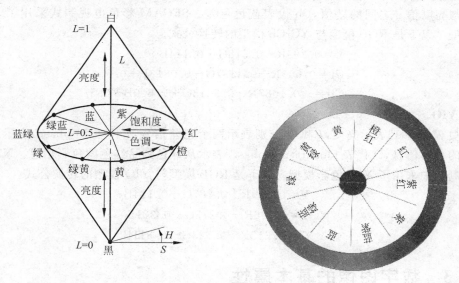

图 2-9 HSL 色彩模型

HSL 和 HSV 色彩模型比 RGB 色彩空间更符合人的视觉特性。在图像处理和计算机视觉中大量算法都可在 HSL 和 HSV 色彩模型中方便地使用,它们可以分开处理而且是相互独立的。因此,使用它们可以大大简化图像分析和处理的工作量。HSV 和 HSL 色彩模型和 RGB 色彩模型只是同一物理量的不同表示法,因而它们之间存在着转换关系。

2.2.3 色差模型

色差模型是在数字视频中广泛使用的色彩模型。这类模型同样也是利用 3 个分量来描述色彩,其中包括一个亮度信号和两个色差信号。首先,在视频信号中采用色差模型,由于将亮度和色彩信息分开处理,因此可以实现彩色电视机和黑白电视机的兼容问题,使黑白电视机也能接收彩色信号。其次,可以利用人眼对视频信号的感受特点,即人眼对于亮度信号的敏感度大于对色差信号的敏感度,因此可以对其进行数据压缩。

色差模型主要包括 YUV、YCrCb、YIQ 等,它们各自应用的领域不同。

1. YUV

YUV 模型中 Y 表示亮度,U 和 V 分别表示两个色差信号,色差 U、V 是由 B-Y、R-Y 按不同比例压缩而成的。PAL 彩色电视制式采用了 YUV 色彩模型。以下是 RGB 模型与 YUV 模型的转换公式。

$$Y=0.299R+0.587G+0.114B$$
$$U=-0.147R-0.289G+0.436B$$
$$V=0.615R-0.515G-0.100B$$

如果要由 YUV 空间转化成 RGB 空间,只要进行相反的逆运算即可。

RGB 经过矩阵变换电路得到亮度信号 Y 和两个色差信号 R-Y、B-Y,最后发送端将亮度和色差 3 个信号分别进行编码,这就是人们常用的 YUV 色彩空间。

2. YCrCb

YCrCb 模型中 Y 表示亮度,Cr 和 Cb 分别表示两个色差信号,Cr 代表红色色差,即红色信号与亮度信号之间的差值,Cb 代表蓝色色差。SECAM 彩色电视制式采用了 YCrCb 色彩模型。以下是 RGB 模型与 YCrCb 模型的转换公式。

$$Y=0.299R+0.578G+0.114B$$
$$Cr=0.500R-0.4187G-0.0813B+0.5$$
$$Cb=-0.1687R-0.3313G+0.500B+0.5$$

3. YIQ

YIQ 模型中 Y 表示亮度,I 和 Q 分别表示两个色差信号,I 代表 In-phase,表示从橙色到青色的色彩信息,Q 代表 Quadrature-phase,表示从绿色到品红色的色彩信息。NTSC 彩色电视制式中采用了 YIQ 色彩模型。以下是 RGB 模型与 YIQ 模型的转换公式。

$$Y=0.299R+0.587G+0.114B$$
$$I=0.596R-0.275G-0.321B$$
$$Q=0.212R-0.523G+0.311B$$

2.3 数字图像的基本属性

数字图像是通过记录像素点的颜色信息来记录图像的,所以描述数字图像常用的属性有分辨率,即构成该幅图像的像素点有多少;其次,还有图像的颜色数,以及图像的颜色表示方法。

2.3.1 黑白图像与彩色图像

黑白图像主要包括二值图像和灰度图像,如图 2-10 所示。

二值图像即图像的每一个像素只有两种可能的取值,即 0 或 1,人们经常用黑白、B&W、单色图像表示二值图像。

灰度图像是指每个像素只有一个颜色,但是这类图像通常显示为从黑色到白色的灰度。灰度图像与黑白图像不同,灰度图像在黑色与白色之间有许多级的颜色深度,因此每个像素点用若干位二进制数表示不同的灰度等级。通常,多数灰度图像的灰度级别采用 8 位的二进制表示,这样可以有 256 级灰度。

(a) 二值图像　　　　　　　　　(b) 灰度图像

图 2-10　二值图像和灰度图像

彩色图像的每个像素通常是由红(R)、绿(G)、蓝(B) 3 个分量来表示的彩色的图像。对于彩色图像,每个像素的颜色可能有多种选择,因此需要用多位二进制数表示。多数采用 RGB 色彩模型,分别用红 R、绿 G 和蓝 B 3 个分量表示,那么 R、G 和 B 分别所使用的二进制位数决定了它所表示的颜色数。例如,R、G 和 B 分别用 8 位表示,那么每个像素点用 24 位表示,那么它们可以表示的颜色数为 2^{24},那么这里的 24 即为该图像的像素深度。

2.3.2　图像分辨率

图像分辨率的表达方式为水平像素数×垂直像素数。决定图像分辨率的主要因素是每英寸所含像素的数目,单位是 PPI(Pixel Per Inch),PPI 值越大,图像分辨率就越高。同样一幅图像如果分辨率高,即记录该图像所使用的像素点数就多,图像就越清晰。

图像分辨率、图像的尺寸大小、像素深度共同决定图像文件的存储空间的大小及图像的输出质量。

2.3.3　图像的色彩表示

搞清真彩色、伪彩色与直接色的含义,对于编写图像显示程序、理解图像文件的存储格式有直接的指导意义。

1. 真彩色

如果用 R、G、B 字段的值直接表示红、绿、蓝彩色分量的强度,那么这种表示法就是真彩色表示法,简称真彩色。

真彩色是指在组成一幅彩色图像的每个像素值中,有 R、G、B 3 个字段,这 3 个字段直接表示红、绿、蓝色彩分量的强度,这种表示法就是真彩色表示法,简称真彩色。例如,RGB 用 5:5:5 表示的真彩色图像,R、G、B 3 个分量各用 5 位,用 R、G、B 分量大小的值直接确定 3 个基色的强度,这样得到的彩色是真实的原图彩色。如果用 RGB 8:8:8 方式表示一幅彩色图像,R、G、B 3 个分量都用 8 位来表示,共 3 个字节,每个像素的颜色就是由这 3 个字节中的数值直接决定的,可生成的颜色数就是 $2^{24}=16\,777\,216$ 种。用 3 个字节表示的真彩色图像所需要的存储空间很大,而人的眼睛是很难分辨出这么多种颜色的,因此在许多场合往往用 RGB 5:5:5 来表示。

在许多场合,真彩色图像通常是指 RGB 8:8:8,即图像的颜色数等于 2^{24},也常称为全彩色图像。但在显示器上显示的颜色就不一定是真彩色,要得到真彩色图像需要有真彩色显示适配器,目前在 PC 上用的 VGA 适配器是很难得到真彩色图像的。

2. 伪彩色

在伪彩色的表示方法中,图像的每个像素值不是 R、G 和 B 3 个分量的实际强度值,而是一个索引值或代码,该代码值作为色彩查找表(Color Look-Up Table,CLUT)中某一项的入口地址,根据该地址可查找出包含实际 R、G、B 的强度值。这种用查找映射的方法产生的色彩称为伪彩色。

彩色查找表 CLUT 是一个事先根据索引值和彩色值建立的一张表,表项入口地址也称为索引号。例如,16 种颜色的查找表,0 号索引对应黑色,…,15 号索引对应白色。真彩色和伪彩色表示如图 2-11 所示。彩色图像本身的像素数值和彩色查找表的索引号有一个变换关系,这个关系可以使用 Windows 95/98 定义的变换关系,也可以使用用户自己定义的变换关系。使用查找得到的数值显示的彩色是真的,但不是图像本身真正的颜色,它没有完全反映原图的彩色。采用伪彩色,用较少的 RGB 位数,在一定范围内得到较丰富的色彩。但是记录和再现时必须使用同样的彩色表才能再现原有色彩。

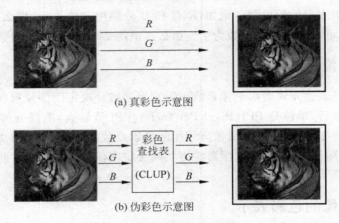

(a) 真彩色示意图

(b) 伪彩色示意图

图 2-11 真彩色与伪彩色

3. 直接色

直接色和伪彩色相比,相同之处是都采用色彩查找表,不同之处是直接色的每个像素值分成 R、G、B 分量,每个分量分别作为索引值查找实际的 R、G、B 3 个分量的强度值。而直接色是把整个像素当做色彩查找表的索引值进行彩色变换。

直接色和真彩色相比,相同之处是都采用 R、G、B 分量决定基色强度,不同之处是后者的基色强度直接用像素的 R、G、B 决定,而前者的基色强度由 R、G、B 经过色彩查找表转换后的强度决定。因而这两种系统产生的颜色就有差别。试验结果表明,使用直接色在显示器上显示的彩色图像看起来真实、很自然。

2.4 图像的数字化

图像数字化是将模拟图像转换为数字图像,它是进行数字图像处理的前提。模拟图像是指空间上连续变化,信号值不分等级的图像。而数字图像是指空间上分割为有限个数的离散像素,信号值分为有限等级,用数字 0 和 1 表示的图像。

图像数字化必须以图像的电子化作为基础,把模拟图像转变成电子信号,随后才将其转换成数字图像信号。

模拟图像数字化需要经过 3 个步骤：模拟信号采样、对其进行量化与最后的压缩编码。

2.4.1 采样

模拟图像是连续的模拟信号，而数字图像信息是一个个有限的离散的数据，不可能用无穷多个数据来表示一幅图像，因此需要通过一种方法将连续变化的信号离散化。这个过程是通过模拟信号的采样来完成的。采样是指按照某种时间间隔或空间间隔，采集模拟信号的过程（空间离散化）。

对于图像的数字化来说，采样的实质就是针对某一幅图像要用多少点来描述一幅图像，这个取决于采样频率，即单位长度内的采样次数，表示为：

$$f = N/\Delta S$$

式中，f 为采样频率，单位为"像素/英寸"或"像素/厘米"；N 为采样点数；ΔS 为采样距离。

简单来讲，对一幅图像的采样过程就像是将二维空间上连续的图像在水平和垂直方向上等间距地分割成矩形网状结构，所形成的微小方格称为像素点。一幅图像就被采样成有限个像素点构成的集合，通过记录每个像素点的信息从而记录一幅图像。例如，一副 600×400 分辨率的图像，表示这幅图像是由 $600 \times 400 = 240\,000$ 个像素点组成的。如图 2-12 所示采样后的图像，每个小格即为一个像素点。

图 2-12 采样后的图像

采样频率决定了图像分辨率，而图像的质量的高低取决于图像分辨率。因此采样过程中如何选择采样频率是一个非常重要的问题。采样频率太低，在单位长度的样本个数少，得到的信息不足以有效地复原原图像信号，得到的图像质量就非常差；如果采样空间频率越高，得到的图像样本越逼真，图像的质量就越高，但是采样频率过高，在单位长度的样本个数太多，既浪费了存储空间又不一定对提高图像信号的质量有多少效果。因此在进行采样时，采样点间隔大小的选取很重要，它决定了采样后的图像能真实地反映原图像的程度。一般来说，原图像中的画面越复杂，色彩越丰富，则采样间隔应越小。在理论上，采样频率是根据控制理论中非常著名的奈奎斯特定理来确定。根据奈奎斯特（Nyquist）的信号采样定理，要从取样样本中精确地复原图像，图像采样的频率必须大于或等于源图像最高频率分量的两倍。

2.4.2　量化

经过图像数字化的第一个采样过程,可以将连续变化的信号转换为有限个数的离散的信号,接下来需要将采集到得模拟信号进行量化,即确定用多少位二进制数来表示图像采样的每个像素点。其过程是将模拟信号样本值归到有限个信号等级上(信号值等级有限化)。量化的位数确定了将模拟信号值划分为多少等级数,量化级数 $N=2^{量化位数}$。

量化的结果是图像能够容纳的颜色总数,它反映了采样的质量。例如,如果以一位存储一个点,就表示图像只能有 $2^1=2$ 种颜色;若采用 4 位存储一个点,就表示图像可有 $2^4=16$ 种颜色;若采用 16 位存储一个点,则有 $2^{16}=65\ 536$ 种颜色。所以,量化位数越大,图像可以表达更多的颜色,自然可以产生更为细致的图像效果。和采样频率一样,量化位数过大,占用的存储空间就会越大,但是人眼所能感受的颜色种类是有限的,多于一定的颜色种类人眼已经感受不到差别,因此两者的基本问题都是视觉效果和存储空间的取舍。

经过采样和量化得到的一幅空间上表现为离散分布的有限个像素,灰度取值上表现为有限个离散的可能值的图像称为数字图像。只要水平和垂直方向采样点数足够多,量化比特数足够大,数字图像的质量就比原始模拟图像毫不逊色。

2.4.3　编码

量化后的离散信号转换成用二进制数码 0/1 表示的形式。由于数字化后得到的图像数据量十分巨大,因此通常采用相应的编码技术对其进行压缩。在一定意义上讲,编码压缩技术是实现图像传输与储存的关键。已有许多成熟的编码算法应用于图像压缩。常见的有图像的预测编码、变换编码、分形编码、小波变换图像压缩编码等。

当需要对所传输或存储的图像信息进行高比率压缩时,必须采取复杂的图像编码技术。但是,如果没有一个共同的标准做基础,不同系统间不能兼容,除非每一编码方法的各个细节完全相同,否则各系统间的兼容十分困难。为了使图像压缩标准化,20 世纪 90 年代后,国际电信联盟(ITU)、国际标准化组织 ISO 和国际电工委员会 IEC 已经制定并继续制定一系列静止和活动图像编码的国际标准,已批准的标准主要有 JPEG 标准、MPEG 标准、H.261 等。

随着用户对图像视频等质量要求越来越高,在有限带宽的情况下,追求更高的压缩比,更好的图像质量依然是压缩编码算法研究的目标和意义。

2.5　数字图像文件格式

数字图像文件格式是图像数据的组织和记录形式。众所周知,图像文件是根据像素点的二进制数据进行存储和组织的。目前使用的图像格式文件有很多种,不同的图像格式,其适用场合不同,软件平台、开发厂家不同,组织形式也不同。下面简单介绍常用的图像格式文件,从而深入了解不同格式所适用的范围,以便在应用图像处理软件将图像素材加工成数字媒体作品时进行恰当的选择。

2.5.1　图像文件的组织形式

尽管各种不同文件的组织形式不同,但一般的图像文件结构主要都包含文件头、文件体和文件尾三部分。

文件头的主要内容包括该图像的类型、版本号以及图像本身的参数。图像的类型通常只有几个字节的标识符,版本号代表开发或编辑该图像软件的厂商和所遵循的格式版本。图像本身的参数完整地描述图像数据的所有特征。例如,图像的分辨率、图像的宽度和高度,是否采用压缩,是否使用调色板等。

文件体主要包括图像数据及调色板数据或色彩变换查找表。这部分是文件的主体,对文件容量的大小起决定作用。如果是真彩色图像,则无颜色变换查找表或调色板数据。如果是伪彩色图像且包含有调色板,则文件体中将有定义调色板的数据。对于 256 色的调色板,每种颜色值用 24 位表示,则调色板的数据长度为 $256 \times 3 = 768$ 字节。

文件尾是可选项,有的文件格式不包括这部分内容。文件尾的主要作用是标识文件的图像数据到此为止。

2.5.2　BMP 文件格式

BMP 图像文件是 Bitmap 的缩写,是 Windows 采用的图像文件格式,Windows 3.0 以前的 BMP 文件格式与显示设备有关,因此把这种 BMP 图像文件格式称为设备相关位图(Device Dependent Bitmap,DDB)文件格式。Windows 3.0 以后的 BMP 文件都与显示设备无关,因此把这种 BMP 文件格式称为设备无关位图(Device Independent Bitmap,DIB)格式。用 BMP 格式存放的图像几乎可以被所有的图像显示软件读取。

BMP 图像文件可以为单色、4 色、16 色和 256 色图像文件。图像数据的存储是从左下角开始,即从最后一行的第一个像素开始。BMP 图像文件主要包括四部分:文件头、位图描述信息块、调色板和位图数据。其中文件头共有 14 个字节,位图描述信息共有 40 个字节,调色板和位图数据根据不同的文件所占字节数不等,具体文件结构和相关信息如下。

1. 文件头

BMP 文件头数据说明如表 2-2 所示,其中,文件的第 0 个字节和第 1 个字节为位图文件标识,即 ASCII 码字符"BM",接下来 4 个字节表示 BMP 文件的字节数。然后是 4 个字节的保留字段,为以后扩展使用,所以它的值必须是 00H、00H、00H、00H,最后 4 个字节是文件开始到位图图像数据的位移量。

表 2-2　BMP 文件头格式

位移	长度	字段	说　　　　明
0000H	2 字节	bftype	文件标识,为 ASCII 码"BM"
0002H	4 字节	Bfsize	文件大小
0006H	4 字节	Bfreserved	保留,00000000H
000AH	4 字节	Bfoffbits	记录图像数据区的起始位置

2. 位图描述信息块

BMP 位图描述信息块的格式说明如表 2-3 所示,其内容主要包括位图描述信息块的大小,图像的宽高、图像的平面数、图像压缩方式等。

表 2-3　BMP 位图描述信息块

位移	长度	字　　段	说　　明
000EH	4 字节	Bisize	位图描述信息块的大小为 28H
0012H	4 字节	Biwidth	图像宽度
0016H	4 字节	Biheight	图像高度
001AH	2 字节	Biplanes	图像位平面数,恒为 1
001CH	2 字节	Bibitcount	像素的位数,图像的颜色数由该值决定
001EH	4 字节	Bitcompression	压缩方式,其值用 0、1、2、3 表示。0 表示不压缩,1 表示 RLE8 位压缩,2 表示 RLE4 位压缩,3 表示不压缩且 RGB32 位
0022H	4 字节	Bisizeimage	图像数据的大小
0026H	4 字节	BixPelsPerMeter	水平每米有多少像素
002AH	4 字节	BiyPelsPerMeter	垂直每米有多少像素
002EH	4 字节	BitClrUsed	图像所用的颜色数
0032H	4 字节	BiClrmportant	重要颜色数,为 0 时表示所有颜色一样重要

表内相关数据说明如下。

位移为 001CH 的 Bibitcount 字段表示像素的位数。若值为 1 表示该图为二值图,若值为 4 则表示该图为 16 色,若值为 8 则表示该图为 256 色,若值为 16 则表示该图为 16 位增强色,若值为 24 则表示该图为 24 位真彩色,则此时不含调色板,即调色板表项为 0。这时位图图像数据中,每 3 个字节代表一个像素,即 3 个字节分别为 R、G、B 的值。若值为 32 则表示该图像的每个像素点为 32 位,同样没有调色板表项。

位移为 0026H 和 002AH 的 BixPelsPerMeter 和 BiyPelsPerMeter 字段分别表示每米水平和垂直像素数,在设备无关位图中,它们分别为 0000H。

如果该图像包含调色板,那么文件中接下来的内容为调色板数据和位图数据。若该图像不包含调色板,则文件下面的内容即为位图数据。

2.5.3　PCX 文件格式

PCX 文件是 PC 上的第一代图像文件格式,是 Zsoft 公司的 Paintbrush 绘图软件支持的图像文件格式。PCX 支持 256 色调色板或全 24 位的 RGB,图像大小最多达 64K×64K 像素。不支持 CMYK 或 HSI 颜色模式,Photoshop 等多种图像处理软件均支持 PCX 格式。

PCX 图像文件由文件头和实际图像数据构成。文件头由 128 字节组成,主要包括版本信息、图像尺寸、图像显示设备的横向、纵向分辨率以及调色板等信息。其具体格式如表 2-4 所示。在实际图像数据中,表示图像数据类型和彩色类型。PCX 图像文件中的数据都是用简单的 RLE 行程编码技术压缩后的图像数据。

表 2-4　PCX 文件头格式

位移	长度	字　　段	说　　明
0000H	1 字节	Manufacturer	文件类型标识,固定为 0AH
0001H	1 字节	Version	版本号
0002H	1 字节	Encoding	1: PCX 行程编码
0003H	1 字节	Bit_per_pixcel	图像深度
0004H	2 字节	Xmin,Ymin	X、Y 最小值
0006H	2 字节	Xmax,Ymax	X、Y 最大值

位移	长度	字 段 名	说 明
0008H	2字节	Hres	水平分辨率
000AH	2字节	Vres	垂直分辨率
000CH	48字节	Palette[48]	调色板数据
003CH	1字节	Reserved	保留值
003DH	1字节	Colour_per_planes	色平面与像素位数决定显示方式
003EH	2字节	Bety_per_line	每行图像字节数
0040H	2字节	Palette_type	灰度与彩色特征
0042H	58字节	Filler[58]	保留值

表内相关数据说明如下。

位移为 0001H 的 Version 字段表示版本号。位移为 000CH 的调色板只有 48 个字节，仅仅能够表示 16 色及以下的图像。位移为 0040H 的灰度与彩色特征字段，其值为 1 时表示灰度图像，其值为 2 时表示彩色图像。

2.5.4 GIF 文件格式

GIF(Graphics Interchange Format)是图像交换格式，是 CompuServe 公司在 1987 年开发的图像文件格式。GIF 的图像深度从 1 位到 8 位，也即 GIF 最多支持 256 种色彩。GIF 文件格式采用了一种基于 LZW 算法的连续色调的无损压缩算法，其压缩率比较高，一般在 50% 左右，占用存储空间小，因此适合网络环境使用。目前，它不属于任何应用程序，几乎所有相关软件都支持它。

GIF 图像文件格式主要分为两个版本，即 GIF 89a 和 GIF 87a。GIF 87a 是在 1987 年制定的版本，仅支持静态图像。GIF 89a 是 1989 年制定的版本，不仅支持静态图像，也支持由若干静态图像连续播放的帧动画。并且在这个版本中，GIF 文档扩充了图像控制块、备注扩展块、说明扩展块和应用程序编程接口块的 4 个控制数据块，并提供了对透明色的支持。

GIF 图像文件以数据块为单位来组织图像的相关信息。一个 GIF 文件由文件头块、彩色表数据块、图像数据块、图像控制数据块以及文件结束块。彩色表数据块、图像数据块和图像控制数据块都必须在文件头块和文件结束块之间。GIF 图像文件的典型结构如表 2-5 所示。

表 2-5 GIF 图像文件的典型结构

编号	块 名 字	字 段	数量
1	GIF 文件头块	Header	1
2	逻辑屏幕描述块	Logical Screen Desciptor	1
3	全局彩色表	Global Color Table	1
4	扩展数据块		
5	图像描述块	Image Descriptor	1
6	局部彩色表	Local Color Table	
7	压缩图像数据块	Table Based Image Data	
8	图像控制扩展块	Graphic Control Extension	
9	文本扩展块	Plain Text Extension	
10	注释扩展块	Comment Extension	
11	应用程序扩展块	Application Extension	
12	GIF 文件结束块	GIF Trailer	1

1. GIF 文件头块

GIF 文件结构的第一部分内容就是文件头块,关于 GIF 文件头块详细说明如表 2-6 所示。文件头块(Header)由 GIF 标记域(Signature)和版本号(Version)域组成,是由 6 个固定字节组成的数据块,它们用来说明使用的文件格式是 GIF 格式及当前所用的版本号。GIF 标记域存放的是 GIF 文件标识,即 ASCII 码字符"GIF",版本号域存放的是"87a"或者"89a"。

表 2-6　GIF 文件头块说明

位移	长度	字段	说　　明
0000H	3 字节	Signature	文件标识,为 ASCII 码"GIF"
0003H	3 字节	Version	版本号,为"87a"或"89a"

2. 逻辑屏幕描述块

逻辑屏幕描述块(Logical Screen Descriptor)包含 7 个字节,定义了图像显示区域的参数,包括逻辑屏幕宽高、全局标志、背景颜色以及长宽比信息。前两个字节用来说明逻辑显示屏的宽度,第 2 字节和第 3 字节用来说明逻辑显示屏的高度,这里的坐标相对于虚拟屏幕的左上角,不一定是指显示屏的绝对坐标,这就意味着可以参照窗口软件环境下的窗口坐标或者打印机坐标来设计图像显示程序。第 4 字节用来描述彩色表的属性,第 5 字节用来指定背景颜色索引,第 6 字节用来计算像素的长宽比。逻辑屏幕描述块的具体说明如表 2-7 所示。

表 2-7　逻辑屏幕描述块说明

位移	长度	字　段	字段含义	说　　明
0006H	2	ScreenWidth	屏幕宽	以像素为单位屏幕宽
0008H	2	ScreenDepth	屏幕高	以像素为单位屏幕高
000AH	1	GlobalFlagByte	全局标志	详细说明如下
000BH	1	BackGroundColor	背景颜色	窗口背景色索引值,但当全局标志取值 0 时必须为 0
000CH	1	AspectRation	像素长宽比	取 0,表示不含长宽比,GIF87a 总为 0。非 0,由此计算: 长宽比=(AspectRation+15)/64

其中全局标志 GlobalFlagByte 这一个字节共有 4 个字段: G7、G6 G5 G4、G3、G2 G1 G0,其说明如表 2-8 所示。

表 2-8　全局标志 GlobalFlagByte 字节说明

G7	G6 G5 G4	G3	G2 G1 G0
全局彩色表标志	图像的彩色分辨率	排序标志	全局彩色表的大小

G7 为全局彩色表标志,用来说明是否有全局彩色表存在。若 G7=0 表示不含全局彩色表,若 G7=1 表示含有全局彩色表,那么逻辑屏幕描述块之后紧接着就是全局彩色表信息的定义,此时,窗口背景颜色索引值就是用于背景颜色的索引。

G6 G5 G4 为 GIF 图像的彩色分辨率,用来表示原始图像可以使用颜色的二进制数位数。这个位数表示整个调色板的大小,而不是这幅图像使用的实际的颜色数。例如,当

G6 G5 G4＝111 时，G6 G5 G4＋1＝1000，即二进制数表示的是 8，表示使用 2^8（256）种颜色。

G3 为全局彩色表中颜色排序标志，用来表示全局彩色表中的颜色是否按重要性（或者称使用率）排序。如果 G3＝0，表示没有按照颜色重要性排序；如果 G3＝1，表示全局彩色表中按照颜色重要性排序，最重要的颜色排在前。这样做的目的是辅助颜色数比较少的解码器能够选择最好的颜色子集，在这种情况下解码器就可选择彩色表中开始段的彩色来显示图像。

G2 G1 G0 定义了全局彩色表的大小，用来计算全局彩色表中包含的表项数。例如，当 G2 G1 G0＝111 时，G2 G1 G0＋1＝1000，即二进制数表示的是 8，说明全局彩色表共有 2^8（256）个表项，每个表项用 3 个字节指定颜色，因此全局彩色表的大小为 $3×2^8＝768$ 字节。当全局彩色表标志 G7＝0 时就不需要计算，G7＝1 时才需要计算彩色表的大小。

3. 全局彩色表

由于 GIF 的 89 版本文件可以包含多幅彩色图像，每幅彩色图像也许都包含适合自身特点的彩色表，所以一个 GIF 文件可以有好几个彩色表，因此设置了两种彩色表，即全局彩色表和局部彩色表。通常一个 GIF 文件最多包含一个全局彩色表，可用于图像本身没有带彩色表的所有图像和无格式文本扩展块。每一副图像都可以有自己的局部彩色表，如果存在局部彩色表，则局部彩色表只用于紧跟在它后面的一幅图像。256 种颜色的全局彩色表结构如表 2-9 所示。

表 2-9　全局彩色表说明

表项	位移	长度	字　段　名	字段含义
第 1 表项	0000H	1 字节	Red Intensity	红色分量强度值 1
	0001H	1 字节	Green Intensity	绿色分量强度值 1
	0002H	1 字节	Blue Intensity	蓝色分量强度值 1
第 2 表项	0003H	1 字节	Red Intensity	红色分量强度值 2
	0004H	1 字节	Green Intensity	绿色分量强度值 2
	0005H	1 字节	Blue Intensity	蓝色分量强度值 2
第 3 表项	0006H	1 字节	Red Intensity	红色分量强度值 3
	0007H	1 字节	Green Intensity	绿色分量强度值 3
	0008H	1 字节	Blue Intensity	蓝色分量强度值 3
第 4 表项	0009H	1 字节	Red Intensity	红色分量强度值 4
	000AH	1 字节	Green Intensity	绿色分量强度值 4
	000BH	1 字节	Blue Intensity	蓝色分量强度值 4
⋮	⋮			
第 256 表项	02FDH	1 字节	Red Intensity	红色分量强度值 255
	02FEH	1 字节	Green Intensity	绿色分量强度值 255
	02FFH	1 字节	Blue Intensity	蓝色分量强度值 255

在处理全局彩色表和局部彩色表时需要注意下面一些规则。

（1）全局彩色表和局部彩色表都是可有可无。GIF 文件中是否包含全局彩色表，需要看逻辑屏幕描述块中的全局标志。GIF 文件中是否包含局部彩色表，需要看图像描述块中的局部标志，局部标志的具体含义详见图像描述块。

（2）局部彩色表和全局彩色的优先级。如果 GIF 文件包含全局彩色表，而且要显示的图像又带有局部彩色表，那么局部彩色表优先全局彩色表。显示该幅彩色图像时就用它自己的彩色表，而不用全局彩色表。如果一副图像没有局部彩色表，就使用全局彩色表。如果整个文件都没有全局彩色表，则使用计算机本身的颜色表。

4. 图像描述块

GIF 图像文件格式可包含多幅图像，而且没有固定的存放顺序，仅用一个字节的图像数据开始标识符来判断是不是图像描述块。图像描述块一共包含 10 个字节，图像数据开始标识符用来标识图像描述块的开始，标识符为固定值（0x2C）；接下来的两个字节表示图像左边位置，即相对于逻辑屏幕最左边的列号，再接下来的两个字节表示图像顶部位置，即相对于逻辑屏幕顶部的行号。

GIF 文件中的每一幅图像必须有一个图像描述块，其后是可以选择的局部彩色表，接着是压缩后的图像数据组成。图像描述块之前可以有一个或者多个控制块，如图像控制扩展块，其后可以跟着一个局部彩色表。无论前后是否有各种数据块，图像描述块总是带有图像数据。图像数据的排列顺序是从图像左上角开始，由左至右，由上至下按像素顺序排列。图像数据描述块结构如表 2-10 所示。

表 2-10　图像数据描述块说明

位移	长度	字 段 名	字段含义	说 明
0000H	1 字节	ImageLabel	图像标志	0x2C，表示一幅图像数据开始
0001H	2 字节	ImageLeft	图像左边界	逻辑屏幕左上角列号，一般取 0
0003H	2 字节	ImageTop	图像顶边界	逻辑屏幕左上角行号，一般取 0
0005H	2 字节	ImageWidth	图像宽	以像素为单位的图像宽
0007H	2 字节	ImageHeight	图像高	以像素为单位的图像高
0009H	1 字节	LocalFlagByte	局部标志	与 GlobalFlagByte 类似

其中局部标志 LocalFlagByte 这一个字节共有 5 个字段：L7、L6、L5、L4 L3、L2 L1 L0，其说明如表 2-11 所示。

表 2-11　局部标志 LocalFlagByte 字节说明

L7	L6	L5	L4 L3	L2 L1 L0
局部彩色表标志	交叉显示标志	排序标志	保留	局部彩色表的大小

L7 为局部彩色表标志，用来说明是否有局部彩色表存在。如果 L7＝0 表示不含局部彩色表，那么该图像要使用全局彩色表。如果 L7＝1 表示含有局部彩色表，那么这个图像描述块之后紧接着就是局部彩色表信息的定义。

L6 为交叉显示标志，用来表示该图像数据是不是交叉显示。如果 L6＝0，表示该图像不是交叉显示，图像是由左至右，由上至下，逐行逐点存放；如果 L6＝1，表示该图像是交叉显示，交叉图像的存储方式将图像按行分成四部分顺序存放。这四部分分别如下。

第一部分：从第 0 行开始显示，每隔 8 行组成一组，即第 0、8、16、24 等以此类推。

第二部分：从第 4 行开始显示，每隔 8 行组成一组，即第 4、12、20、28 等以此类推。

第三部分：从第 2 行开始显示，每隔 4 行组成一组，即第 2、6、10、14 等以此类推。

第四部分：从第 1 行开始显示，每隔 2 行组成一组，即第 1、3、5、7 等以此类推。

图像显示时依次顺序取出图像数据，按四部分依次在相应行上显示。由于显示图像需要较长的时间，使用这种方法存放和显示图像数据，在边解码边显示时可分成四遍扫描。第一遍扫描虽然只显示了整个图像的 1/8，第二遍扫描后也只显示了整个图像的 1/4，但这已经把整幅图像的概貌显示出来了。在显示 GIF 图像时，隔行存放的图像会让用户感觉到它的显示速度似乎要比其他图像快一些，这是隔行存放的优点。

L5 为局部彩色表的排序标志，与全局彩色表中排序标志的含义相同。如果 L5＝0，表示没有按照颜色重要性排序；如果 L5＝1，表示局部彩色表中按照颜色重要性排序，最重要的颜色排在前。

L4 L3 保留，为以后的应用进行扩展。

L2 L1 L0 为局部彩色表的大小，用来计算局部彩色表中包含的表项数，从而计算局部彩色表的大小。其计算方法与全局彩色表完全一样，且局部彩色表的结构与全局彩色表数据结构相同。

5. 局部彩色表

GIF 文件中是否包含局部彩色表取决于图像描述块中局部彩色表标志位的设置。若包含局部彩色表，则局部彩色表紧跟在它后面的图像。彩色表的结构和定义与全局彩色表完全相同。

6. 压缩图像数据块

图像数据块是图像压缩编码后的数据。GIF 图像采用了 LZW 算法对实际的图像数据进行压缩。压缩图像数据块由两部分组成，即 LZW 最小代码长度和图像数据组成。首字节是采用可变长度字典编码压缩算法的最小代码长度。在该字节之后是一个个的数据子块。每个数据子块是一个可变长度的数据块，第一个字节是该数据子块以字节为单位的大小，每个块最多不超过 255 字节。

7. 图像控制扩展块

如果 GIF 文件包含多个图像，每个图像都可有自己的图像扩展控制块。图像扩展块应该在本图像数据之前，图像控制扩展块包含处理图像描绘块时要使用的参数，主要说明图像以何种方式显示。它的结构如表 2-12 所示。

表 2-12　图像控制扩展块说明

位移	长度	字　段　名	字 段 含 义	说　　明
0000H	1 字节	ExtensionIntroducer	扩展块标识符	0x21
0001H	1 字节	GraphicContrulLabel	图像扩展控制块标识符	0xF9
0002H	1 字节	BlockSize	块大小	到块结束符之间的字节数
0003H	1 字节	PackedField	包装字段	详见如下
0004H	2 字节	DelayTime	延时时间	以百分之一秒为单位
0006H	1 字节	TransparentColorIndex	透明色索引值	透明色索引值
0007H	1 字节	BlockTerminator	块结束符	0x00

图像控制扩展块的具体说明如下。

扩展控制块标识符用于识别扩展块的开始，它的值是 0x21 的固定值。图像扩展控制块标识符用于标识当前扩展块是一个图像控制扩展块，它的值是 0xF9 的固定值。块大小用来说明该图像扩展块所包含的字节数,该字节数是从这个块大小字段之后到块结束符之间的字节数。

包装字段 PackedField 字节分成 4 个字段:P7 P6 P5、P4 P3 P2、P1、P0,其结构如表 2-13 所示。其中,处理方法规定图像显示之后译码器要用表 2-14 中所述方法进行处理。用户输入标志 P1 表示在继续处理之前是否需要用户输入响应。在延时时间和用户输入标志都设置为 1 的情况下,继续处理的开始时间取决于用户响应输入在前还是延时时间结束在前。最后透明索引标志 P0 表示是否给出透明索引。

表 2-13　包装字段结构

P7 P6 P5	P4 P3 P2	P1	P0
保留	处理方法	用户输入标志	透明索引标志

表 2-14　包装字段中处理方法说明

P4 P3 P2 取值	处 理 方 法
000	没有指定要做任何处理
001	不做任何处理,图像留在原处
010	显示图像的区域必须改为背景颜色
011	当前图像区域改为显示当前图像的前一幅图像
100~111	未定义

图像控制扩展块中的延时时间 DelayTime 用来指定在图像显示之后继续处理数据流之前的等待时间,以百分之一秒为单位。

当且仅当透明标志为 1 时,透明色索引 TransparentColorIndex 用来指示处理程序是否要修改显示设备上的相应像素点。当且仅当透明标志为 1 时,就要修改。

块结束符 BlockTerminator 表示该图像控制扩展块结束,它是由一个字节组成的数据块,是一个固定的值:0x00。

8. 文本扩展块

文本扩展块包含文本数据和描绘文本所需的参数,用来提供显示字符串信息的相关数据。文本数据用 7 位的 ASCII 字符编码并以图像形式显示,其结构如表 2-15 所示。

表 2-15　文本扩展块说明

位移	长度	字 段 名	字段含义	说　明
0000H	1 字节	ExtensionIntroducer	扩展块标识符	0x21
0001H	1 字节	PlainTextLabel	文本扩展块标识符	0x01
0002H	1 字节	BlockSize	块大小	固定为 12,由此到 PlainTextData[N] 之前
0003H	2 字节	TextGridLeftPosition	文本网格左列位置	文本网格左列位置
0005H	2 字节	TextGridTopPosition	文本网格顶行位置	文本网格行位置
0007H	2 字节	TextGridWidth	文本网格宽度	文本网格宽度
0009H	2 字节	TextGridHeight	文本网格高度	文本网格高度
000BH	1 字节	CharacterCellWidth	字符单元宽度	字符单元宽度

位移	长度	字 段 名	字段含义	说 明
000CH	1字节	CharacterCellHeight	字符单元高度	字符单元高度
000DH	1字节	TextForegroundColorIndex	文本颜色索引	文本颜色索引值
000EH	1字节	TextBackColorIndex	文本背景颜色索引	文本背景颜色索引值
000FH	N字节	PlainTextData[N]	文本字符数据	不超过255字节
	1字节	BlockTerminator	块结束符	0x00

其中,文本网格左列位置 TextGridLeftPosition 用于指定文字显示方格相对于逻辑屏幕左上角的 X 坐标(以像素为单位),文本网格顶行位置 TextGridTopPosition 用于指定文字显示方格相对于逻辑屏幕左上角的 Y 坐标。TextGridWidth 用于指定文字显示网格的宽度,TextGridHeight 用于指定文字显示网格的高度。CharacterCellWidth 用于指定字符的宽度,CharacterCellHeight 用于指定字符的高度。TextForegroundColorIndex 用于指定文本字符的前景色,TextBackColorIndex 用于指定文本字符的背景色。

9. 注释扩展块

注释扩展块主要用于说明文字性注解,如作者等非图像的文本信息。注释扩展块的结构比较简单,其结构如表 2-16 所示。其中的注释文本数据是序列数据子块,每块最多 255 个字节,最少一个字节。

表 2-16 注释扩展块说明

位移	长度	字 段 名	字段含义	说 明
0000H	1字节	ExtensionIntroducer	扩展块标识符	0x21
0001H	1字节	CommentLabel	注释扩展块标识符	0xFE
0002H	N字节	CommentData	注释文本	不超过255字节
	1字节	BlockTerminator	块结束符	0x00

10. 应用程序扩展块

应用程序扩展块用来存放制作该图像文件的应用程序的有关信息,由程序设计者决定是否使用,块数不限,位置不限,其结构如表 2-17 所示。

表 2-17 应用程序扩展块说明

位移	长度	字 段 名	字段含义	说 明
0000H	1字节	ExtensionIntroducer	扩展块标识符	0x21
0001H	1字节	ExtensionLabel	应用程序扩展块标识符	0xFF
0002H	4字节	BlockSize	块大小	值为12
0006H	8字节	ApplicationIdentifier	应用程序标识符	应用程序主名
000EH	3字节	Appl. AuthenticationCode	应用程序扩展名	应用程序扩展名
0011H	N字节	ApplicationData	应用数据	
	1字节	BlockTerminator	块结束符	0x00

11. GIF 文件结束块

GIF 文件结束块表示 GIF 文件的结束,它是一个固定的字节,其值为 0x3B。

2.5.5 PNG 文件格式

PNG(Portable Network Graphic Format)称为可移植网络图形格式,名称来源于非官方的"PNG's Not GIF",是一种比较常见的位图文件存储格式。PNG 文件格式是在 1996 年得到国际网络联盟推荐和认可的标准,目前多数图像处理软件和浏览器都支持该文件格式,Macromedia 公司的 Fireworks 软件的默认格式即是 PNG 格式。

PNG 用来存储灰度图像时,灰度图像的深度可多到 16 位;存储彩色图像时,彩色图像的深度可多到 48 位,并且还可存储多到 16 位的 α 通道数据。PNG 使用改进的 LZ77 无损数据压缩算法和循环冗余编码,具有更高的图像保真度和纠错能力,且压缩比高,生成文件容量小。

PNG 格式具有流式读写和逐次逼近显示特性,便于网络传输和显示,在网络环境使用时只要下载 1/64 的图像信息,就可以在低分辨率情况下预览图像轮廓,然后随着下载信息的增多,使图像逐步清晰。

一个标准的 PNG 图像文件结构相对来说比较简单,由一个 8 字节的 PNG 文件标识符和按照特定结构组织的 3 个以上的 PNG 数据块组成,其结构如表 2-18 所示。

表 2-18　PNG 图像文件结构

PNG 文件标识符	PNG 数据块	⋯	PNG 数据块

1. PNG 文件标识符

文件标识符(PNG File Signature)是由 8 个字节的固定内容来描述的,即 89H、50H、4EH、47H、0DH、0AH、1AH、0AH。其中第一个字节 0x89 超出了 ASCII 字符的范围,这是为了避免某些软件将 PNG 文件当做文本文件来处理。

2. PNG 数据块

PNG 定义了两种类型的数据块,一种是关键数据块(Critical Chunk),称为标准数据块,PNG 文件中必须包含标准数据块;另一种是辅助数据块(Ancillary Chunks),这是可选的数据块。PNG 文件定义的数据块类型如表 2-19 所示。

表 2-19　PNG 文件数据块

数据块符号	数据块名称	多数据块	可选否	位 置 限 制
IHDR	文件头数据块	否	否	第一块
cHRM	基色和白点数据块	否	是	在 PLTE 和 IDAT 之前
gAMA	图像 γ 数据块	否	是	在 PLTE 和 IDAT 之前
sBIT	样本有效位数据块	否	是	在 PLTE 和 IDAT 之前
PLTE	调色板数据块	否	是	在 IDAT 之前
bKGD	背景颜色数据块	否	是	在 PLTE 之后 IDAT 之前
hIST	图像直方图数据块	否	是	在 PLTE 之后 IDAT 之前
tRNS	图像透明数据块	否	是	在 PLTE 之后 IDAT 之前
oFFs	专用公共数据块	否	是	在 IDAT 之前
pHYs	物理像素尺寸数据块	否	是	在 IDAT 之前
sCAL	专用公共数据块	否	是	在 IDAT 之前
IDAT	图像数据块	是	否	与其他 IDAT 连续
tIME	图像最后修改时间数据块	否	是	无限制
tEXt	文本信息数据块	是	是	无限制

数据块符号	数据块名称	多数据块	可选否	位 置 限 制
zTXt	压缩文本数据块	是	是	无限制
fRAc	专用公共数据块	是	是	无限制
gIFg	专用公共数据块	是	是	无限制
gIFt	专用公共数据块	是	是	无限制
gIFx	专用公共数据块	是	是	无限制
IEND	图像结束数据块	否	否	最后一个数据块

关键数据块一共定义了 4 个标准数据块，每个 PNG 文件都必须包含它们，PNG 读写软件也都必须要支持这些数据块。4 个关键数据块分别为文件头数据块 IHDR(Head Chunk)、调色板数据块 PLTE(Palette Chunk)、图像数据块 IDAT(Image Data Chunk)和图像结束数据块 IEND(Image Ttrailer Chunk)。

辅助数据块一共定义了 10 种可选的辅助块，分别为背景颜色数据块 bKGD (Background Color)、基色和白点数据块 cHRM(Primary Chomaticities and White Point)、图像 γ 数据块 gAMA(Image Gamma)、图像直方图数据块 hIST(Image Histogram)、物理像素尺寸数据块 pHYs(Physical Pixel)、样本有效位数据块 sBIT(Significant Bits)、文本信息数据块 tEXt(Textual Data)、图像最后修改时间数据块 tIME(Image Last-modification Time)、图像透明数据块 tRNS(Transparency)和压缩文本数据块 zTXt(Compressed Textual Data)。

PNG 数据块的基本结构如表 2-20 所示，由块长、块类型、块数据和循环冗余 CRC 校验码四部分组成。其中块长为 4 个字节，用于表示该 PNG 数据块实际数据的长度，即字节数。块类型也为 4 个字节，用于指定块的类型，取值为 4 个 ASCII 码字符。块类型后面紧接着就是实际块数据，长度是可变的，具体的字节数由块长计算可知。最后是利用本块的块类型和块数据按照一定算法计算得到的 4 个字节的 CRC 校验码。

表 2-20　PNG 数据块结构

块长(4 字节)	块类型(4 字节)	块数据(N 字节)	循环冗余 CRC 校验(4 字节)

1) 文件头数据块 IHDR

在 8 个字节的 PNG 文件标识符之后第一个数据块就是文件头数据块 IHDR，而且一个 PNG 文件中只能有一个文件头数据块 IHDR。文件头数据块 IHDR 由 13 个字节组成，用来说明本文件中图像的基本信息，其结构如表 2-21 所示。

表 2-21　PNG 文件头数据块 IHDR

位移	长度	字 段 名	字 段 含 义	说　明
0000H	4	Width	图像宽度	以像素为单位
0004H	4	Height	位图高度	以像素为单位
0008H	1	BitDepth	图像深度	与颜色类型相关
0009H	1	ColorType	颜色类型	灰度、彩色、真彩色
000AH	1	Compression	压缩方法	值 0，应用 LZ77 压缩算法
000BH	1	Filter	滤波方法	值 0，自适应滤波压缩预处理
000CH	1	Interlace	扫描方法	取 0 时为逐行扫描，取 1 时 Adam7(由 Adam M. Costello 开发的 7 遍隔行扫描方法)

颜色类型 ColorType＝0，为灰度图像，此时，图像深度 BitDepth 可以是 1、2、4、8、16，分别表示不同的灰度等级。

颜色类型 ColorType＝2，为真彩色图像，此时，图像深度 BitDepth 可以是 8、16，每个像素都是由 RGB 值表示的。

颜色类型 ColorType＝3，为使用调色板的彩色图像，图像深度 BitDepth 可以是 1、2、4、8，每个像素数据都是对应一个调色板的索引值，图像文件必须同时提供调色板数据。

颜色类型 ColorType＝4，为使用 Alpha 通道的灰度图像，图像深度 BitDepth 可以是 8、16，每个像素数据都是一个灰度样本后跟着 Alpha 样本。

颜色类型 ColorType＝6，为使用 Alpha 通道的真彩色图像，图像深度 BitDepth 可以是 8、16，每个像素数据都是 RGB 样本后跟着 Alpha 样本。

2）调色板数据块 PLTE

调色板数据块 PLTE 是定义图像的调色板信息，PLTE 可以包含 1～256 个调色板信息，最多包含 256 种颜色，每种颜色由 R、G、B 3 个字节组成，因此调色板数据块最多为 3×256 个字节。调色板数据块与索引彩色图像有关，而且要放在图像数据块之前。

对于索引图像，调色板信息是必需的，调色板的颜色索引从 0 开始编号，然后是 1、2…，调色板所含颜色数不能超过文件头中由图像深度字段 BitDepth 值指定的颜色数（如图像色深为 4 时，调色板中的颜色数不可以超过 $2^4＝16$）；否则，这将导致 PNG 图像不合法。真彩色图像和带 α 通道数据的真彩色图像也可以有调色板数据块，目的是便于非真彩色显示程序用它来量化图像数据，从而显示该图像。

3）图像数据块 IDAT

图像数据块 IDAT 用于存储实际的图像数据，在 PNG 文件中可包含多个连续顺序的图像数据块。因此，如果了解 IDAT 的结构就可以很方便地生成 PNG 图像。

4）图像结束数据块 IEND

图像结束数据块 IEND 用于标记 PNG 文件已经结束，并且必须要放在文件的最后，文件结尾的 12 个字符通常是：00 00 00 00 49 45 4E 44 AE 42 60 82。由于数据块结构的定义，IEND 数据块的长度总是 0（00 00 00 00，除非人为加入信息），数据标识总是 IEND（49 45 4E 44），因此 CRC 校验码也总是 AE 42 60 82。

2.5.6　JPEG 文件格式

JPEG 是 Joint Photographic Experts Group（联合图像专家小组）的缩写，是国际标准化组织和国际电报电话咨询委员会联合成立的联合图像专家小组于 1991 年 3 月制定了 JPEG 标准，即连续色调静态图像的数字压缩和编码。JPEG 是一种支持 8 位和 24 位色彩的压缩位图格式，适合在网络上传输，是非常流行的图像文件格式。

JPEG 压缩标准应用了人眼的视觉和心理特征，在彩色模型上采用亮度与色差模型，在编解码算法上采用了有损的离散余弦变换和其他无损压缩编码，如行程编码和哈夫曼编码等，因而具有较大的压缩比。在压缩比为 1/20～1/50 的情况下，人眼几乎察觉不到图像的失真。JPEG 是一种灵活的格式，具有调节图像质量的功能，允许使用不同的压缩比压缩图像，使用户可以在图像质量和文件大小之间寻找平衡点。

JPEG2000 是 JPEG 的升级版，其压缩率比 JPEG 高 30％左右，同时支持有损和无损压缩。JPEG2000 可以实现渐进传输，即先传输图像的轮廓，然后逐步传输数据，不断提高图像质量，直到清晰显示。此外，JPEG2000 实现了交互式压缩算法，即"感兴趣区域"特性，可以任意指定图像上感兴趣区域的压缩质量，还可以选择指定的部分先解压缩。在有些情况下，图像中只有一小块区域对用户是有用的，对这些区域，采用低压缩比，而感兴趣区域之外采用高压缩比，在保证不丢失重要信息的同时，又能有效地压缩数据量，这就是基于感兴趣区域的编码方案所采取的压缩策略。

1. JPEG 文件结构

JPEG 文件由文件头、文件体和文件尾构成，其文件结构如表 2-22 所示。

表 2-22　JPEG 文件结构

文件开始标识符	数据段	…	数据段	文件尾标识符

文件头是两个字节的文件开始标识符 FFD8H，代表文件开始 SOI；文件尾是两个字节的文件尾标识符 FFD9H，代表文件结束 EOI；文件体由多个数据段组成，段的多少和长度并不是一定的。

每个数据段一定包含两部分，其一是段的标识，它由两个字节构成：第一个字节是十六进制 0xFF，第二个字节对于不同的段，这个值是不同的，JPEG 常用的段标识如表 2-23 所示。紧接着的两个字节存放的是这个段的长度，不包括前面两个字节的段标识。段长度的计算，需要注意，其高位在前，低位在后，与 Intel 的表示方法不同。例如，一个段的长度是 1210H，那么它会按照 0x12、0x10 的顺序存储，段长不超过 64KB。

2. JPEG 常用的段标识

JPEG 文件交换格式 JFIF 是按照标识对文件进行组织的，一个标识由两个字节组成，这两个字节的第一个字节固定为 FFH，表示这是一个标识的开始字节。常用的标识如表 2-23 所示。此外还有一些不常见或某些版本不支持的标识，如 TEM：FF01H；S0S1~SOF15：FFC1H~FFCFH；JPG：FFC8H；DAC：FFCCH 等。

表 2-23　JPEG 常用的段标识

段标识符	标识	说　明
FFD8H	SOI	图像开始
FFE0H	APP0	指定 JPEG 文件应用 JFIF 交换标准
FFE1H~FFEFH	APPn	其他应用数据块 1~15
FFDBH	DQT	定义量化表
FFC0H	SOF0	帧 0 开始
FFC4H	DHT	定义哈夫曼表
FFDAH	SOS	扫描线开始
FFD9H	EOI	图像结束
FFFEH	COM	注释
FFDCH	DNL	定义行数
FFDDH	DRI	重新开始间隔

JPEG 文件格式非常复杂，如果要彻底剖析 JPEG 文件的格式，请详细阅读 JPEG 标准以及处理过程。

2.5.7 使用 UltraEdit 工具分析 GIF 图像

下面图 2-13 所示的 GIF 图像为例使用 UltraEdit 工具对其进行分析。

图 2-13　GIF 图像

使用 UltraEdit 对其进行打开,看到如图 2-14 所示的界面。

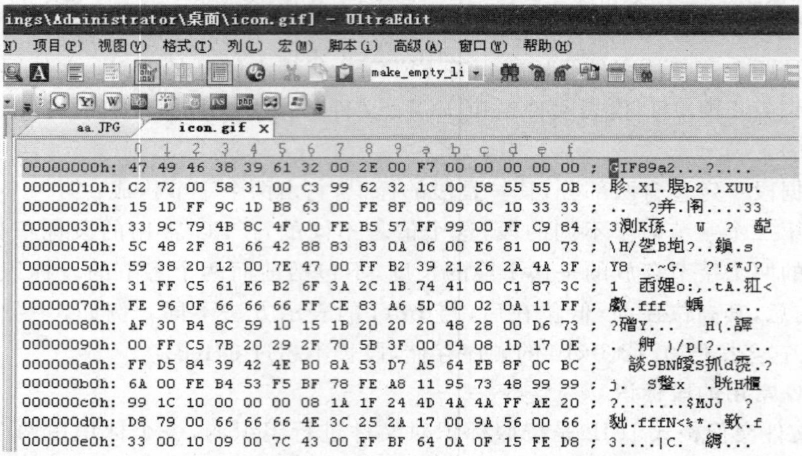

图 2-14　UltraEdit 工具分析界面

1. 文件头块

参照表 2-7 所示的 GIF 文件头块说明,从偏移地址 0000H 读取 3 个字节 47H、49H、46H,即分别为字符 G、I 和 F 的 ASCII 码,是 GIF 图像文件标识。从偏移地址 0003H 读取 3 个字节 38H、39H、61H,即分别为 8、9 和 a 的 ASCII 码,是 GIF 图像版本标识。由此可知,该图像是 GIF89a 版本的 GIF 图像。

2. 逻辑屏幕描述块

文件头块后面紧接着是 7 个字节的逻辑屏幕描述块(Logical Screen Descriptor),其中定义了图像显示区域的参数,包括逻辑屏幕宽高、全局标志、背景颜色以及长宽比信息。详细的说明请参照表 2-8。

首先,从偏移地址 0006H 开始读取两个字节为 32H、00H,表示该图像的屏幕宽,由于高位在后,低位在前,因此可知该 GIF 图像的宽为 0032H,转换为十进制后,即该图像的宽为 50 像素。依次类推,可知该图像高为 002EH,即 46 像素高。

然后,从偏移地址 000AH 开始读取 1 个字节为 F7H,表示全局标志。将 F7H 转换为二进制为 11110111B,根据表 2-9 依次对全局标志的每一位进行分析。

(1) G7＝1,表示该 GIF 图像含有全局彩色表,那么逻辑屏幕描述块之后紧接着就是全局彩色表信息的定义。

（2）G6 G5 G4＝111，表示图像的彩色分辨率，G6 G5 G4＋1＝1000，即二进制数表示的是 8，表示使用 2^8（256）种颜色。

（3）G3＝0，表示全局彩色表中颜色排序标志，G3＝0 表示没有按照颜色重要性排序。

（4）G2 G1 G0＝111，定义全局彩色表的大小。G2 G1 G0＋1＝1000，即二进制数表示的是 8，说明全局彩色表共有 2^8（256）个表项，每个表项用 3 个字节指定颜色，因此全局彩色表的大小为 $3 \times 2^8 = 768$ 字节。

最后，分别从偏移地址 000BH 和 000CH 读取一个字节为 00H、00H，分别表示窗口背景颜色索引值和像素的宽高比。

3．全局彩色表

因为通过前面分析可知该图像含有全局彩色表，所以逻辑屏幕描述块之后就是全局彩色表的信息，全局彩色表中共包括 256 种颜色，每种颜色由 3 个分量即 R、G、B 表示，各占一个字节，因此全局彩色表的大小为 $3 \times 2^8 = 768$ 字节。从偏移地址 000DH 开始，读取 768 个字节即为全局彩色表信息，即全局彩色表的信息从偏移地址 000DH 到 030CH 之间。

4．图像控制扩展块

从 UltraEdit 窗口中可以看出全局彩色表之后，即从偏移地址 030DH 开始读取两个字节为 21F9H，如图 2-15 所示。

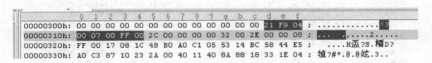

图 2-15　图像控制扩展块

由此可知接下来为图像控制扩展块，那么根据表 2-13 进行分析。从该块的偏移地址 0000H 和 0001H 读取两个字节，即 21F9H 为图像控制扩展块的标识符。该块的 0002H 读取一个字节为 04H，表示块大小，即从下面字节开始到块结束符之间共有 4 个字节的块数据，分别为 00H、07H、00H 和 FFH。最后 00H 表示该块结束。

5．图像描述块

从图 2-14 中可知，图像控制扩展块之后为图像描述块信息，如图 2-16 所示。

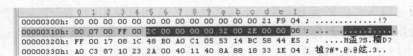

图 2-16　图像描述块

图像描述块一共包含 10 个字节，图像数据开始标识符用来标识图像描述块的开始，标识符为固定值（2CH）；接下来的 4 个字节分别表示图像相对于逻辑屏幕最左边和顶部的位置，由图 2-16 可知，相对于逻辑屏幕最左边的列号为 0000H，相对于逻辑屏幕顶部的行号为 0000H。接下来的 4 个字节分别表示图像的宽和高，由图 2-16 可知，图像的宽为 0032H，即 50 像素宽；图像的高为 002EH，即 46 像素高。最后一个字节为局部标志，为 00H，将其转换为二进制为 00000000B，按照表 2-12 分别对其进行分析。

（1）L7＝0，表示不含局部彩色表，那么该图像要使用全局彩色表。

（2）L6＝0，表示该图像不是交叉显示，图像是由左至右，由上至下，逐行逐点存放。

（3）L5＝0，表示没有按照颜色重要性排序。

（4）L4 L3保留，为以后的应用进行扩展。

由于不含局部彩色表，因此 L2 L1 L0＝000H。

6. 图像数据块

由图 2-16 可知，从偏移地址 031FH 开始，即为压缩后的图像数据。

7. GIF 文件结束块

GIF 文件结束块表示 GIF 文件的结束，它是一个固定的字节，其值为 0x3B，如图 2-17 所示。

icon.gif ×																		
	0	1	2	3	4	5	6	7	8	9	a	b	c	d	e	f		
00000570h:	8C	AB	EB	03	9A	5E	24	81	C8	4B	EE	11	EA	D9	;	未?獻銹 莉?囊
00000580h:	B0	EE	B3	2A	C5	91	AA	59	06	9D	44	04	14	50	00	6C	; 邦?艉焱.澹..P.l
00000590h:	EA	23	56	34	6C	45	1B	15	FC	0B	30	AF	5D	00	72	50	; ?V41E..?0洞.rP
000005a0h:	B0	08	E8	3B	F1	B0	1C	6B	FC	6C	B4	3A	12	94	56	B5	; ??瀷.k鬣?.擤?
000005b0h:	0A	9B	AA	06	01	5F	08	A0	B2	00	2B	48	AC	70	B9	00	; .洩..牪.+H珝?
000005c0h:	84	2C	D0	19	14	04	E1	B1	AE	2B	7C	4B	9C	BF	25	5F	; ??..邑?	K漐s
000005d0h:	4A	2F	6C	F2	75	DA	6C	CF	98	56	30	88	7A	19	13	7D	; J/1靧趋皲VO垺..}
000005e0h:	69	27	00	58	BC	C0	19	69	20	AC	84	85	AA	27	EE	; i'.x祭.i J叜'?
000005f0h:	D4	09	A8	D1	C5	19	66	80	D1	85	0D	37	3F	FB	C0	05	; ?<?f€覈.7? .
00000600h:	EA	B5	11	F6	A9	0F	44	1B	6C	CD	67	EB	5A	44	20	0E	; 甒.变.D.l蚲隃D .
00000610h:	07	A2	86	CB	25	3F	F0	6E	87	46	D0	DD	F3	B5	7C	63	; . .??鲲嘚休蟳	c
00000620h:	61	BD	52	78	5C	53	B4	42	C7	84	17	6E	E8	E1	88	73	; a絊x\S嵼莉.n 珦
00000630h:	DC	92	B4	64	00	A0	C2	1F	36	44	2E	F9	E4	94	57	6E	; 軖碰.犅.6D. 搊n
00000640h:	F9	E5	93	07	30	E1	AF	C1	E6	E7	F9	E7	A0	87	4E	1C	; .?0岺伶琦繊喟.
00000650h:	8A	54	90	01	20	07	A4	4E	FA	EA	AC	B7	EE	BA	84	; 嵞?. g€ 響?
00000660h:	A7	C7	4E	86	BD	03	51	61	FB	ED	B7	9B	A1	FB	EE	BC	; N哸.Qa 穿~罴
00000670h:	F7	CE	3B	EE	C0	07	8F	68	ED	C2	17	6F	FC	F1	C2	13	; 魌;響.廻砳.o ?
00000680h:	14	10	00	3B													; ...?

图 2-17　GIF 文件结束块

2.6　数字图像的获取

2.6.1　数码相机

数码相机与传统相机相比，在光学原理上基本没什么区别，都是将被拍摄物体发射或反射的光线通过镜头在焦平面上成像。不同之处是传统相机使用"胶卷"作为成像的介质，而数码相机使用电荷耦合器件 CCD 或互补金属氧化物导体 CMOS 感光器作为成像的介质。CCD 或 CMOS 感光器是数码相机的核心，也是最关键的技术。

数码相机是由镜头、CCD、A/D、MPU（微处理器）、内置存储器、LCD、PC 卡和接口（计算机接口、电视机接口）等部分组成。

1. 电荷耦合器件 CCD

电荷耦合器件图像传感器（Charge Coupled Device，CCD）是由一种高感光度的半导体材料制成的，其工作核心是信号电荷的产生、存储、传输和检测，如图 2-18 所示。CCD 能把光线转变成电荷，通过模/数转换器将电荷转换成数字信号，数字信号经过压缩以后由相机内部的存储器或内置硬盘卡保存。

图 2-18　电荷耦合器件 CCD

数码相机在工作时,外部景物通过镜头将光线会聚到感光器件 CCD 上,CCD 由数百万个独立的光敏元件组成,这些光敏元件通常排列成与取景器相对应的矩阵。其光敏单元电路如图 2-19 所示。外界景象所反射的光透过镜头照射在 CCD 上,并被转换成电荷,每个元件上的电荷量取决于其所受到的光照强度。

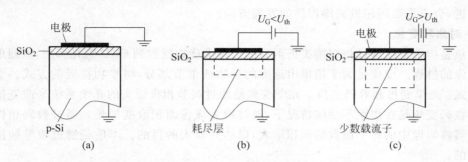

图 2-19　CCD 光敏单元

在电极上未加电压以前如图 2-19(a)所示,p-Si 中的多数载流子均匀分布。2-19(b)图中,当栅极上加正电压 U_G 时,p-Si 中的多数载流子(空穴)受排斥形成耗尽层。当 U_G 数值高于某一临界值 U_{th} 时,在半导体内靠近 SiO_2 绝缘层的界面处可以存储电子。由于电子在那里的势能较低,因此可以说半导体表面形成了对于电子的势阱,势阱的大小取决于栅电压的变化,如图 2-19(c)所示。当有光线照射到其上面时,每个光子中的电荷将被吸收到电子势阱,从而产生一个电荷。因此光线越强,转换成的电荷就越多。

CCD 芯片由几万乃至几百万个紧密整齐排列的光敏元素组成。每像素只有约 0.008×0.008 平方毫米。数码相机的像素就是 CCD 上的光敏元素,像素多少决定了拍摄照片的清晰度,像素越多,拍摄的照片就越清晰。

CCD 图像传感器每个像素主要由三层组成:第一层微镜头;第二层滤色片;第三层感光元件。微镜头的作用是扩大有效受光面积,这是因为 CCD 上每个像素单元中,不但它所含的感光二极管占据空间,而且它还有相关配套电路,真正用于感光的面积只有 30%,因此需要通过微镜头提高感光效率。其次,CCD 芯片仅能感受光线的多少,并不能区别颜色,因此为了拍摄彩色照片,需要增加滤色片,使像素对特定色光感光。最后,感光元件就是将光线转变为电荷的光敏二极管。

2. 互补金属氧化物导体 CMOS

互补金属氧化物导体(Complementary Metal-Oxide Semiconductor,CMOS)和 CCD 一样,也可以将光线转变成电荷,它的制造技术和一般计算机芯片的工艺区别不大,主要是利用硅和锗两种元素制造成的芯片,芯片上共存有数以万计的带负电的 N 型和带正电的 P 型的半导体元件,每个元件都利用 PN 结的互补效应,在光作用下产生电流以表示光的强度。当每个像素单元上的电容所积累的电荷达到一定数量时就被传送给信号放大器,再通过数/模转换之后,所拍摄影像的数字信息才真正成形。

CMOS 主要缺点:处理快速变化影像时,因为电流变化过于频繁会出现过热的现象。由于 CMOS 中存在暗电流,如果抑制得不好十分容易在图像上出现杂点。暗电流是在没有入射光时光电二极管所释放的电流量,理想的光敏器件其暗电流应该是零。

CMOS 价格相比 CCD 来说,由于其制造工艺比较成熟,因此 CMOS 的价格比 CCD 便宜。但由于 CMOS 产生的图像质量比 CCD 产生的图像质量要低一些,因此,目前市面上绝大多数的消费级别以及高端数码相机都是用 CCD 作为感光器;CMOS 由于成像质量稍差,多应用低端产品,如摄像头等。

由于 CMOS 感光器工艺成熟,便于大规模生产,且速度快、成本低,因此将来随着其技术的改进,会成为数码相机关键器件的发展方向。

3. 对焦和变焦

对焦是指将景物透过相机镜头折射后的影像准确地投射到 CCD 感光面上,以便形成清晰的影像的过程。变焦是为了拍摄出远方的景物或细节部分,将景物拉近的方式。变焦有两种方式:光学变焦和数码变焦。光学变焦是通过调节相机镜头的光学系统来改变镜头的焦距。数码变焦是在焦距不变的情况下,通过增大成像面积改变视角。通过数码相机内嵌的处理器将影像中的每个像数的面积增大,以达到放大的目的。本质是通过数学插值的方法进行的。

4. 内置存储介质

现在数码相机的存储介质类型很多,主要有智慧卡(Smart Media,SM)、小型闪存卡(Compact Flash,CF)、记忆棒(Memory Stick,MS),以及多媒体卡(MultiMedia Card,MMC)和安全数字卡(Secure Digital,SD)等。下面来逐一介绍。

1) SM 卡

SM 卡最早是由东芝公司推出的,其制造工艺相对来说比较简单,仅仅是将存储芯片封装起来,自身不包含控制电路。尽管由于结构简单可以做得很薄,在便携性方面优于 CF 卡,但兼容性差是其致命之伤,一张 SM 卡一旦在 MP3 播放器上使用过,数码相机就可能不能再读写。多应用于早期的数码相机。

2) CF 卡

CF 卡也称为压缩闪存卡,是利用闪存技术制作的半导体存储器 FlashROM,类似于 U 盘的存储技术,也是大家都比较青睐的存储卡。CF 卡单位容量的存储成本差不多是最低的,速度也比较快,而且大容量的 CF 卡比较容易买到。

3) MS 卡

MS 卡是 Sony 公司生产的闪存记忆卡。其应用于索尼公司生产的数码产品,掌上电脑、MP3、数码相机、数码摄像机等数码设备。由 Memory Stick 所衍生出来的 Memory Stick PRO 和 Memory Stick DUO 也是索尼记忆棒向高容量和小体积发展的产物。

4) SD 卡

SD 卡是由日本的松下公司、东芝公司和 SanDisk 公司共同开发的一种全新的存储卡产品,最大的特点就是通过加密功能,保证数据资料的安全保密。SD 卡体积小巧,广泛应用在数码相机上。

2.6.2 扫描仪

扫描仪是一种图像输入设备的图像采集设备,它是利用光电技术和数字处理技术,以扫描方式将图像信息转换为数字信号的装置。通过扫描仪将图片、照片、胶片以及文稿资料输入到计算机中,进而实现对这些图像的处理、管理、使用、存储、输出等,配合光学字符识别软件(Optic Character Recognizur,OCR)还能将扫描的文稿转换成计算机的文本形式。

1. 扫描仪及其工作原理

扫描仪由 CCD、光源及聚焦透镜、光敏元件、机械移动部件和电子逻辑部件组成。CCD 排成一行或一个阵列,阵列中的每个光敏单元把光信号变为电信号,其结构如图 2-20 所示,扫描仪的工作过程如图 2-21 所示。

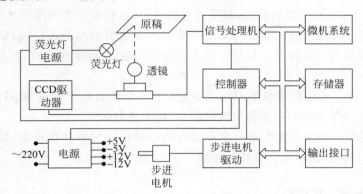

图 2-20　扫描仪基本结构

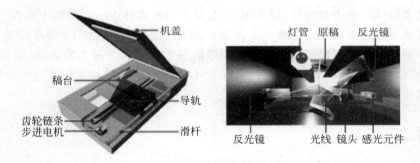

图 2-21　扫描仪的工作过程

扫描仪的工作过程:将文稿放在稿台上,盖上机盖,驱动马达带动大功率的日光灯管照射文稿产生高亮度反射光线,光线通过反射镜、透射镜,由分光镜进行色彩分离,照射到 CCD 元件上,CCD 元件将光信号转换为电信号,然后将电信号转换为数字信号,再传送到计算机中。扫描仪的关键配件是 CCD,它的品质直接影响着扫描仪的性能。

2. 扫描仪类型

按照扫描稿件通常可分为反射稿和透射稿。前者泛指一般的不透明文件,如报刊、杂志等,透射式用于扫描透明胶片,如胶卷、X 光片等。如果经常需要扫描透射稿,就必须选择具有光罩(光板)功能的扫描仪。

按扫描方式可分为手动式、平板式、胶片式和滚筒式。

按扫描幅面可分为最常见的为 A4 和 A3 幅面。此外,还有 A0 大幅面。

按接口标准可分为 SCSI 接口、EPP 增强型并行接口、USB 通用串行总线接口。现在多数都采用 USB 接口。

按扫描灰度与彩色图像可分为用灰度扫描仪扫描只能获得灰度图形,彩色扫描仪可还原彩色图像。

3. 扫描仪的技术指标

（1）扫描精度。扫描精度是扫描仪最主要的技术指标，通常用光学分辨率来衡量，用PPI来（Pixels Per Inch）表示，即每英寸长度上的像素点数表示。分辨率表示扫描仪对图像细节上的表现能力，即决定了扫描仪所记录图像的细致度。目前大多数扫描的分辨率在300～2400PPI之间。PPI数值越大，扫描的分辨率越高，扫描图像的品质越高。

（2）灰度级。灰度级是表示灰度图像的亮度层次范围的指标，是指扫描仪识别和反映像素明暗程度的能力。级数越多扫描仪图像亮度范围越大、层次越丰富，目前多数扫描仪的灰度为256级。

（3）色彩深度。彩色扫描仪要对像素分色，把一个像素点分解为R、G、B三基色的组合。对每一基色的深浅程度也要用灰度级表示，称为色彩深度。

（4）扫描速度。扫描速度也是一个不容忽视的指标。所谓扫描速度，是指扫描仪从预览开始到图像扫描完成后，光头移动的时间。

2.7　本章小结

图像是多媒体信息中最多见、最常用，也是最主要的媒体之一。同样也是数字化多媒体作品中不可缺少的主要构件。本章详细介绍了数字图像基础，包括图像的存储原理、视觉原理以及常用的三大类色彩模型。又介绍了图像的基本属性和3种色彩表示，最后详细剖析常用图像的文件结构，包括BMP、PCX、GIF、PNG和JPEG图像。希望通过本章的学习，使用户对图像相关知识有一个全面的了解。

习题 2

1. 简要说明图像的存储原理以及图像的基本属性。
2. 描述常用的三大类彩色模型表示以及它们的应用场合。
3. 色彩的三要素是什么？
4. 简要描述图像的3种色彩表示方法。
5. 使用UltraEdit工具剖析GIF、BMP、PNG等图像文件结构。
6. 简要描述数码相机、CCD以及扫描仪的基本原理。

第 3 章

数字音频基础

本章学习目标

- 了解声音的物理特性。
- 熟练掌握声音信号的数字化原理。
- 熟练掌握典型声音构件的使用方法。

本章首先向读者介绍声音的物理特性、声音的听觉原理、声音信号如何转换为数字信号、数字音频文件基础知识、简单的音乐制作系统以及一些常用的声音构件加工软件的使用方法。本章的内容是在数字音频领域以及在影视声音制作中,需要了解的一些知识。

3.1 声音的物理特性

生活中人们接触到的声音各种各样,千差万别。其中有许多声音让人们感到悦耳、动听。例如,音叉发出的声音、人歌唱的声音、各种乐器的演奏声等,它们都是物体做规则振动时发出的声音。也有嘈杂刺耳、令人厌烦的噪声,如刹车时的摩擦声、打磨工件的声音、电钻的声音。

随着人们对声音研究的不断深入和声音应用领域的广泛拓展,人们越来越多地研究声音的记录及应用。

声音的记录是为了对其进行回放,或者在回放之前还要用一些手段对其进行加工处理。可以将声音的制作工作看做是声音信号的产生、传播、记录、加工和还原的过程。这一复杂的过程包括了声学、电学、磁学、光学、机械学以及物理学中的许多基础知识,尤其是某些物理知识直接影响人们对声音的认识。因此,要想全面了解数字媒体中有关声音的相关问题,必须首先了解声音的物理特性。

声音从物理学上讲是一种声波,声音在空气中振动时,都会使周围的空气分子被挤到一起,然后又撞开,再挤到一起,再撞开,随着振动造成疏密变化,形成疏密波。它是由一些空气分子的振荡导致了气压的轻微变化,而这个变化被我们的耳朵的鼓膜捕获并向大脑传递。这个过程可以归纳为以下 4 个要素。

第一,声源,必须得有一个可以产生声能的声源,如乐器演奏、音叉、琴弦、扬声器喇叭等。

第二,介质,声音必须通过一定的媒介才可传播,如气体、液体或者固体。

第三,接收者,如可以拾取声能的话筒或者人类的听觉器官——耳朵。获取震动,使耳朵鼓膜产生运动,并可以在耳蜗里转换为神经信号。

第四,大脑,将这些神经信号解释为特定的声音。前三点也是物质世界中声音存在的三大基本条件。

正弦波是声音最基本的元素,是声波的可视化的替代物,它展示沿水平轴经历时间内垂直轴上的压力值。水平线表示周围的正常空气压力,即大气压强,直线上面的值形成波峰,它代表声波中压缩的正压区域。水平直线以下的值形成波谷,它代表低于正常压力的负压区域,这些压力随时间的改变就生成了声音的图形表示,称为声波,如图 3-1 所示。图中 A 处代表水平线,B 处代表低压区,C 处代表高压区。

声音信号基于时间线的 360°运动称为一个周期,相位以度数来表示,用来描述在一个周期内的特定的点,如图 3-2 所示。

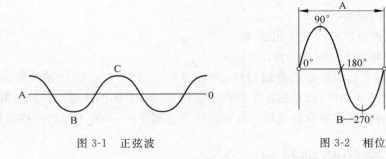

图 3-1　正弦波　　　　　　　　图 3-2　相位

通过对波形的观察,可以直观地感受到声音随时间轴的能量变化,在数字音频工作站环境下,通常将波形放大至单个周期,在对声音进行实际编辑时,往往要在 0°、180°、360°,也就是零交叉点上进行剪辑,零交叉点是指波形与穿越水平线的地方,在此编辑可以避免出现声音的跳点。当制作循环段落的声音时,第一区块的结尾必须连接随后区块的开始处,两者都必须在零交叉点位置进行修剪。通常,循环音乐用于扩展音乐、氛围声轨、持续不变的效果层等。

当两个单一频率波相遇时,同相组合时,它们共同产生一个能量更大的信号。当两个相同的波形相位偏移组合时,两者逐渐产生相长和相消变化,并生成一个新的能量较小的波,这一现象来自于相位消减或抵消,如图 3-3 与图 3-4 所示。

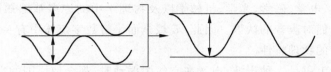

图 3-3　同频同相波相互加强

现实生活中各种声音的声波要复杂得多,一般声波是由各种不同频率的许多简谐振动所组成的,波形的相位不是正好的同相位或者相差 180°。通常把最低的频率称为基音,比

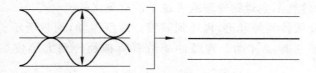

图 3-4　同频反相波相互抵消

基音高的各频率称为泛音。如果各次泛音的频率是基音频率的整数倍,那么这种泛音称为谐音。两个简单波组合后,与原始波形相比变得更加复杂,形成复杂波,如图 3-5 所示。

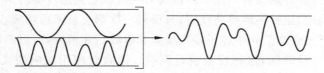

图 3-5　两个简单波组合创造一个复杂波

(1) 频率。声音是由物体振动产生的,声音的传播是指振动的传递。物体每秒钟振动的次数,称为频率,单位为赫兹(Hz),即每秒一个周期等于 1Hz,振动越快,频率越高。高频率就意味着高音。人类的频率阈值为 20Hz～20kHz。

(2) 波长。对一个声波的整个周期的水平衡量,波长与频率成反比,不同长度的波与其固定的听觉跨度相互影响,低频波的波长很长,从而影响听众对声源方向的判断。在声音的实际应用中,常常使用低频音效来增加听众的害怕反应,一般用于战争或惊悚的场景。听众无法确定声源或声音的方向时,他们就更加具有恐惧感。

(3) 振幅。用于描述声音信号当前的能量数或电压,用来表示声音的大小。振幅越大,声波就越强,对于听众的听觉器官的声压越大,声音就越大,听起来越响,描述声压的单位为 dB SPL,dB 指分贝,SPL 指声压级。听众对于声压级的主观感受就是音量。正常人的听觉所能感受到的最小声音级别称为听觉阈值,定为 0 分贝作为参考值,最低的可感知声音与最大的可感知声音之间的范围被称为动态范围。

图 3-6 表示一个频率为 20Hz 的波形,其中 A 处代表波长,C 处代表振幅,D 处代表一秒钟。

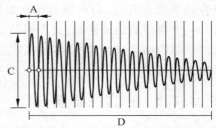

图 3-6　波长、振幅、频率图形描述

3.2　声音听觉原理

3.2.1　声波与听觉

声以波的形式传播,称为声波,声波借助各种介质向四面八方传播。声波是一种纵波,是弹性介质中传播的压力振动。但在固体中传播时,也可以同时有纵波及横波。

听觉是声波作用于听觉器官,使其感受细胞兴奋并引起听神经的冲动发放传入信息,经各级听觉中枢分析后引起的感觉。这个生理学过程即是听觉。如果听众没有关注某个声音,那么其所包含的信息不会得到处理或者说是没有意义的。

外界声波通过介质传到外耳道,再传到鼓膜。鼓膜振动,通过听小骨传到内耳,刺激耳蜗内的纤毛细胞而产生神经冲动。神经冲动沿着听神经传到大脑皮层的听觉中枢,形成听觉。

(1) 声波可以营造出空间感。当声能从其声源开始传播,声波的能量在传播过程中有3种类型:直达声、早期反射和后期反射、混响和回声,这三者有助于定义存在声音对象的空间。直达声是从声源直接到达听众的耳朵的声音。早期反射声是从声源经过一次或两次反射后到达耳朵的声音。后期反射声是从声源反射两次以上到达耳朵的声音。声波在室内空间中传播时,会被墙壁、地板等障碍物反射,每反射一次都会被障碍物吸收一部分。这样,当声源停止发声后,声波会在空间中经历多次反射和吸收后才消失,所以声源停止发声后听众还会感觉声音持续一段时间,这种现象就是混响。通常会使用混响的技法来营造空间感。混响是声音的一种存在延续,是声音的拉长;而回声则是离散的重复,是声音的再现。两者的存在使声音有了空间感。在不同的环境中,声音到达耳朵的强度、时间和音色是不同的,根据这些属性听众可以判断出声源的方向和位置。在现实世界中,当声波传播或通过障碍时,高频率的声音容易被吸收。因此,空间越大,高频损失的可能性越大。

(2) 声波的节奏与速度。节奏是可辨的声音与无声之间的组合模式,其循环的快慢称为速度。速度可以恒定、加快或减慢,节奏会影响观众对于画面速度的感知。影视作品中的对白、音效、音乐等都涉及节奏和速度的变化。

(3) 声波能体现出运动感。在影视作品中为了表现出速度感,通常使用多普勒效应的原理,也就是让声源与听众以一定的速度做相对运动,听众所接收到的声音的频率就会变化,从而引起音量与音调的明显变化。当声源与听众做相向运动相互靠近时,听众接收到的声音频率就会升高,当声源与听众做反向运动相互远离时,听众接收到的声音频率就会变低。一个典型的例子就是,火车鸣笛从身边飞驰而过时,音调升高,火车远离时,音调又降低。声源的移动速度越快,多普勒效应就越明显,表现的影片中的人物、动物、物体或镜头的移动速度就越快。

3.2.2 声音三要素

由于人耳听觉系统非常复杂,迄今为止人类对它的生理结构和听觉特性还不能从生理解剖角度完全解释清楚。因此,对人耳听觉特性的研究目前仅限于在心理声学和语言声学。

人耳对不同强度、不同频率声音的听觉范围称为声域。在人耳的声域范围内,声音听觉心理的主观感受主要有响度、音调、音色等特征和掩蔽效应、高频定位等特性。其中响度、音高、音色可以在主观上用来描述具有振幅、频率和相位 3 个物理量的任何复杂的声音,故又称为声音"三要素",有的声音听起来音调高,有的声音听起来音调低,声音为什么会有音调高低的不同呢? 这主要取决于声音的三要素。而在多种音源场合,人耳掩蔽效应等特性更重要,它是心理声学的基础。

1. 响度

响度又称为声强或音量,它表示的是声音能量的强弱程度,主要取决于声波振幅的大小。声音的响度一般用声压(达因/平方厘米)或声强(瓦特/平方厘米)来计量,声压的单位为帕(Pa),它与基准声压比值的对数值称为声压级,单位是分贝(dB)。对于响度的心理感受,一般用单位宋(Sone)来度量,并定义 1kHz、40dB 的纯音的响度为 1 宋。响度的相对量称为响度级,它表示的是某响度与基准响度比值的对数值,单位为方(phon),即当人耳感到某声音与 1kHz 单一频率的纯音同样响时,该声音声压级的分贝数即为其响度级。可见,无论在客观和主观上,这两个单位的概念是完全不同的,除 1kHz 纯音外,声压级的值一般不等于响度级的值。

响度是听觉的基础。正常人听觉的强度范围为 0～140dB。固然,超出人耳的可听频率范围的声音,即使响度再大,人耳也听不出来。但在人耳的可听频域内,若声音弱到或强到一定程度,人耳同样是听不到的。当声音减弱到人耳刚刚可以听见时,此时的声音强度称为"听阈"。一般以 1kHz 纯音为准进行测量,人耳刚能听到的声压为 0dB,通常大于 0.3dB 即有感受、声强为 10～16W/cm² 时的响度级定为 0 方。而当声音增强到使人耳感到疼痛时,这个阈值称为"痛阈"。仍以 1kHz 纯音为准来进行测量,使人耳感到疼痛时的声压级约达到 140dB。

实验表明,听阈和痛阈是随声压和频率变化的。听阈和痛阈随频率变化的等响度曲线之间的区域就是人耳的听觉范围。通常认为,对于 1kHz 纯音,0～20dB 为宁静声,30～40dB 为微弱声,50～70dB 为正常声,80～100dB 为响音声,110～130dB 为极响声。而对于 1kHz 以外的可听声,在同一级等响度曲线上有无数个等效的声压频率值,例如,200Hz 的 30dB 的声音和 1kHz 的 10dB 的声音在人耳听起来具有相同的响度,这就是所谓的等响。小于 0dB 听阈和大于 140dB 痛阈时为不可听声,即使是人耳最敏感频率范围的声音,人耳也觉察不到。人耳对不同频率的声音听阈和痛阈不一样,灵敏度也不一样。人耳的痛阈受频率的影响不大,而听阈随频率变化相当剧烈。人耳对 3～5kHz 声音最敏感,幅度很小的声音信号都能被人耳听到,而在低频区和高频区人耳对声音的灵敏度要低得多。响度级较小时,高、低频声音灵敏度降低较明显,而低频段比高频段灵敏度降低更加剧烈,一般应特别重视加强低频音量。通常 200Hz～3kHz 语音声压级以 60～70dB 为宜,频率范围较宽的音乐声压以 80～90dB 最佳。

2. 音调

音调也称为音高,表示人耳对声音调子高低的主观感受。客观上音高大小主要取决于声波基频的高低,频率高则音调高,反之则低,单位用赫兹(Hz)表示。主观感觉的音高单位是"美",通常定义响度为 40 方的 1kHz 纯音的音高为 1000 美。赫兹与"美"同样是表示音高的两个不同概念而又有联系的单位。

人耳对响度的感觉有一个从听阈到痛阈的范围。人耳对频率的感觉同样有一个从最低可听频率 20Hz 到最高可听频率 20kHz 的范围。响度的测量是以 1kHz 纯音为基准,同样,音高的测量是以 40dB 声强的纯音为基准。实验证明,音高与频率之间的变化并非线性关系,除了频率之外,音高还与声音的响度及波形有关。音高的变化与两个频率相对变化的对数成正比。不管原来频率多少,只要两个 40dB 的纯音频率都增加一个倍频程,人耳感受到的音高变化则相同。在音乐声学中,音高的连续变化称为滑音,一个倍频程相当于乐音提高了一个八度音阶。根据人耳对音高的实际感受,人的语音频率范围可放宽到 80Hz～12kHz,乐音较宽,效果音则更宽。

3. 音色

音色又称为音品,由声音波形的谐波频谱和包络决定。声音波形的基频所产生的听得最清楚的音称为基音,各次谐波的微小振动所产生的声音称泛音。单一频率的音称为纯音,具有谐波的音称为复音。每个基音都有固有的频率和不同响度的泛音,借此可以区别其他具有相同响度和音调的声音。声音波形各次谐波的比例和随时间的衰减大小决定了各种声源的音色特征,其包络是每个周期波峰间的连线,包络的陡缓影响声音强度的瞬态特性。声音的音色色彩纷呈,变化万千,高保真(Hi-Fi)音响的目标就是要尽可能准确地传输、还原重建原始声场的一切特征,使人们真实地感受到诸如声源定位感、空间包围感、层次厚度感等各种临场听感的立体环绕声效果。

另外,表征声音的其他物理特性还有音值,又称为音长,是由振动持续时间的长短决定的。持续的时间长,音则长,反之则短。从以上主观描述声音的 3 个主要特征看,人耳的听觉特性并非完全线性。声音传到人的耳朵内部经过处理后,除了基音外,还会产生各种谐音及它们的和音及差音,并不是所有这些成分都能被感觉。人耳对声音具有接收、选择、分析、判断响度、音高和音品的功能。例如,人耳对高频声音信号只能感受到对声音定位有决定性影响的时域波形的包络(特别是变化快的包络在内耳的延时),而感觉不出单个周期的波形和判断不出频率非常接近的高频信号的方向;以及对声音幅度分辨率低、对相位失真不敏感等。这些涉及心理声学和生理声学方面的复杂问题。

3.2.3　人耳的掩蔽效应

一个较弱的声音(被掩蔽音)的听觉感受被另一个较强的声音(掩蔽音)影响的现象称为人耳的掩蔽效应。被掩蔽音单独存在时的听阈分贝值,或者说在安静环境中能被人耳听到的纯音的最小值称为绝对听阈。实验表明,3～5kHz 绝对听阈值最小,即人耳对它的微弱声音最敏感。而在低频和高频区绝对听阈值要大得多。在 800～1500Hz 范围内听阈随频率变化最不显著,即在这个范围内语言可储度最高。在掩蔽情况下,提高被掩蔽弱音的强度,使人耳能够听见时的听阈称为掩蔽听阈,被掩蔽弱音必须提高的分贝值称为掩蔽量。

1. 掩蔽效应

已有实验表明,纯音对纯音、噪声对纯音的掩蔽效应具体表现为以下几个方面。

1) 纯音间的掩蔽

对处于中等强度时的纯音最有效的掩蔽是出现在它的频率附近。低频的纯音可以有效地掩蔽高频的纯音,而反过来则作用很小。

2) 噪声对纯音的掩蔽噪声是由多种纯音组成的,具有无限宽的频谱

若掩蔽声为宽带噪声,被掩蔽声为纯音,则它产生的掩蔽门限在低频段一般高于噪声功率谱密度 17dB,且较平坦,超过 500Hz 时大约每 10 倍频程增大 10dB。若掩蔽声为窄带噪声,被掩蔽声为纯音,则情况较复杂。其中位于被掩蔽音附近的由纯音分量组成的窄带噪声即临界频带的掩蔽作用最明显。所谓临界频带,是指当某个纯音被以它为中心频率,且具有一定带宽的连续噪声所掩蔽时,如果该纯音刚好能被听到时的功率等于这一频带内噪声的功率,那么这一带宽称为临界频带宽度。临界频带的单位为巴克(Bark),1Bark 等于一个临界频带宽度。频率小于 500Hz 时,1Bark 约等于 freq/100。频率大于 500Hz 时,1Bark 约等于 9＋41og(freq/1000),即约为某个纯音中心频率的 20%。通常认为,20Hz～16kHz 范围内有 24 个子临界频带。而当某个纯音位于掩蔽声的临界频带之外时,掩蔽效应仍然存在。

2. 掩蔽类型

1）频域掩蔽

所谓频域掩蔽，是指掩蔽声与被掩蔽声同时作用时发生掩蔽效应，又称为同时掩蔽。这时，掩蔽声在掩蔽效应发生期间一直起作用，是一种较强的掩蔽效应。通常，频域中的一个强音会掩蔽与之同时发声的附近的弱音，弱音离强音越近，一般越容易被掩蔽；反之，离强音较远的弱音不容易被掩蔽。例如，一个 1000Hz 的音比另一个 900Hz 的音高 18dB，则 900Hz 的音将被 1000Hz 的音掩蔽。而若 1000Hz 的音比离它较远的另一个 1800Hz 的音高 18dB，则这两个音将同时被人耳听到。若要让 1800Hz 的音听不到，则 1000Hz 的音要比 1800Hz 的音高 45dB。一般来说，低频的音容易掩蔽高频的音，在距离强音较远处，绝对听阈比该强音所引起的掩蔽阈值高，此时噪声的掩蔽阈值应取绝对听阈。

2）时域掩蔽

所谓时域掩蔽，是指掩蔽效应发生在掩蔽声与被掩蔽声不同时出现时，又称为异时掩蔽。异时掩蔽又分为导前掩蔽和滞后掩蔽。若掩蔽声音出现之前的一段时间内发生掩蔽效应，则称为导前掩蔽，否则称为滞后掩蔽。产生时域掩蔽的主要原因是人的大脑处理信息需要花费一定的时间，异时掩蔽也随着时间的推移很快会衰减，是一种弱掩蔽效应。一般情况下，导前掩蔽只有 3～20ms，而滞后掩蔽却可以持续 50～100ms。

3.2.4 声音立体感与立体声

所谓声音立体感，就像自己处在声音的发生现场，在现场左耳和右耳所听到的声音是不一样的，如左边的琴声大一些，而右边鼓声大一些，就像身临其境。人们听声音时，可以分辨出声音是由哪个方向传来的，从而大致确定声源的位置。人们之所以能分辨声音的方向，是由于人们有两只耳朵的缘故。例如，在人们的右前方有一个声源，那么，由于右耳离声源较近，声音就首先传到右耳，然后才传到左耳，并且右耳听到的声音比左耳听到的声音稍强些。如果声源发出的声音频率很高，传向左耳的声音有一部分会被人头反射回去，因而左耳就不容易听到这个声音。两只耳朵对声音的感觉的这种微小差别，传到大脑神经中，就使人们能够判断声音是来自右前方。就像立体电影，左眼和右眼所看到的东西，也是有微小变化的。

立体声是指具有立体感的声音，它是一个几何概念，指在三维空间中占有位置的事物。因为声源有确定的空间位置，声音有确定的方向来源，人们的听觉有辨别声源方位的能力。特别是有多个声源同时发声时，人们可以凭听觉感知各个声源在空间的位置分布状况。从这个意义上讲，自然界所发出的一切声音都是立体声，如雷声、火车声、枪炮声、风声、雨声等。

当人们直接听到这些立体空间中的声音时，除了能感受到声音的响度、音调和音色外，还能感受到它们的方位和层次。这种人们直接听到的具有方位层次等空间分布特性的声音，称为自然界中的立体声。立体声源于双声道的原理，立体声和双声道不是一个概念，但是它们是因果关系。

众所周知，立体声能给人真实的声音环境感。不论是纯声音节目，还是影视作品，从两个音箱或者更多个音箱中传出的立体声响效果，必然比孤单的简陋扬声器震撼得多。必须弄清楚什么是立体声，如果仅仅把声音信号用导线分接到两个或者更多个音箱上播放，并不是真正的立体声。

现实环境中的声音,从各个方向到达听者的声波,其强度和成分,在绝大多数情况下是不相同的。例如,有人在听者的右边发出一个声音,那么对于听者来说,从左、右两边来的声波情况肯定是不一样的。

正因为这样的方向差异性,即使听者闭眼不看,也可以判断出声音来自什么方向。所以说,要想营造出一个完整的声音环境假象,必须尽量在每个方向上都忠实地还原该方向上的声波振动状况。

因此,如果仅是在各个音箱上播放完全相同的信号,就不能复原真实的声场,而其仅有的实际效果只不过是让声源显得更庞大一些。这就是假立体声,只有立体声设备的外观形式,却没有立体声回放的正确信号。例如,两位歌手在剧场舞台两侧,相距甚远,同时演唱,如果只用录音笔录一条信号,回来播放时将其导线分配到环绕听者的多个音箱上,听者也只能感到两个歌手的声音并在一处,而没有离得很远,这就导致声音环境的还原在这里不真实,即使录音的音质再好也无济于事。

正确的做法是采用两个或多个话筒进行环绕式录音进行现场录制,这样就得到了不止一条声音信号,再正确地将这组声音同步送到各个音箱上播放。

一般地说,每个音箱只接收一条信号,称为一个声道。所以,两个音箱的设备可以称为双声道立体声设备,多个音箱环绕听者的就可以称为多声道环绕声设备,这里添加“设备”两字,是为了强调设备仅是实现立体声的条件之一,更重要的是拥有立体声信号,当然还包括信号与设备的正确连接。

当今我国电影的声音已经采用环绕立体声格式了,而电视节目正处于从单声道到多声道发送的过渡极端,广播除了少数频率的专门立体声节目之外,还都是单声道。

在这里还要了解一个声像的概念。声像又称为虚声源或感觉声源。当人们在听音环境良好的音乐厅欣赏音乐时,毫无疑问地能体会出一种身心的愉悦。这除了作品本身的感染力和演奏者高度技艺以及听者的艺术素养以外,也与人耳的听觉能体现出音乐的现场感和包围感不无关系。精于乐感的行家即使不看舞台也能细微地分辨出,小提琴在左前方、鼓在左后方、钢琴在右前方、大提琴在右后方、长笛在中前方而黑管在中后方等声部的空间位置。利用一个完善的立体声记录和重放系统,当人们再度聆听时,仍然可以分辨出上述的各乐器的位置。这种在听音者听感中所展现的各声部空间位置,并由此而形成的声画面,通常称为声像。

用两个或两个以上的音箱进行立体声放音时,听音者对声音位置的感觉印象,有时也称这种感觉印象为幻象,声音图像的空间分布由人的双耳效应决定。立体声放音正是以声像的形式,再现原来声音的空间分布,从而使人们产生一种幻觉,诱发立体感觉。利用立体声技术还可以人为地改变原来的声像位置,通常称为声像移动。

双声道的“声像(Pan)”则是理解立体声的首要概念。在双声道播放的声音中,如果哪个成分给人的主观听感是来源于标有 Pan 的位置,则该位置就是这个声像,如图 3-7 所示。在含有多个声源的声音中,每个声源的 Pan 都可能各不相同。当然,每个声源的 Pan 也可以随时间变化,如电影里的踱步声,从一边逐渐移向另一边,也有可能需要让某些声源的 Pan 位置不明确,这就要求音频制作人

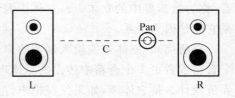

图 3-7　声像

员在制作时进行一些处理。

3.3 声音信号的数字化

爱迪生发明的留声机用机械的方法实现了对声波的记录和重放,电声录音技术把声波信号转化为电流电压的变化,并在磁带上通过对信号的控制实现了对声音的编辑重塑,而进入到数字时代,电信号的变化进一步被转换为二进制数字信号进行描述和处理。

我们已经身处在一个以"数字"为标志的时代中,数字技术极大地推动了艺术作品的生产和传播,通过各种媒介,大众有幸能轻易地领略到数量空前巨大的艺术作品。不但艺术作品的观赏变得十分容易,甚至其创作方式也发生了巨大的变革,只要给个人计算机配上相应的外设和编写相应的软件,它就可以使我们成为很多领域的"专家",通过人对计算机下达各种命令,也就是说把人脑的思维传达给它,其余的工作都是由计算机所做的事情了。数字艺术家创作正在变得数据化,每个人都可以把自己的艺术灵感和创意较为容易地表现出来。

平时在读书看报的时候,一边用眼睛浏览报纸上的文字,一边用大脑不断地解释文字的含义。但是,如果手上拿的书报上印的是甲骨文,相信除了少数专家,一般人即使看到了文字也很难明白其含义,文字可以说是一种"人能够阅读的数据",并且这种能力也是可以训练的。当然,人们感知数据的形式不是单一化的,例如,可以利用录音带、电影胶片、录像带记录声音和视频的模拟信息。在这种情况下,所用的载体不再是纸张,而是胶片、磁带。对这种形式的数据,人们不能直接阅读,必须借助录音机、放映机、放像机等这些播放设备才能看到,从而知道上面信息的含义。而让计算机理解和处理信息的基础,就是必须将所有的信息转换成计算机可以识别的信息。计算机可以识别的信息只有二进制码,也就是"0"和"1"两种状态,所以无论是文字、图像,还是声音、视频,对计算机而言,数字化以后都是"0"和"1"的排列组合,这样计算机就可以对它们进行处理、存储和传输了。

3.3.1 模拟信号与数字信号

1. 模拟信号

模拟信号是在时间和数值上都是连续变化的一类信号。模拟信号利用对象的一些物理属性来表达、传递信息。例如,非液体气压表利用指针螺旋位置来表达压强信息。在电学中,电压是模拟信号最普遍的物理参数,除此之外,频率、电流和电荷也可以被用来表达模拟信号。

任何的信息都可以用模拟信号来表达。这里的信号常常指物理现象中被测量的对变化有响应的表达,如声音、光、温度、位移、压强,这些物理量可以使用传感器测量。模拟信号中,不同的时间点位置的信号值可以是连续变化的。而对于数字信号,不同时间点的信号值总是处于预先设定的离散点,因此如果物理量的真实值不能在这些预设值中被找到,那么这时数字信号就与真实值存在一定的偏差。

在电子技术中,典型的模拟信号主要有工频信号、射频信号、视频信号等。

模拟是一组随时间改变的数据,如某地方的温度变化,汽车在行驶过程中的速度,或电路中某节点的电压幅度等。有些模拟信号可以用数学函数来表示,其中时间是自变量而信号本身则作为因变量。离散时间信号是模拟信号的采样结果,离散信号的取值只在某些固定的时间点有意义,其他地方没有定义,而不像模拟信号那样在时间轴上具有连续不断的取值。

若离散时间信号在各个采样点上的取值只是原来模拟信号取值的一个近似,那么我们就可以用有限字长来表示所有的采样点取值,这样的离散时间信号成为数字信号。将一组精确测量的数值用有限字长的数值来表示的过程称为量化。从概念上讲,数字信号是量化的离散时间信号,而离散时间信号则是已经采样的模拟信号。

模拟信号的主要优点是其精确的分辨率,在理想情况下,它具有无穷大的分辨率;与数字信号相比,模拟信号的信息密度更高;由于不存在量化误差,它可以对自然界物理量的真实值进行尽可能逼近的描述。

模拟信号的另一个优点是当达到相同的效果,模拟信号处理比数字信号处理更简单。模拟信号的处理可以直接通过模拟电路组件实现,如运算放大器等,而数字信号处理往往涉及复杂的算法,甚至需要专门的数字信号处理器。

模拟信号的主要缺点是它总是受到杂音的影响。信号被多次复制,或进行长距离传输之后,这些随机噪声的影响可能会变得十分显著。在电学里,使用接地屏蔽、线路良好接触、使用同轴电缆或双绞线,可以在一定程度上缓解这些负面效应。

噪声效应会使信号产生有损。有损后的模拟信号几乎不可能再次被还原,因为对所需信号的放大会同时对噪声信号进行放大。如果噪声频率与所需信号的频率差距较大,可以通过引入电子滤波器,过滤掉特定频率的噪声,但是这一方案只能尽可能地降低噪声的影响。因此,在噪声的作用下,虽然模拟信号理论上具有无穷分辨率,但并不一定比数字信号更加精确。

尽管数字信号处理算法相对复杂,但是现有的数字信号处理器可以快速地完成这一任务。另外,随着计算机系统的逐渐普及,使得数字信号的传播和处理都变得更加方便。例如,照相机等设备都逐渐实现数字化,尽管它们最初必须以模拟信号的形式接收真实物理量的信息,最后都会通过模拟/数字转换器转换为数字信号,以方便计算机进行处理,或通过互联网进行传输。

2. 数字信号

数字信号是在时间和数值上都是不连续变化的一类信号。数字信号是离散时间信号的数字化表示,通常可由模拟信号获得。二进制码就是一种数字信号。二进制码受噪声的影响小,易于由数字电路进行处理,所以得到了广泛的应用。

随着电子技术的飞速发展,数字信号的应用也日益广泛。很多现代的媒体处理工具,尤其是需要和计算机相连的仪器都从原来的模拟信号表示方式改为使用数字信号表示方式。常见的例子包括手机、视频或音频播放器和数码相机等。

一般情况下,数字信号是以二进制数来表示的,因此信号的量化精度一般以比特(bit)来衡量。数字信号有诸多的特点。

1) 抗干扰能力强、无噪声积累

在模拟通信中,为了提高信噪比,需要在信号传输过程中及时对衰减的传输信号进行放大,信号在传输过程中不可避免地叠加上的噪声也被同时放大。随着传输距离的增加,噪声累积越来越多,以致使传输质量严重恶化。

对于数字通信,由于数字信号的幅值为有限个离散值,在传输过程中虽然也受到噪声的干扰,但当信噪比恶化到一定程度时,即在适当的距离采用判决再生的方法,再生成没有噪声干扰的和原发送端一样的数字信号,所以可实现长距离高质量的传输。

2) 便于加密处理

信息传输的安全性和保密性越来越重要,数字通信的加密处理比模拟通信容易得多,以话音信号为例,经过数字变换后的信号可用简单的数字逻辑运算进行加密、解密处理。

3) 便于存储、处理和交换

数字通信的信号形式和计算机所用信号一致,都是二进制代码,因此便于与计算机联网,也便于用计算机对数字信号进行存储、处理和交换,可使通信网的管理、维护实现自动化、智能化。

4) 设备便于集成化、微型化

数字通信采用时分多路复用,不需要体积较大的滤波器。设备中大部分电路是数字电路,可用大规模和超大规模集成电路实现,因此体积小、功耗低。

5) 便于构成综合数字网和综合业务数字网

采用数字传输方式,可以通过程控数字交换设备进行数字交换,以实现传输和交换的综合。另外,电话业务和各种非电话业务都可以实现数字化,构成综合业务数字网。

6) 占用信道频带较宽

一路模拟电话的频带为 4kHz 带宽,一路数字电话约占 64kHz,这是模拟通信目前仍有生命力的主要原因。随着宽频带信道(光缆、数字微波)的大量利用以及数字信号处理技术的发展,数字电话的带宽问题已不是主要问题了,可以将一路数字电话的数码率由 64kbps 压缩到 32kbps 甚至更低的数码率。

以上介绍可知,数字通信具有很多优点,所以各国都在积极发展数字通信。近年来,我国数字通信得到迅速发展,正朝着高速化、智能化、宽带化和综合化方向迈进。

模拟信号和数字信号之间可以相互转换:模拟信号一般通过 PCM 脉码调制方法量化为数字信号,即让模拟信号的不同幅度分别对应不同的二进制值,例如采用 8 位编码可将模拟信号量化为 $2^8 = 256$ 个量级,实际应用中常采取 24 位或 30 位编码。数字信号一般通过对载波进行移相的方法转换为模拟信号。计算机、计算机局域网与城域网中均使用二进制数字信号,目前在计算机广域网中实际传送的则既有二进制数字信号,也有由数字信号转换而得的模拟信号。但是更具应用发展前景的是数字信号。

3.3.2　声音信号数字化简介

声音或者图像,需要记录和传送,必须通过工具转化为声音信号。

"模拟"一词本意为"类似"、"相似",在工程技术领域中,它有"连续"的含义;而"数字"则具有"不连续"、"离散"的含义。一般说到模拟量都是指"连续量",而数字量则是指"离散量"。

不论是声音还是图像,要想记录和传送,都要通过声电转换器(话筒)或者广电转换器(摄像机),将其转变成相应的电信号,所得到的电信号在时间和幅度上都是连续变化的,因此称为模拟信号。模拟音频信号在传输过程中容易受到干扰,干扰杂音不能与有用信号区别开来,容易损害原信号,记录和复制时也不可避免地会造成信噪比下降,每转录一次,就会增加一定的噪声,这是不可避免的,随着转录次数的增多,噪声不断增加,使信噪比下降严重。

为了克服模拟信号的缺点，就需要有高精度、高性能的装置以及高水平的维护保养技术。把模拟信号数字化是克服这些缺点的最有效办法。数字音频信号是指把声音信号数字化，将本来是模拟量的声音信号变换成离散的二进制码进行记录，这种二进制码仅由"1"和"0"组成，重放时只需识别出"1"和"0"就可以了，因而抗杂音抗干扰的能力特别强。

从模拟信号到数字信号这个转化过程通常称为模/数转换（A/D），要经过采样、量化和编码的 3 个过程。

1. 采样

话音信号是模拟信号，它不仅在幅度取值上是连续的，而且在时间上也是连续的。要使话音信号数字化并实现时分多路复用，首先要在时间上对话音信号进行离散化处理，这一过程称为采样。所谓采样，就是每隔一定的时间间隔，抽取话音信号的一个瞬时幅度值，也就是采样值，采样后所得出的一系列在时间上离散的采样值称为样值序列。这样文字叙述采样有些抽象，下面形象地举例说明。例如，电影，大家都知道原始电影是用胶片制作的，是一张张连续的胶片组成的，但是人眼看到的画面是连续的，其实这个连续的画面是由每秒 24 幅静止的画面顺次播放的，即它是一系列时间上连续的画面组成的。在拍摄时，摄影机以每秒钟拍摄 24 幅画面的方法记录下真实的活动场面。在放映时，人们的眼睛就从这一系列单幅静止的画面的连续放映中重构出运动的画面。

电影的例子说明，通过一定的手段对信息进行采样加以记录，在一定情况下并不能影响信息的还原。然而采样涉及一个名词就是采样周期，就是间隔多长时间，对被采样的对象进行一次采样。通常以采样频率来衡量，采样频率是指一秒钟内采样的次数，采样频率与采样周期互为倒数，如果一秒钟采样 50 次，则称采样频率为 50Hz。单位时间内抽取多少个样本值，是以赫兹（Hz）为单位的，从这个意义上讲，电影的图像的采样频率就是 24Hz。不同采样率的应用级频率范围如表 3-1 所示。

表 3-1　不同采样率的应用级频率范围

采样率	应　　用	频 率 范 围
11 025Hz	低端多媒体	0～5512Hz
22 050Hz	FM 收音机（高端多媒体）	0～11 025Hz
32 000Hz	优于 FM 收音机（标准的广播率）	0～16 000Hz
44 100Hz	CD	0～22 050Hz
48 000Hz	标准 DVD	0～24 000Hz
96 000Hz	蓝光 DVD	0～48 000Hz

采样频率越高，则采样后的采样点排列越密集，得到这种脉冲序列值越接近原信号，或者说明脉冲序列表示的原信号失真越小，它可恢复的音频信号分量越丰富，其声音保真度越好，如图 3-8 所示。这样看来，采样频率越高声音越接近原始信号。但采样频率的提高，将对同一长度的信号增加采样点，进而增加了数字处理的运算量。但是，如果采样频率太低就会产生信息丢失，在恢复信号时会产生失真。例如，电影画面如果每秒钟只保留一幅画面，就会影响到画面播放的流畅性。为了既减少采样点，减小数据量，又能使采样后的信号不失真，因此，选择合适的采样频率非常关键，瑞典科学家奈奎斯特和美国数学家香农经过研究

得出了重要的采样定理。

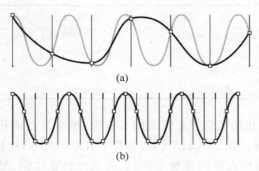

图 3-8　两个采样频率

采样定理说明了一个频带限制在 $0 \sim f_m$ 之间的低通模拟信号能被一个离散取样序列所替代而不会有任何信息的丢失,还描述了如何从取样中重建原始的连续信号,并且进一步指出:采样频率 f_s 必须至少是信号最高频率 f_m 的两倍,即 $f_s \geqslant 2f_m$,才能不失真地从采样值恢复出原始信号。采样频率也称为奈奎斯特频率。

采样定理明确地说明了一个给定宽的波形应该以多高的频率来进行取样。例如,制造厂商选择 44.1kHz 作为 CD 唱片的采样频率,可记录的最高音频为 22kHz,人耳听觉范围的频率带宽为 20Hz～20kHz,这正是人耳能分辨的最高音频再加上一定的保护频带,这样可获得音质与原始声音几乎毫无差别的听觉效果,这也就是人们常说的超级高保真音质的重要参数,这是综合考虑了唱盘播放时间的实用性和媒介造价等因素制定的。除此之外,声音的数字化参数中常见的采样频率还有 48kHz 和 96kHz。

例如,一路电话信号的频带为 300～3400Hz,$f_m = 3400$Hz,则采样频率 $f_s \geqslant 2 \times 3400 = 6800$Hz。如按 6800Hz 的采样频率对 300～3400Hz 的电话信号采样,则采样后的样值序列可不失真地还原成原来的话音信号,话音信号的采样频率通常取 8000Hz。对于 PAL 制电视信号,视频带宽为 6MHz,按照 CCIR601 建议,亮度信号的采样频率为 13.5MHz,色度信号为 6.75MHz。

采样后的样值序列在时间上是离散的,可进行时分多路复用,也可将各个采样值经过量化、编码变换成二进制数字信号。

2. 量化

采样是对时间的计算,而量化是对采样量的计算。在音频系统中,则是对采样时刻的音频信号数值的计量。采样和量化是将模拟信号数字化的基础,它们分别决定了系统的带宽和分辨率两个特性参数。

采样把模拟信号变成了时间上离散的脉冲信号,但脉冲的幅度仍然是模拟的,还必须进行离散化处理,才能最终用数码来表示。这就要对幅值进行舍零取整的处理,这个过程称为量化。

量化的过程就是通过采集波形各个点上的能量进行振幅数字化,并为每一个点分配一定的电压值。量化的单位为比特,比特深度表示了音频的精度,它影响着波形的最终形状和质量。增加采样率,声波波形的所有部分就更加聚合到最近的值。量化生成声音像素,随着量化精度的提高,解析度也相应提高,信号就更趋向于原始声音。量化比特深度如表 3-2 所示。

表 3-2 量化比特深度

位　深　度	应　　用	量化级别	动态范围
8bit	电话、网络	256	48dB
16bit	CD	65 536	96dB
24bit	DVD	16 777 216	144dB
32bit	最优质	4 294 967 296	192dB

　　打个简单的比方,量化的概念有点像人们买衣服,虽然每个成年人的身材千差万别,但是被"量化"为 XS、S、M、L、XL、XXL、XXXL 等几个有限的尺寸,这样对制造商来说,工作可以大大简化,如果针对每个人不同身材生产,那就是个性化定制,显然"数据量"会非常大。所以,有时可能并不很关注每一个规格具体是多少,而是更关注有多少个规格供我们选择。

　　量化有两种方式,分别是均匀量化和非均匀量化。量化方式中,取整时只舍不入,即 0~1V 间的所有输入电压都输出 0V,1~2V 间所有输入电压都输出 1V 等。采用这种量化方式,输入电压总是大于输出电压,因此产生的量化误差总是正的,最大量化误差等于两个相邻量化级的间隔 Δ。量化方式在取整时有舍有入,即 0~0.5V 间的输入电压都输出 0V,0.5~1.5V 间的输出电压都输出 1V 等。采用这种量化方式量化误差有正有负,量化误差的绝对值最大为 Δ/2。因此,采用有舍有入法进行量化,误差较小。

　　上面所述的采用均匀间隔量化级进行量化的方法称为均匀量化或线性量化,这种量化方式会造成大信号时信噪比有余而小信号时信噪比不足的缺点。

　　如果使小信号时量化级间宽度小些,而大信号时量化级间宽度大些,就可以使小信号时和大信号时的信噪比趋于一致。这种非均匀量化级的安排称为非均匀量化或非线性量化。数字电视信号大多采用非均匀量化方式,这是由于模拟视频信号要经过校正,而校正类似于非线性量化特性,可减轻小信号时误差的影响。

　　实际信号可以看成量化输出信号与量化误差之和,因此只用量化输出信号来代替原信号就会有失真。一般来说,可以把量化误差的幅度概率分布看成在 $-\Delta/2 \sim +\Delta/2$ 之间的均匀分布。可以证明,量化失真率,即与最小量化间隔的平方成正比。最小量化间隔越小,失真就越小。最小量化间隔越小,用来表示一定幅度的模拟信号时所需要的量化级数就越多,因此处理和传输就越复杂。所以,量化既要尽量减少量化级数,又要使量化失真看不出来。一般都用一个二进制数来表示某一量化级数,经过传输在接收端再按照这个二进制数来恢复原信号的幅值。所谓量化比特数,是指要区分所有量化级所需几位二进制数。例如,有 8 个量化级,那么可用 3 位二进制数来区分,因此称 8 个量化级的量化为 3 比特量化。8 比特量化则是指共有 256 个量化级的量化。

　　在实际应用中,量化级总是有限的,因此模拟信号转换为数字信号后,很明显,在这个"归属"的过程中有一定的误差,也就是说会损失一定的信息,这个误差称为量化噪声。这也正如人们生活当中有很多的时候在允许的范围内进行四舍五入,舍去无关紧要的细枝末节,当然这样做的结果与真实值相比是有误差的。如果量化等级的数目增多,意味着分出的等级数会增多,那么引进的量化噪声就会减小。

　　量化误差与噪声是有本质的区别。因为任一时刻的量化误差是可以从输入信号求出,而噪声与信号之间就没有这种关系。可以证明,量化误差是高阶非线性失真的产物。但量化失真在信号中的表现类似于噪声,也有很宽的频谱,所以也被称为量化噪声并用信噪比来衡量。

对于音频信号的非均匀量化也是采用压缩、扩张的方法,即在发送端对输入的信号进行压缩处理再均匀量化,在接收端再进行相应的扩张处理。

目前国际上普遍采用容易实现的 A 律 13 折线压扩特性和 μ 律 15 折线压扩特性。我国规定采用 A 律 13 折线压扩特性。

采用 13 折线压扩特性后小信号时量化信噪比的改善量可达 24dB,而这是靠牺牲大信号量化信噪比换来的,会亏损 12dB。

3. 编码

采样、量化后的信号还不是数字信号,需要把它转换成相应的数制代码,将量化后的幅值转变成相应的数制代码的过程称为编码。最简单的编码方式是二进制编码。使用二进制编码就要确定代码的位数,单位是比特。具体来说,就是用比特二进制码来表示已经量化了的样值,每个二进制数对应一个量化值,然后把它们排列,得到由二值脉冲组成的数字信息流。编码过程在接收端,可以按所收到的信息重新组成原来的样值,再经过低通滤波器恢复原信号。用这样方式组成的脉冲串的频率等于抽样频率与量化比特数的积,称为所传输数字信号的数码率。显然,抽样频率越高,量化比特数越大,数码率就越高,数据量就越大,所需要的传输带宽就越宽。编码可以用不同的方法进行,脉冲编码调制是把模拟信号转换成数字信号的基本方法。

编码可以使用各种码,除了上述的自然二进制码,还有其他形式的二进制码,如格雷码和折叠二进制码等。这 3 种码各有优缺点。

(1)自然二进制码和二进制数一一对应,简单易行,它是权重码,每一位都有确定的大小,从最高位到最低位依次为 2 的 N 次幂排列,可以直接进行大小比较和算术运算。自然二进制码可以直接由数/模转换器转换成模拟信号,但在某些情况,例如从十进制的 3 转换为 4 时二进制码的每一位都要变,使数字电路产生很大的尖峰电流脉冲。

(2)格雷码则没有这一缺点,它在相邻电平间转换时,只有一位发生变化,格雷码不是权重码,每一位码没有确定的大小,不能直接进行比较大小和算术运算,也不能直接转换成模拟信号,要经过一次码变换,变成自然二进制码。

(3)折叠二进制码沿中心电平上下对称,适用于表示正负对称的双极性信号。它的最高位用来区分信号幅值的正负。折叠码的抗误码能力强。

经过采样、量化和编码的过程,先将时间连续的模拟信号转换成时间离散、幅度连续的采样信号,再将这些信号转换成时间离散、幅度离散的数字信号,最后将量化后的信号编码形成一个二进制码输出。计算机对这些二进制数据以音频文件的形式进行存储、编辑和处理,并且可以将其还原成原始的波形进行播放。这个过程称为解码,即数/模变换。

3.3.3 声音质量与数据率

所谓声音的质量,是指经传输、处理后音频信号的保真度。

目前,业界公认的声音质量标准分为四级,即数字激光唱盘 CD-DA 质量,其信号带宽为 10Hz~20kHz;调频广播 FM 质量,其信号带宽为 20Hz~15kHz;调幅广播 AM 质量,其信号带宽为 50Hz~7kHz;电话的话音质量,其信号带宽为 200~3400Hz。可见,数字激光唱盘的声音质量最高,电话的话音质量最低。除了频率范围外,人们往往还用其他方法和指标来进一步描述不同用途的音质标准。

对模拟音频来说,再现声音的频率成分越多,失真与干扰越小,声音保真度越高,音质也越好。如在通信科学中,声音质量的等级除了用音频信号的频率范围外,还用失真度、信噪比等指标来衡量。对数字音频来说,再现声音频率的成分越多,误码率越小,音质越好。通常用数据率来衡量,采样频率越高,量化比特数越大,声道数越多,存储容量越大,当然保真度就高,音质就好。

声音的类别特点不同,音质要求也不一样。例如,语音音质保真度主要体现在清晰、不失真、再现平面声像。乐音的保真度要求较高,营造空间声像主要体现在用多声道模拟立体环绕声,或虚拟双声道 3D 环绕声等方法,再现原来声源的一切声像。

音频信号的用途不同,采用压缩的质量标准也不一样。例如,电话质量的音频信号采用 ITU-TG·711 标准,8kHz 取样,8bit 量化,码率 64Kbps。AM 广播采用 ITU-TG·722 标准,16kHz 取样,14bit 量化,码率 224Kbps。高保真立体声音频压缩标准由 ISO 和 ITU-T 联合制订,CD11172-3MPEG 音频标准为 48kHz、44.1kHz、32kHz 取样,每声道数码率 32～448Kbps,适合 CD-DA 光盘用。

对声音质量要求过高,则设备复杂;反之,则不能满足应用。一般以音质够用,又不浪费存储空间为原则。

大家知道,计算机发出的信号都是数字形式的。比特是计算机中数据量的单位,也是信息论中使用的信息量的单位。英文 bit 来源于 binary digit,意思是"二进制数字",因此一个比特就是二进制数字中的一个 1 或 0。网络技术中的速率是指连接在计算机网络上的主机在数字信道上传送数据的速率,它也称为数据率或比特率。速率是计算机网络中最重要的一个性能指标。

数字音频文件存储在计算机中要占据一定的空间,然而不同的采样频率、量化深度和录制时间生成的音频文件大小也不相同。例如,用标准的 CD 音质 44.1kHz、16bit 来进行两个声道立体声采样、录制 3 分钟的音频,那么该未经压缩的声音数据文件的大小为:1 秒内采样 44.1×1000 次,每次的数据量是 16×2＝32(bit),那么 3 分钟的总共数据量是 44 100×32×60×3＝254 016 000(bit),换算成计算机中的常用单位(Byte,B),总数据量是 254 016 000/8/(1024×1024)＝30.28MB。同样,可以计算出衡量音频质量的指标,音频流码率,即每秒钟音频的二进制数据量。上述例题的数据率是 176.4Kbps。

一个汉字在计算机里占用两个字节,那么 176.4KB 的空间可以存储 176.4KB/2＝88 200 个汉字。也就是说 1 秒的数字音频数据量与近 9 万个汉字的数据量相当。由此可见,数字音频文件的数据量是十分庞大的。

如果要衡量一个数字音频音质好坏,通常需要参考以下指标。

(1) 采样频率:即采样点之间的时间间隔。采样间隔时间越短,音质越好。

(2) 量化深度:指单位电压值和电流值之间的可分等级数。可分等级越多,音质越好。

(3) 音频流码率:数字化后,单位时间内音频数据的比特容量。数据率越大,音质越好。它是数字音乐压缩效率的参考性指标,表示记录音频数据每秒钟所需要的平均比特值。CD 中的数字音乐比特率为 1411.2Kbps,也就是记录 1 秒钟的 CD 音乐,需要 1411.2×1024 比特的数据,近乎于 CD 音质的 MP3 数字音乐需要的比特率为 112～128Kbps。

以上 3 个方面的指标中,前两个指标也是绝对指标,而音频流码率是一个相对指标,可以间接考察音频的质量。同样一个声音,在保证声音效果基本相同的情况下,用不同的编码方式进行编码,在存储容量上就会有大小的差别,当然在播放时需要的解码时间也不一样。

因此,音频流码率是一个间接的指标,当两个数字音频文件用同样的编码方式时,可以用它来衡量它们之间的音质好坏,但对于不同编码方式的数字音频文件,就不一定适用。

3.4 数字音频文件

计算机的产生为音频处理带来了极大的方便,将模拟音频转换为数字音频进行处理,不但可以高保真,还可以应用各种数字音效,丰富音乐的创作手段。

数字音频是一种利用数字化手段对声音进行录制、存放、编辑、压缩或播放的技术,它是随着数字信号处理技术、计算机技术、多媒体技术的发展而形成的一种全新的声音处理手段。数字音频的主要应用领域是音乐后期制作和录音。

计算机数据的存储是以 0 和 1 的形式存取的,那么数字音频就是首先将音频文件转化,接着再将这些电平信号转化成二进制数据保存,播放的时候就把这些数据转换为模拟的电平信号再送到喇叭播出,数字声音和一般磁带、广播、电视中的声音就存储播放方式而言有着本质区别。相比而言,它具有存储方便、存储成本低廉、存储和传输的过程中没有声音的失真、编辑和处理非常方便等特点。

3.4.1 数字音频文件大小的计算

模拟音频经过采样、量化、编码的过程转变为数字音频,为了获得高质量的数字音频,就必须提高采样的分辨率和频率,以采集更多的信号样本。然而采样数越多音频数据量也就越大。音频数字化的过程中其数据传输率与在计算机中的实时传输有直接关系,因此,数据传输率是计算机处理时要掌握的一个基本技术参数。对于无压缩的数字音频来说,数据传输率按如下公式计算:

$$数据传输率 = 采样频率 \times 量化位数 \times 声道数$$

其中数据传输率以比特每秒(bps)为单位;采样频率以赫兹(Hz)为单位;量化位数以比特(b)为单位,单声道取值 1,立体声取值 2。

如果采用无压缩编码形式,音频数字化所需的存储空间按如下公式计算:

$$音频数据量 = 数据传输率 \times 持续时间 / 8$$

其中数据量以字节(Byte)为单位,8 比特位一个字节,所以在公式中要除以 8 得到以字节为单位的结果。数据传输率以比特每秒(bsp)为单位,持续时间以秒为单位。以 CD 音质为例,采用 44.1kHz,16 位量化位数,采用立体声标准,其音频数据传输率为:

$$数据传输率 = 44.1kHz \times 16 \times 2 = 1411.2Kbps$$

那么,一分钟的数字音频数据量为:$1411.2Kbps \times 60s / 8 = 10\,584\,000B \approx 10.09MB$。

由此可见,数字音频的数据量比较大,对于计算机存储和数据传输都会带来不便。因此,在实际应用中,要根据音源的质量和实际需要灵活运用。或者采用通常的办法,在编码过程中利用各种编码算法对其进行压缩,以得到较好的音质和较小的文件量。

3.4.2 数字音频文件的常用压缩方法

现实世界中的声音非常复杂,人们通常采用的是脉冲代码调制编码,即 PCM 编码。PCM 通过采样、量化、编码 3 个步骤将连续变化的模拟信号转换为数字编码。

相对于声音的模拟信号,音频编码最多只能做到无限接近,任何数字音频编码方案都是有损的,因为无法完全还原。在计算机应用中,能够达到最高保真水平的就是 PCM 编码,CD、DVD 以及常见的 WAV 文件中均有所应用。因此,PCM 被认为是无损编码,因为 PCM 代表了数字音频中最佳的保真水准,但是 PCM 也只能做到最大程度的无限接近。PCM 编码的最大的优点就是音质好,最大的缺点就是体积大。人们通常把 MP3 列入有损音频编码范畴,是相对 PCM 编码的。强调编码的相对性的有损和无损,是为了说明要做到真正的无损是困难的。数字音频都要经过压缩的过程,常用压缩率来描述数字声音的压缩效率,也就是音乐文件压缩前和压缩后大小的比值。

要减小音频文件量,降低磁盘占用空间,只有两种方法,降低对音频的采样率或者压缩音频。降低指标是不可取的,因此专家们研发了各种压缩方案。因为音频的用途不一样,各种音频压缩编码所达到的音质和压缩比也不一样,要根据需要来确定。

以下列举数字音频文件的常用压缩方法。

1. WAV

WAV 是微软公司开发的一种声音文件格式,它符合 RIFF(Resource Interchange File Format)文件规范,用于保存 Windows 平台的音频信息资源,被 Windows 平台及其应用程序所支持。WAV 对音频流的编码没有硬性规定,除了 PCM 之外,还有几乎所有支持 ACM 规范的编码都可以为 WAV 的音频流进行编码。支持多种音频位数、采样频率和声道,标准格式的 WAV 文件和 CD 格式一样,也是 44.1kHz 的采样频率、速率 88Kbps、16 位量化位数,因此 WAV 格式的声音文件质量和 CD 相差无几,也是目前 PC 上广为流行的声音文件格式,几乎所有的音频编辑软件都兼容 WAV 格式。

另外,苹果公司开发的 AIFF(Audio Interchange File Format)格式和为 UNIX 系统开发的 AU 格式,它们都和 WAV 非常相像,在大多数的音频编辑软件中也都支持这几种常见的音乐格式。

PCM 编码的 WAV 文件是音质最好的格式,Windows 平台下,所有音频软件都能够提供对它的支持。在开发多媒体软件时,往往大量采用 WAV,用做事件声效和背景音乐。PCM 编码的 WAV 可以达到相同采样率和采样大小条件下的最好音质,因此也被大量用于音频编辑、非线性编辑等领域。

2. MP3

MP3 格式诞生于 20 世纪 80 年代的德国,所谓的 MP3,是指 MPEG 标准中的音频部分,也就是 MPEG 音频层。根据压缩质量和编码处理的不同分为三层,分别对应"∗.mp1"、"∗.mp2"、"∗.mp3"这 3 种声音文件。MPEG 音频文件的压缩是一种有损压缩,MPEG3 音频编码具有 10∶1~12∶1 的高压缩率,同时基本保持低音频部分不失真,但是牺牲了声音文件中 12kHz 到 16kHz 高音频这部分的质量来换取文件的尺寸,相同长度的音乐文件,用 ∗.mp3 格式来储存,一般只有 ∗.wav 文件的 1/10,而音质要次于 CD 格式或 WAV 格式的声音文件。由于其文件尺寸小,音质好,因此在它问世之初还没有什么别的音频格式可以与之匹敌,因而为 ∗.mp3 格式的发展提供了良好的条件。直到现在,这种格式还是风靡一时,作为主流音频格式的地位难以被撼动。

MP3 格式压缩音乐的采样频率有很多种,可以用 64Kbps 或更低的采样频率以节省存储空间,也可以用 320Kbps 的标准达到极高的音质。

MP3 具有不错的压缩比,使用 LAME 编码的中高码率的 MP3,听感上已经非常接近源WAV 文件。使用合适的参数,LAME 编码的 MP3 很适合于音乐欣赏。几乎所有著名的音频编辑软件也提供了对 MP3 的支持,可以将 MP3 像 WAV 一样使用,但由于 MP3 编码是有损的,因此多次编辑后,音质会急剧下降,MP3 长远的历史和不错的音质,使之成为应用最广的有损编码之一,网络上可以找到大量的 MP3 资源,MP3 是被多个播放媒介支持的最好的编码之一。MP3 也并非完美,在较低码率下表现不好。MP3 也具有流媒体的基本特征,可以做到在线播放。

3. VQF

∗.vqf 是雅马哈公司格式,它的核心是减少数据流量但保持音质的方法来达到更高的压缩比,可以说技术上也是很先进的,但是由于没有做很好的维护,这种格式没有得到推广。∗.vqf 可以用雅马哈的播放器播放。同时雅马哈也提供从 ∗.wav 文件转换到 ∗.vqf 文件的软件。

4. WMA

WMA（Windows Media Audio）格式来自于微软,在低码率下,有着好过 MP3 的音质表现,它和日本 Yamaha 公司开发的 VQF 格式一样,是以减少数据流量但保持音质的方法来达到比 MP3 压缩率更高的目的,WMA 的压缩率一般都可以达到 1：18 左右,WMA 的另一个优点是内容提供商可以通过 DRM（Digital Rights Management）方案如 Windows Media Rights Manager 7 加入防复制保护。这种内置了版权保护技术可以限制播放时间和播放次数,甚至播放的机器等,这可以有效打击盗版,另外 WMA 还支持音频流技术,适合在网络上在线播放,作为微软抢占网络音乐的开路先锋,可以说是技术领先、风头强劲,更方便的是不用像 MP3 那样需要安装额外的播放器,而 Windows 操作系统和 Windows Media Player 可以直接播放 WMA 音乐,还可以直接把 CD 光盘转换为 WMA 声音格式,在Windows XP 操作系统中,WMA 是默认的编码格式。WMA 这种格式在录制时可以对音质进行调节。同一格式,音质可以与 CD 媲美,压缩率较高的可用于网络广播。

5. OGG

OGG 格式完全开源,完全免费,和 MP3 有相似之处的新格式。OGGVorbis 也是对音频进行有损压缩编码,但通过使用更加先进的声学模型去减少损失,因此相同码率编码的OGGVorbis 比 MP3 音质更好一些,文件也更小一些。另外,MP3 格式是受专利保护的。发布或者销售 MP3 编码器、MP3 解码器、MP3 格式音乐作品,都需要付专利使用费。而OGGVorbis 就完全没有这个问题。目前,OGGVorbis 虽然还不普及,但在音乐软件、游戏音效、便携播放器、网络浏览器上都得到广泛支持,OGG 具有流媒体的基本特征。和 MP3一样,OGGVorbis 是一种灵活开放的音频编码,能够在编码方案已经固定下来后还能对音质进行明显的调节和新算法的改良。因此,它的声音质量将会越来越好,和 MP3 相似,OGGVorbis 更像一个音频编码框架,可以不断导入新技术逐步完善。和 MP3 一样,OGG也支持 VBR。

OGG 是一种非常有潜力的编码,在各种码率下都有比较惊人的表现,尤其中低码率下。OGG 除了音质好之外,还是一个完全免费的编码。OGG 有着非常出色的算法,可以用更小的码率达到更好的音质,128Kbps 的 OGG 比 192Kbps 甚至更高码率的 MP3 还要出色。OGG 的高音具有一定的金属味道,因此在编码一些高频要求高的乐器独奏时,OGG 的这个缺陷会暴露出来。

6. FLAC

FLAC 即是 Free Lossless Audio Codec 的缩写,为无损音频压缩编码。FLAC 是一套著名的自由音频压缩编码,其特点是无损压缩。不同于其他有损压缩编码如 MP3 与 AAC,它不会破坏任何原有的音频资讯,所以可以还原音乐光盘音质。现在它已被很多软件及硬件音频产品所支持。FLAC 是免费的并且支持大多数的操作系统。并且 FLAC 提供了在开发工具 Autotools、MSVC、Watcom C、ProjectBuilder 上的 Build 系统。

7. APE

APE 是目前流行的数字音乐文件格式之一。与 MP3 这类有损压缩方式不同,APE 是一种无损压缩音频技术,也就是说当用户将从音频 CD 上读取的音频数据文件压缩成 APE 格式后,还可以再将 APE 格式的文件还原,而还原后的音频文件与压缩前的一模一样,没有任何损失。APE 的文件大小大概为 CD 的一半,但是随着宽带的普及,APE 格式受到了许多音乐爱好者的喜爱,特别是对于希望通过网络传输音频 CD 的朋友来说,APE 可以帮助他们节约大量的资源。作为数字音乐文件格式的标准,WAV 格式容量过大,因而使用起来很不方便。因此,一般情况下把它压缩为 MP3 或 WMA 格式。压缩方法有无损压缩、有损压缩以及混成压缩。MPEG、JPEG 就属于混成压缩,如果把压缩的数据还原回去,数据其实是不一样的。当然,人耳是无法分辨的。因此,如果把 MP3、OGG 格式从压缩的状态还原回去的话,就会产生损失。然而 APE 压缩格式即使还原,也能毫无损失地保留原有音质。所以,APE 可以在不损失高音质的情况下,进行压缩和还原。当然,目前只能把音乐 CD 中的曲目和未压缩的 WAV 文件转换成 APE 格式,MP3 文件还无法转换为 APE 格式。事实上 APE 的压缩率并不高,虽然音质保持得很好,但是压缩后的容量也没小多少。一个 34MB 的 WAV 文件,压缩为 APE 格式后,仍有 17MB 左右。

APE 的本质,其实是一种无损压缩音频格式。庞大的 WAV 音频文件可以通过 Monkey's Audio 这个软件压缩为 APE。很多时候它被用做网络音频文件传输,因为被压缩后的 APE 文件容量要比 WAV 源文件小一半多,可以节约传输所用的时间。更重要的是,通过 Monkey's Audio 解压缩还原以后得到的 WAV 文件可以做到与压缩前的源文件完全一致。所以 APE 被誉为无损音频压缩格式,Monkey's Audio 被誉为无损音频压缩软件。与采用 WinZip 或者 WinRAR 这类专业数据压缩软件来压缩音频文件不同,压缩之后的 APE 音频文件是可以直接被播放的。

3.4.3　常用的数字音频文件格式

不同的编码方式对应计算机中不同的文件格式,反映在计算机中就是文件的后缀名不同。数字音频的常见格式有以下几种。

1. WAV

WAV 格式是微软公司开发的一种声音文件格式,也称为波形声音文件,是最早的数字音频格式,被 Windows 平台及其应用程序广泛支持。WAV 格式支持许多压缩算法,支持多种音频位数、采样频率和声道;采用 44.1kHz 的采样频率,16 位量化位数,因此 WAV 的音质与 CD 相差无几,但 WAV 格式对存储空间需求太大,不便于交流和传播。

2. MIDI

MIDI 是 Musical Instrument Digital Interface,乐器数字接口的缩写,是数字音乐/电子合成乐器的统一国际标准。它定义了计算机音乐程序、数字合成器及其他电子设备交换音乐信号的方式,规定了不同厂家的电子乐器与计算机连接的电缆和硬件及设备间数据传输的协议,可以模拟多种乐器的声音。MIDI 文件就是 MIDI 格式的文件,在 MIDI 文件存储的是一些指令。把这些指令发送给声卡,由声卡按照指令将声音合成出来。MID 文件格式由 MIDI 继承而来,MID 文件并不是一段录制好的声音,而是记录声音的信息,然后再告诉声卡如何再现音乐的一组指令。这样一个 MIDI 文件每存储一分钟的音乐只用 5~10KB。今天,MID 文件主要用于原始乐器作品、流行歌曲的业余表演、游戏音轨以及电子贺卡等。*.mid 文件重放的效果完全依赖声卡的档次。*.mid 格式的最大用途在计算机作曲领域。*.mid 文件可以用作曲软件编写,也可以通过声卡的 MIDI 接口把外接音序器演奏的乐曲输入计算机中,制成 *.mid 文件。

3. CDA

大家都很熟悉 CD 这种音乐格式了,扩展名为.cda,其采样频率为 44.1kHz,16 位量化位数。CD 存储采用了音轨的形式,又称为"红皮书"格式,记录的是波形流,是一种近似无损的格式。

4. MP3

其全称是 MPEG-1 Audio Layer 3,它在 1992 年合并至 MPEG 规范中。MP3 能够以高音质、低采样率对数字音频文件进行压缩。也就是说,文件数据量较大的音频文件能够在音质丢失很小的情况下把文件压缩得更小。

5. MP3 Pro

该格式是由瑞典 Coding 科技公司开发的,包含了两大技术:一是来自于 Coding 科技公司所特有的解码技术;二是由 MP3 的专利持有者法国汤姆森多媒体公司和德国 Fraunhofer 集成电路协会共同研究的一项译码技术。MP3 Pro 可以在基本不改变文件大小的情况下改善原先的 MP3 音乐音质,它能够在用较低的比特率压缩音频文件的情况下,最大限度地保持压缩前的音质。

6. WMA

WMA 是微软针对互联网音频、视频领域的格式。WMA 格式是以减少数据流量但保持音质的方法来达到更高的压缩率为目的,其压缩率一般可以达到 1:18。此外,WMA 还可以通过 DRM 方案加入防止复制保护,或者加入限制播放时间和播放次数,甚至是播放机器的限制,可有效地打击盗版。

7. MP4

该格式采用的是美国电报电话公司(AT&T)所研发的以知觉编码为关键技术的 A2B 音乐压缩技术,也可以称为 AAC 技术,由美国网络技术公司及 RIAA 联合公布的一种新的音乐格式。MP4 在文件中采用了保护版权的编码技术,只有特定的用户才可以播放,这样有效地保证了音乐版权的合法性。另外,MP4 的压缩比例达到了 1:15,体积较 MP3 更小,但音质却没有下降。

8. SACD

SACD(Super Audio CD)是由 Sony 公司正式发布的。它的采样率为 CD 格式的 64 倍，即 2.8224MHz。SACD 重放频率宽达 100kHz，为 CD 格式的 5 倍，24 位量化位数，远远超过 CD，声音的细节表现更为丰富、清晰。

9. QuickTime

QuickTime 是苹果公司于 1991 年推出的一种数字流媒体，它面向视频编辑、Web 网站创建和媒体技术平台，QuickTime 几乎支持所有主流的个人计算机平台，可以通过互联网提供实时的数字化信息流、工作流与文件回放功能。

10. VQF

VQF 格式是由 Yamaha 和 NTT 共同开发的一种音频压缩技术，它的压缩率能够达到 1:18，因此相同情况下压缩后 VQF 的文件体积比 MP3 小 30%～50%，更便于网上传播，同时音质极佳，接近 CD 音质(16 位 44.1kHz 立体声)。但 VQF 未公开技术标准，至今未能流行开来。

11. DVD Audio

DVD Audio 是新一代数字音频格式，与 DVD Video 尺寸及容量相同，为音乐格式的 DVD 光碟，采样频率为 48kHz/96kHz/192kHz 和 44.1kHz/88.2kHz/176.4kHz 可供选择，量化位数可以为 16 位、20 位或 24 位，它们之间可自由地进行组合。低采样率的 192kHz、176.4kHz 虽然是二声道重播专用，但它最多可收录到六声道。而以二声道 192kHz/24b 或六声道 96kHz/24b 收录声音，可容纳 74min 以上的录音，动态范围达 144dB，整体效果出类拔萃。

12. MD

MD(Mini Disc)由 Sony 公司出品。MD 之所以能在一张小小的盘中存储 60～80min 采用 44.1kHz 采样的立体声音乐，就是因为使用了 ATRAC 算法，也就是自适应声学转换编码压缩音源。这是一套基于心理声学原理的音响译码系统，它可以把 CD 唱片的音频压缩到原来数据量的大约 1/5 而声音质量没有明显损失。ATRAC 利用人耳听觉的心理声学特性以及人耳对信号幅度、频率、时间的有限分辨能力，编码时将人耳感觉不到的成分不编码、不传送，这样就可以相应减少某些数据量的存储，从而既保证音质又达到缩小体积的目的。

13. RA

RA(RealAudio)是由 Real Networks 公司推出的一种文件格式，其最大的特点就是可以实时传输音频信息，尤其是在网速较慢的情况下，仍然可以较为流畅地传达数据，因此 RealAudio 主要适用于网络上的在线播放。现在 RealAudio 文件格式主要有 RA、RM、RMX 3 种，这些文件的共同之处在于随着网络带宽的不同而改变声音的质量，在保证大多数人听到流畅声音的前提下，令带宽较宽敞的听众获得较好的音质。

14. Liquid Audio

Liquid Audio 是一家提供付费下载的音乐网站。它通过在音乐中采用自己独有的音频编码格式来提供对音乐的版权保护。Liquid Audio 的音频格式就是所谓的 LQT。如果想在 PC 中播放这种格式的音乐，就必须使用 Liquid Player 和 Real Jukebox 中的一种播放器。这些文件也不能够转换成 MP3 和 WAV 格式,这使得采用这种格式的音频文件无法被共享和刻录到 CD 中。如果非要把 Liquid Audio 文件刻录到 CD 中,就必须使用支持这种格式的刻录软件和 CD 刻录机。

15. Audible

Audible 拥有 4 种不同的格式,即 Audible1、Audible2、Audible3、Audible4。Audible.com 网站主要是在互联网上贩卖有声书籍,并对他们所销售的商品、文件通过 4 种 Audible.com 专用音频格式中的一种提供保护。每一种格式主要考虑音频源以及所使用的收听设备。格式 1、格式 2 和格式 3 采用不同级别的语音压缩,而格式 4 采用更低的采样率与 MP3 相同的解码方式,所得到的语音更清楚,而且可以更有效地从网上下载。Audible 所采用的是他们自己的桌面播放工具,这就是 Audible Manager,使用这种播放器就可以播放存在 PC 或者是传输到便携式播放器上的 Audible 格式文件。

16. VOC

在 DOS 程序和游戏中常会遇到这种文件,它是随声霸卡一起产生的数字声音文件,与 WAV 文件的结构相似,可以通过一些工具软件方便地相互转换。

17. AU

在 Internet 上的多媒体声音主要使用该种文件格式。AU 文件是 UNIX 操作系统下的数字声音文件,由于早期 Internet 上的 Web 服务器主要是基于 UNIX 操作系统的,因此这种文件成为网络上唯一使用的标准声音文件。

18. AIFF

AIFF(.aif)是 Apple 公司开发的声音文件格式,被 Macintosh 平台和应用程序所支持。

19. Amiga

Amiga 声音(.svx)格式是 Commodore 公司开发的声音文件格式,被 Amiga 平台和应用程序所支持,不支持压缩。

20. MAC

MAC 声音(.snd)是 Apple 公司开发的声音文件格式,被 Macintosh 平台和多种 Macintosh 应用程序所支持。

21. S48

S48(Stereo,48kHz)采用 MPEG-1 layer 1、MPEG-1 layer 2(简称 MP1、MP2)声音压缩格式,由于易于编辑、剪切,因此在广播电台应用较为广泛。

22. AAC

AAC 实际上是高级音频编码的缩写。AAC 是由 Franuhofer IIS-A、杜比和 AT&T 共同开发的一种音频格式,它是 MPEG-2 规范的一部分。AAC 所采用的运算法则与 MP3 的运输法则有所不同,AAC 通过结合其他的功能来提高编码效率。AAC 的音频算法在压缩能力上远远超过了以前的一些压缩算法。它还同时支持多达 48 个音轨、15 个低频音轨、更多种采样率和比特率、多种语言的兼容能力、更高的解码效率。总之,AAC 可以在比 MP3 文件缩小 30% 的前提下提供更好的音质。

从另外一种角度而言,一种数字音频格式就对应这一数字音频的编码方式,在播放不同的音频文件格式时可能需要不同的播放器,技术上一般称为解码器或者音频解码算法。

数字音频给人类的生活带来了前所未有的变化,它以音质优秀、传播无损耗、可进行多种编辑和转换而成为主流,并且应用于各个方面,如音响设备、IP 电话、卫星电话、数字卫星电视及专业录音、制作等。展望未来,数字音频将会应用于更多的领域,而且会拥有更清晰、更真实的音质,更小巧的体积,更方便的传输和转换功能。

3.5 MIDI 与 MIDI 音乐制作系统

MIDI 是由世界上主要电子乐器制造厂商建立起来的一个通信标准,并于 1988 年正式提交给 MIDI 制造商协会,便成为数字音乐的一个国际标准。

MIDI 标准规定了电子乐器与计算机连接的电缆硬件以及电子乐器之间、乐器与计算机之间传递数据的通信协议等规范。MIDI 标准使计算机音乐程序、不同厂家生产的电子合成乐器以及其他电子设备互相发送和接收音乐数据。MIDI 文件记录的是一系列指令而不是数字化后的波形数据,所以它占用存储空间比 WAV 要小很多。

3.5.1 MIDI 简介

通俗地讲,MIDI 可以理解为电脑音乐的统称,它包括协议、硬件设备等所有的相关技术。可以为不同乐器创建数字声音,可以模拟小提琴、小号、二胡、钢琴等常见的乐器。MIDI 音乐在计算机作曲领域的使用最为广泛。它可以由作曲软件编写,也可以通过声卡的 MIDI 接口把外接音序器演奏的音乐输入计算机中生成 MIDI 文件。

与数字音频文件有所不同,一个 MIDI 文件可能每分钟只有 10KB 大小,因此每兆磁盘空间可以存储上百分钟的 MIDI 音乐。MIDI 是一种典型的参数声音文件。

参数声音记录的方法,与采样记录不同。它完全不采用"按照特定的间隔记录介质分子的振动状态"的方法,而是记录声音在某些"关键点"上的"关键信息"。MID 文件并不是一段录制好的声音,而是记录声音的信息,然后再告诉计算机上的声卡如何再现声音的一组指令。当回放时,参照这些信息,进行提示和指导,使回放的声音尽量接近声音的原来面貌。其实这种方法更接近人类所使用的乐谱记录音乐的方式。

与 MIDI 音乐的记录方式作对比,乐谱本质上也是记录音乐的一些关键信息,而不是记录每个时刻声音振动的具体情况。对照着乐谱演奏,从乐谱上可以直接读出每个音多高,歌词是什么,速度有多快。乐谱里面的"音高"、"拍子"、"歌词"、"表情符号"等,实际上就是关键信息,它为正确的再现声音,提供了依据和参考。经过分析可知,乐谱只能采用参数方式,不能采取采样记录。

MIDI 文件就如同一张数字化的乐谱,使用计算机 CPU 强大的运算能力,在音序器软件中处理这些数字化乐谱上的数据,将这些指令发送到计算机音频卡上的合成器芯片中,根据乐谱上记录的各种参数,通过分析处理,选用相应的乐器演奏相应的音符,再按照数字化乐谱中规定的演奏节奏、演奏强度等进行处理。经由合成器芯片解释的 MIDI 指令符号被翻译形成波形,然后通过声音发生器送往扬声器进行播放。

参数记录的方式也具有明显的局限性。当人们拿着乐谱唱歌时,由于演唱者个体嗓音的不同,演唱过程中对音乐的理解和投入的感情是不同的,因此乐谱上音乐的原貌不会被绝对精准的再现出来,它只能尽最大可能保留音乐的原貌。同样,用参数方法记录下的声音文件,由于关键信息不可能完全代表声音的原貌,因此回放的效果可能因回放设备的不同,而与该声音的本来面目有所不同。参数记录的这些缺点,是由其原理决定的,虽然能采取措施在一定程度上进行弥补,却不能完全消除。

不过,参数记录方法与采样记录方法相对比有一个明显的优势,这就是数据存储效率极高。MIDI 文件记录的是乐器指令,它与记录文字的 Word 文档的记录方式差不多,所需的存储空间很小,通常几十 KB 的文件可以记录长达数分钟的音乐。而波形文件,其文件的数据量是由音频的采样频率、量化位数、声道数以及压缩比等参数的具体值决定的,一般数据量都很大。MIDI 文件由于抓住了关键信息,无须对声音做每秒成千上万次的采样逐点记录,所以必然极大地减少了文件的数据量。

在具体实现技术上,如果通过播放设备的电路来回放参数声音文件,就不能使用普通的乐谱,而是要用专门的数据字节来代表乐谱上的各个参数。例如,用一组数据代表一个音,在这组数据中,分别用不同位置的数字代表此音的音高、音色、开始时间、持续长度等信息,电路即可依据这些数据在正确的时间,调用正确的音色种类,用正确的方式发出这个音。很多组这样的数据就构成了一个"参数音乐文件"。MIDI 音乐文件就是运用这种基本方法才诞生的。

3.5.2　MIDI 音乐合成法

MIDI 音乐文件与传统波形文件是不相同的,要掌握 MIDI 音乐的合成方法,就必须知道 MIDI 音乐文件与波形文件之间的区别,就要知道其记录声音的原理。

MIDI 音乐文件与波形文件的不同点表现为记录原理不同、声音来源不同、文件容量不同、适用范围不同。

(1) 记录原理不同。波形文件通过对声波进行采样、量化、编码的过程,得到一批量化的数值,再对离散的采样数值进行编码形成二进制数字存储起来,从而形成数字化的音频信号数据,这些数据再经过还原,形成波形后送到扬声器进行播放。MIDI 文件不记录声音的采样数据,它只记录音符的键、音量、力度和速度等信息,记录的是描述演奏过程的指令,这些指令发送到合成器合成声波进行播放。

(2) 声音来源不同。波形文件可以获取广泛的音源,包括各种乐器的声音、各种语音、各种音响效果。而 MIDI 文件通过接收电子乐器演奏的指令数据,并由音序器记录,它更多的是记录音乐文件,不能记录人讲话的声音。

(3) 文件容量不同。使用参数记录方式记录的 MIDI 文件和使用采样记录方式记录的波形文件,类似于计算机图形学中使用参数记录方式的矢量图和使用采样记录方式的位图。由于记录方式的不同,矢量图的文件量明显小于位图的文件量。MIDI 文件比波形文件所需占用的存储空间要小得多。

(4) 适用范围不同。MIDI 文件记录的是乐谱指令,对其编辑修改非常方便,用户可以通过音序器任意改变 MIDI 文件的音色、节奏,还可以更换不同的乐器,通常用在影片配乐的前期创作工作中使用。波形文件音源广泛,音质好,但数据量大,在影片配乐中常用于后期混音工作中。

当作曲家创作一段音乐并将它交给演奏人员时,实际上是传送该音乐作品的表演数据。用来记载这些为再现该乐曲所需的指令的载体是纸张。但是很显然,即使将乐谱贴近耳朵也不会听到任何音乐,这是因为乐谱实际上并不等于音乐,这不过是演奏音乐的一组指令。乐谱中的指令指示演奏家要演奏哪些音符、该持续多长时间、应该使用多大的力度以及其他各种各样重要的信息。

MIDI 音乐文件就相当于一份电子化的乐谱。MIDI 文件采用参数记录的方法记录着声音,它主要用于记录音乐,难以记录语音,因为乐器声音的关键信息相对较少,声波随时间的变化总体来说相对简单。而人类的语言声音,无论是频率状况还是随时间的变化状况,都难以使用很少的几个参数来描述。MIDI 采用参数记录的方法,不会像 PCM 那样详细地记录每个声音每个时刻的细节,但是它能记录的信息种类,仍然比乐谱的记录更加复杂和全面。除了音高、发音的开始时刻、发音的结束时刻、力度、音量、音色、节奏等,还有许多传统乐理体系中从未出现过,专属于计算机音乐技术的概念。例如,通道、音色库号、弯音程度、调制程度等。但不论是不是传统的,这些概念对于 MIDI 设备来说,都只是一个个的"关键信息",或称为"关键事件",简称"事件"。参数音乐是众多事件的有机组合,而不是对众多采样值的机械排列。

MIDI 文件是由一系列 MIDI 指令和消息组成的文件,都采用二进制编码的形式进行传输,以 8 位(1 字节)为一组基本数据。因为一个字节能够表示的不同信息只有 255 种,有时不够使用,所以每个 MIDI"事件"可能由 1~3 个字节组成。MIDI 文件中每个信息由若干字节组成,这些信息分为两类,包括状态信息和数据信息两部分内容。状态信息标明该事件的性质,如演奏一个音符或某一个声音音高的升降。数据信息标明该事件在该性质下发生的程度或细节,描述演奏者演奏了哪个音符或这个音符升降的程度。

如果直接阅读这些 MIDI 指令代码,是很不直观的。所以 MIDI 制作软件就起到了一个"翻译"作用,它以人们熟悉的乐谱、单词和十进制数值为载体,供人制作和编辑想要的音乐,并将这些音乐内容转换成 MIDI 代码,形成音序文件。

在明白了声音记录的方法之后,再探讨一下音频的相互转换的问题,也就是参数数字声音和采样数字声音的相互转换,通俗地讲,就是"MIDI 和音频的相互转换"。这个问题的答案很特别,两者之间转换的方向不同,其难度也有很大的不同。

把 MIDI 转换成音频,其现实性和可行性,都很容易理解。把 MIDI 内录成音频文件或者使用像 Audition 等融音序处理和音频处理于一身的专业级软件,通过运算直接把音序计算成音频数据,可以直接输出。或者一边播放 MIDI 文件,一边打开音频编辑软件对其进行声音录制,就可以将 MIDI 文件转换成波形文件。

把音频转换成 MIDI,却没有那么简单。就相当于使用一些语音识别软件所实现的功能,把一段讲话变成文档中的文字。一般要依靠专门的制作员手工完成,即制作依靠乐理知识和听辨能力,自行分析出音乐中的各个关键信息,并依照这些信息另行制作 MIDI 文件。但是不同的乐曲有不同的乐器参与,混合后会产生不同的效果,单从波形分析,很难进行区分,也就达不到理想的效果。

两类乐曲的转换,有非常大的难度,这与两类声音的记录原理在本质上的差异有很大的关系。把参数记录的音乐,在播放过程中随时采样,对计算机来说很容易,但计算机难以使用固定的方法,从千变万化的声音波形采样中分析出足够的"关键信息",当然也就无法将其总结为音乐参数了。

3.5.3　计算机合成 MIDI 音乐

MIDI 是音乐和计算机结合的产物,它是用于在音乐合成器、电子乐器、计算机之间交换音乐信息的一种标准协议。MIDI 产生声音的方法与声音波形采样输入的方法有很大的不同。它不是将模拟信号进行数字编码,而是把 MIDI 音乐设备上产生的每个动作记录下来。例如,在电子键盘上演奏,MIDI 文件记录的不是实际乐器发出的声音,而是记录弹奏时弹的音符、节奏信息以及各种表情控制信息,包括按键的速度、按键的力度、有无颤音以及音色的变化等。然后对记录下来的信息进行编辑修改,可以对一些音乐段落作升调或降调处理,插入或删除一段音乐,或者改变一段音符的位置。经过编辑修改的弹奏信息随时都可以发送给音源,由音源发出相应的音色声音。

利用 MIDI 制作软件可以直接在计算机上创作、演奏 MIDI 音乐,也可以通过计算机声卡上的 MIDI 接口,从带 MIDI 输入的乐器中采集音乐,形成 MIDI 文件,或用连接在计算机上的 MIDI 键盘直接创作音乐,形成 MIDI 文件。MIDI 作曲系统的核心部分是一个被称为音序器的软件。这个软件即可以装到个人计算机里。它是提供 MIDI 数据录制、编辑和回放的专业软件。其工作原理类似虚拟指挥家在指挥软件音源进行演奏,所有的音频软件都内置 MIDI 音序功能模块,如 Adobe Audition、Cakewalk、Cubase、Pro Tools 等音频制作软件。

音序器实际上是一个音乐词处理器,应用它可以记录、播放和编辑各种不同 MIDI 乐器演奏出的乐曲。音序器并不真正的记录声音,它只记录和播放 MIDI 信息,这些信息就像印在纸上的乐谱一样,它本身不能直接产生音乐,MIDI 本身也不能产生音乐,但是它包含有如何产生音乐所需的所有指令,如用什么乐器、演奏什么音符、演奏的速度快慢、演奏的力度多强等。

音序器的使用过程完全与专业录音棚里多轨录音机一样,可以把许多独立的声音记录在音序器里,其区别仅仅是音序器只记录演奏时的 MIDI 数据,而不记录声音。它可以一轨一轨地进行录制,也可以一轨一轨地进行修改,当用户弹键盘音乐时,音序器记录下从键盘来的 MIDI 数据。每一轨的音乐信息依次添加,属于不同声部的演奏信息可以被分别记录在不同的 MIDI 通道中。一旦把所需要的数据存储下来以后,可以播放刚作好的曲子。如果觉得这一声部的曲子不错,可以把别的声部加上去,新加上去的声部播放时完全与第一道同步。也就是说,音序器可以将所有 MIDI 通道中的演奏信息同时演奏。这样,一个人就可以完成整个乐队的多声部的演奏和录音任务。

计算机合成 MIDI 音乐的优势:作为单独设备的音序器,音轨数相对少一些,大概 8～16 轨,而作为计算机软件的音序器几乎多达 50 000 个音符,64～200 轨以上;音序器与磁带不同,它只受到硬件有效的 RAM(随机存储器)和存储容量的限制,所以作曲、配器根本用不着担心录制时间的限制,不用考虑像使用磁带录制声音时的录制时间问题。

MIDI 技术的一大优点就是它传输和存储在计算机里的数据量相当小,一个包含有一分钟立体声的数字音频文件需要约 10 兆字节的存储空间。然而,一分钟的 MIDI 音乐文件只有 2KB。这也意味着,在乐器与计算机之间的传输数据是很低的,也就是说即使最低档的计算机也能运行和记录 MIDI 文件。

通过使用 MIDI 音序器可以大大降低作曲和配器成本,根本用不着庞大的乐队来演奏。

音乐编导在家里就可把曲子创作好,配上乐器,再也用不着大乐队在录音棚里逐个声部去录制了。只需要用录音棚里的计算机或键盘,把存储在键盘里的 MIDI 音序器的各个声部的全部信息输入到录音机上即可。

MIDI 程序的设计目标就是要将所要演奏的音乐或音乐曲目,按其进行的节奏、速度、技术措施等要求,转换成 MIDI 控制语言,以便在这些 MIDI 指令的控制之下,各种音源在适当的时间点上,以指定的音色、时值、强度等、演奏出需要的音响。在录音系统中,还要控制记录下这些音响。MIDI 所适应的范围只是电声乐曲或模拟其他乐器的乐曲。

MIDI 技术的产生与应用,大大降低了乐曲的创作成本,节省了大量乐队演奏员的各项开支,缩短了在录音棚的工作时间,提高了工作效率。一整部乐曲的作曲、配器、录音等工作,只需要一位音乐编导、一位录音师即可将乐器作曲、配器、演奏,录音工作全部完成。

综上所述,在计算机中合成 MIDI 音乐的流程可以总结为:通过计算机音频卡上的 MIDI 接口,MIDI 电子乐器与计算机相连接;计算机通过音序器软件采集 MIDI 电子乐器、计算机键盘或鼠标发出的一系列指令,这一系列的指令可以存储为一个“.mid”的文件;然后通过音序器软件对 MIDI 文件进行编辑、修改;至此已完成 MIDI 乐曲的创作。在播放的时候,这些 MIDI 指令被送到音频卡上的合成器芯片处,由合成器芯片将 MIDI 指令符号进行解释并产生波形,然后通过声音发生器送到扬声器处播放出来。从输入音符到最后播放出声音,全程都是在计算机内部完成的。

3.6　声音构件的加工与制作

3.6.1　Windows 录音机

Windows 录音机是一套 Windows 操作系统自带的声音处理应用程序,可以从麦克风录制声音,并兼容大部分声卡。可以录制、混合、播放和编辑声音。可以向文件中添加声音、删除部分声音文件、更改回放速度、更改回放音量、更改声音的存储文件类型、添加回音等。可以使用不同的算法压缩声音。录音可以保存为 WMA 及 WAV 格式,一次可录 60s 甚至更长,音质可达 CD 标准。使用 Windows 录音机录音的方法如下。

1. 连接麦克风

麦克风的种类很多,人们常见的就是话筒和头戴式麦克风,一般在计算机上录音使用头戴式麦克风较为方便一些。当然,如果要录制出较好的效果,就必须使用专业的录音麦克风或者高档的头戴式麦克风。

2. 设置录音参数

特别注意,这项设置中,不同的声卡则设置有细微的差别。双击位于任务栏的声音控制图标,弹出“音量控制”窗口,选择“选项”→“属性”菜单项,在弹出的窗口中的“调整音量区”选择“录音”,然后在“显示下列音量控制”中选择“线性输入”,用于外部声音音频电流的输入。如果是使用麦克风录音,则必须选中 Microphone 选项。可以选择多个音量控制项。单击“确定”按钮后,音量控制窗口就出现各种录音方式的音量控制栏。这时用户就可以选择要使用的某种录音方式,然后再调节音量控制栏中的音量,用户可以根据自己的输入设备调节录音音量。另外,也可以调节左右声道的音量比例。

3. 开启 Windows 中的录音机

打开"开始"菜单,选择"程序"→"附件"→"娱乐"→"录音机"选项,打开 Windows 中自带的录音机程序。如果没有这一项,可以通过控制面板中的"添加"→"删除程序"来安装录音程序。

4. 设置 WAV 录音文件的格式

在录音程序"文件"菜单中选择"属性"选项,进行录音文件的格式设置。先在"录音位置"栏中选择"录音格式",再单击"开始转换"按钮。在弹出窗口中的"选择声音"栏中选择"C 质量"即可。如果有特殊需要,可以按自己的要求选择其他的格式。为了避免将 WAV 格式压缩转换为 MP3 出现问题,尽量选择 16 位声音格式。

5. 设置录音质量

在录音程序"编辑"菜单中选择"音频属性"选项,然后在"录音"栏中选择高级属性,最后在弹出的窗口中调节"采样率转换质量",一般情况下都可以选择"一般"选项,如果录制高质量的声音需要调节到"最佳"选项。

6. 开始录音

单击录音机程序界面中的"录音"按钮,然后打开录音机、收音机、随身听,或者对着麦克风讲话,录音程序即开始录制。用它来录制歌曲等意义不大,只能用来录制自己的一些短小的嘱咐话语,对声音文件的编辑和处理功能都比较简单。

3.6.2　GoldWave

GoldWave 是一个集声音编辑、播放、录制和转换的音频工具,体积小巧,功能强大。可以支持多种音频文件的编辑,包括 WAV、OGG、VOC、IFF、AIF、AFC、AU、SND、MP3、MAT、DWD、SMP、VOX、SDS、MOV 等音频文件格式,用户也可以从 CD、VCD、DVD 或其他视频文件中提取声音。用户使用 GoldWave 不仅可以对声音任意剪裁拼接,还可以对声音素材施加多普勒、回声、混响、降噪、变调等效果,把声音素材处理成想要的效果。

GoldWave 具有人性化的界面,可以定制操作界面,操作简便。在软件中可以同时打开和编辑多个文件。GoldWave 允许使用很多种声音效果,如倒转、回音、摇动、边缘、动态和时间限制、增强、扭曲等。软件具有精密的过滤器,如降噪器和突变过滤器等,可以修复声音文件。

GoldWave 是标准的绿色软件,不需要安装且体积小巧,将压缩包的几个文件释放到硬盘下的任意目录里,直接单击 GoldWave.exe 就开始运行了。

1. 导入素材

选择"文件"菜单的"打开"命令,指定一个将要进行编辑的文件,然后按 Enter 键。整个主界面从上到下被分为三大部分,最上面是菜单命令和快捷工具栏,中间是波形显示,下面是文件属性。用户的主要操作集中在占屏幕比例最大的波形显示区域内,如果是立体声文件则分为上下两个声道,可以分别或统一对它们进行操作,如图 3-9 所示。

2. 选择声波文件

要对文件进行各种音频处理之前,必须从整段音频中选择出需要的音频素材进行编辑。GoldWave 的选择方法很简单,利用鼠标的左右键配合进行,在合适的位置上单击鼠标左键可以确定选择部分的起始点,在结束位置上单击鼠标右键选择"设置结束标记"命令就可以

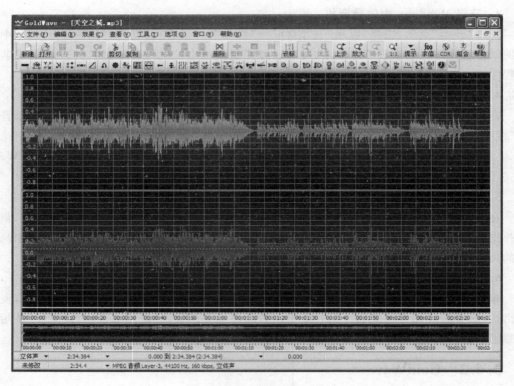

图 3-9 导入素材

确定选择部分的终止点,被选中的音频就将以高亮度显示,后续的所有操作都只会对这个高亮度区域施加作用,其他的阴影部分不会受到影响,如图 3-10 所示。

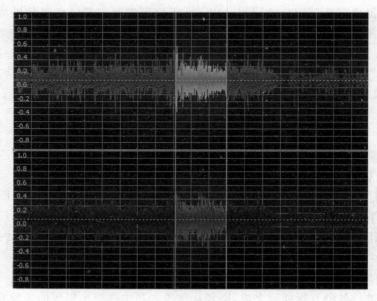

图 3-10 选择波形

3. 编辑操作

GoldWave 对音频的编辑与 Windows 其他应用软件一样,可以选择"编辑"菜单下的"剪切"、"复制"、"粘贴"、"删除"等基础操作命令实现相应的操作。GoldWave 的这些常用操作命令实现起来十分容易,要进行一段音频的"剪切"操作,首先要对剪切的部分进行选择,然后选择"编辑"→"剪切"命令,这段高亮度的选择部分就消失了,只剩下其他未被选择的阴影部分。然后使用"查看"命令,并重新指定指针的位置到将要粘贴的地方,用"编辑"→"粘贴"命令就能将刚才剪掉的部分还原出来。同理,可以使用"复制"、"删除"命令进行复制、删除操作。如果在删除或其他操作中出现了失误,用 Ctrl+Z 组合键就能够进行命令撤销。

4. 时间标尺及状态显示

在波形显示区域的下方有一个指示音频文件时间长度的标尺,它以秒为单位,清晰地显示出任何位置的时间情况,通过标尺用户可以掌握音频处理时间、音频编辑的长短等,因此,在实际操作中要利用好参照标尺,辅助声音的编辑。打开一个音频文件之后,立即会在标尺下方显示出音频文件的格式以及它的时间长短,这就给制作者提供了准确的时间量化参数,根据这个时间长短来计划进行各种音频处理,往往会减少很多不必要的操作过程。有的音频文件太长,一个屏幕不能显示完毕,一种方法是用横向的滚动条进行拖放显示,另一种方法是改变显示的比例。在 GoldWave 中,用户通过滚动鼠标滚轮改变标尺的显示比例,或者使用"查看"菜单下的"放大"、"缩小"命令来完成,更方便的方法是使用 Shift+↑ 组合键放大和用 Shift+↓ 组合键缩小。如果想更详细地观测波形振幅的变化,那么就可以加大纵向的显示比例,方法同横向一样,使用"查看"菜单下的"垂直放大"、"垂直缩小"命令来完成,或者使用 Ctrl+↑ 组合键放大,使用 Ctrl+↓ 组合键缩小,这时会看到出现纵向滚动条,拖动它可以在纵向进行细致的查看,如图 3-11 所示。

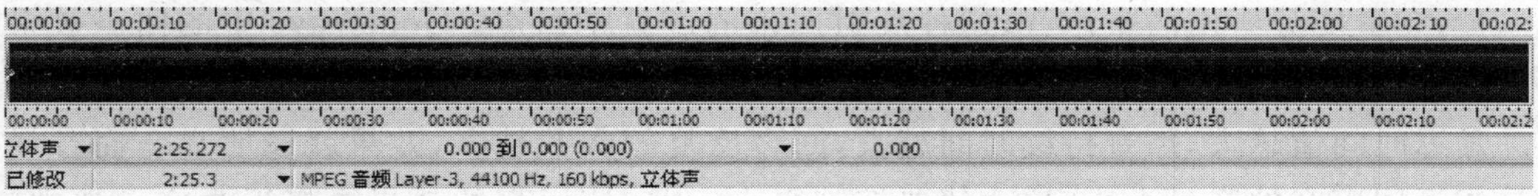

图 3-11　时间标尺及状态显示

5. 声道选择

对于立体声音频文件来说,在 GoldWave 中的显示是以平行的水平形式分别进行的,上方表示左声道,下方表示右声道。有时在编辑中只想对其中一个声道进行处理,另一个声道要保持原样不变化,通过执行"编辑"→"声道"→"左声道"命令,可以选择立体声音频的左声道,后续所做的操作只会影响左声道的音频,另一个声道仍然以深色显示不受到任何影响,如图 3-12 所示。

6. 插入空白区域

在指定的位置插入一定时间的空白音频也是音频编辑中常用的一项处理方法,执行"编辑"→"插入静音"命令,在弹出的对话框中输入插入的时间,然后单击"确定"按钮,就可以在指针停留的位置插入一段空白的音频区域,如图 3-13 所示。

7. 制作典型音频效果

在 GoldWave 的"效果"菜单中提供了多种常用音频特效的命令,如滤波器、回声、偏移、混响等,每一种特效都是日常音频制作领域使用最为广泛的效果,掌握它们的使用方法能够更方便地在动画制作、音效合成方面进行操作,得到令人满意的效果,如图 3-14 所示。

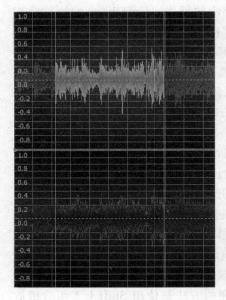

图 3-12　选择左声道　　　　图 3-13　设置插入静音的时间　　　　图 3-14　音频效果菜单

1) 回声

当声音投射到距离声源有一段距离的大面积上时,声能的一部分被吸收,而另一部分声能要反射回来,如果听者听到由声源直接发来的声和由反射回来的声的时间间隔超过十分之一秒,它就能分辨出两个声音,这种反射回来的声就是回声。GoldWave 中的回声效果制作方法是执行"效果"→"回声"命令,在弹出的对话框中输入延迟时间、音量大小和反馈数值。延迟时间值越大,声音持续时间越长,回声反复的次数越多,效果就越明显。而音量控制是指返回声音的音量大小,这个值要控制得小一些,使回声的效果更接近真实。选中"产生尾声"复选框之后,能够使声音听上去更润泽、更具空间感。或者在"预置"下拉列表中选择回声的预设值,也可以达到很好的回声效果,如图 3-15 所示。

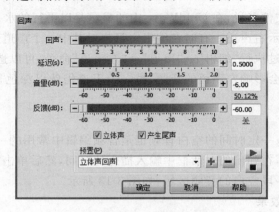

图 3-15　设置回声效果参数

2）压缩器/扩展器效果

在录制歌时，由于唱歌时气息、力度的掌握等原因，往往录制出来的效果有不令人满意的地方。有的语句用力过大，发音过强，甚至造成过载失真；有的语句却过于轻柔，造成信号微弱。如果对这些录音后的音频数据使用压缩器/扩展器效果就会在很大程度上减少这种情况的发生。压缩效果可以把高音压下来，把低音提上去，对声音的力度起到均衡的作用。在 GoldWave 中，用户可以执行"效果"→"压缩器/扩展器"命令，执行后弹出对话框。对相应的参数进行设置，在它的参数中最重要的是阈值的确定，它的取值就是压缩开始的临界点，高于这个值的部分就被以此值的比率进行压缩。选中对话框中的"使用平滑器"复选框，该项表示声音的润泽程度，在压缩过程中选择平滑器，可以获得良好的声音效果。也可以直接使用该对话框中的预置值，如图 3-16 所示。

3）镶边效果

使用镶边效果能在原来音色的基础上给声音再加上一道独特的"边缘"，使其听上去更有趣、更具变化性，以满足影视声音中一些特殊的用途。执行"效果"→"镶边器"命令，设置镶边的作用效果主要由镶边和频率两项参数决定，改变它们的取值就可以得到很多意想不到的奇特效果。也可以在对话框中选择镶边器的预置值，获得更多的镶边效果，如图 3-17 所示。

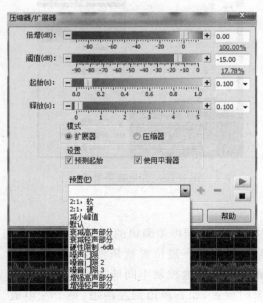

图 3-16　设置压缩器/扩展器效果参数

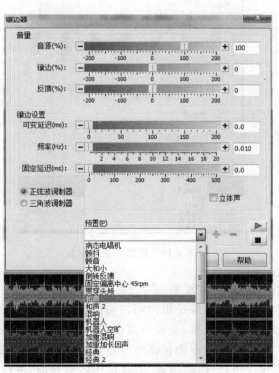

图 3-17　设置镶边效果参数

4）均衡器

均衡调节也是音频编辑中一项十分重要的处理方法，它能够合理改善音频文件的频率结构，达到理想的声音效果。执行"效果"→"均衡器"命令，弹出"均衡器"对话框后，最简单快捷的调节方法就是直接拖动代表不同频段的数字标识到一个指定的大小位置,声音每一段的增益不能过大,以免造成声音的过载失真,如图 3-18 所示。

5) 音量效果

GoldWave 的"音量"效果子菜单中包含了自动增益、更改音量、淡出、淡入、匹配音量、最佳化音量、外形音量等命令,满足制作者各种调节音量的需求。改变音量大小命令是直接以百分比的形式对音量进行提升或降低的,其取值不宜过大。最佳化音量命令既不会使声音过载,又在最大范围内提升了音量。它是 GoldWave 中很实用的一个命令,一般在歌曲刻录 CD 之前都要做一次音量最佳化的处理。如果想对不同位置的音频进行不同的音量变化就必须使用"外形音量"命令,打开"外形音量"对话框后直接用鼠标添加、调整音量点的位置,即可根据需要调节声音的音量,如图 3-19 所示。

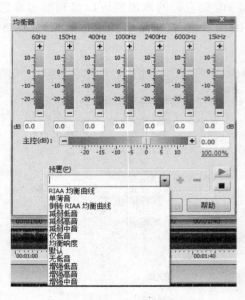

图 3-18 设置均衡器参数

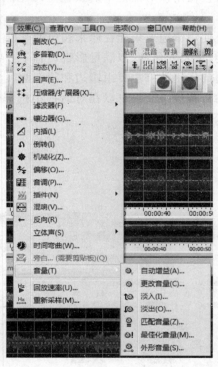

图 3-19 音量效果菜单

6) 声像效果

声像效果是指控制左右声道的声音位置并进行变化,达到声像编辑的目的。GoldWave 的声像效果中,交换声道位置和声像包络线最为常用。交换声道位置就是将左右声道的数据互换。而声像包络线与音量包络线非常类似,能够更灵活地控制不同地方的不同声像变化。可以选择"声像"对话框中的预置值,进行声像的设置,如右声道到左声道、整个左声道等,如图 3-20 所示。

当然除了上面介绍的几种效果之外,GoldWave 还可以制作反向、静音、倒转、偏移等效果,它们的使用方法都非常简单,反复实验和使用就可以找到用户满意的声音效果。

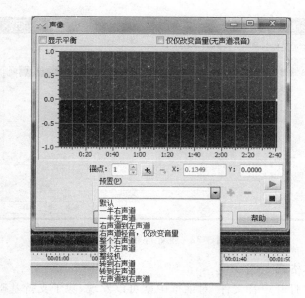

图 3-20　设置声像效果参数

8. 其他实用功能

GoldWave 除了提供丰富的音频效果制作命令外,还可以进行 CD 抓音轨、批量格式转换、多种媒体格式支持等非常实用的功能。批处理命令可以把一组声音文件转换为不同的格式类型。在对话框中添加要转换的多个文件,并选择转换后的格式和路径,然后按下"开始"键。该功能可以根据需要转换声音的音质,在批处理命令选项中提供了很多声音转换的预置值,如转换立体声为单声道,转换 8 位声音到 16 位声音,或者是文件类型支持的任意属性的组合。还可以把原有的声音文件压缩为 MP3 的格式,在保持出色的声音质量的前提下使声音文件的存储容量缩小为原有尺寸的 1/10 左右。批处理命令还可以为一组声音添加特效、添加组合、添加编辑。批处理命令如图 3-21 和图 3-22 所示。

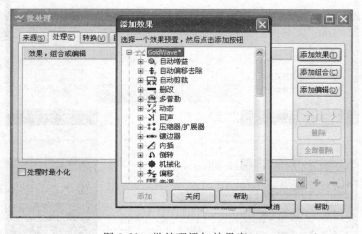

图 3-21　批处理添加效果窗口

使用 GoldWave 的"工具"→"CD 读取器"命令,可以将 CD 音乐复制为一个声音文件。为了缩小尺寸,也可以把 CD 音乐直接提取出来并存储为 MP3 等压缩格式。

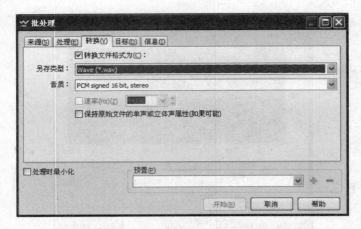

图 3-22 批处理转换窗口

9. 支持多种媒体格式

在 GoldWave 的"打开声音文件"对话框中就可以发现,除了支持基础的 WAV 格式外,它还可以直接编辑 MP3 格式、AIFF 格式甚至是视频 MPG 格式的音频文件。这样用户就不用在各种格式之间来回转换了,方便了用户的操作。GoldWave 的多种媒体格式支持带给了用户更高的工作效率,如图 3-23 所示。

图 3-23 选择存储格式

3.6.3 Cool Edit

Cool Edit 是一个集录音、混音、编辑于一体的多轨数字音频编辑软件。用户使用 Cool Edit 可以对音频添加多种特效，如放大、降低噪声、压缩、扩展、回声、失真、延迟等效果。还可以同时处理多个音频文件，轻松地在几个文件中进行剪切、复制、粘贴、合并、重叠声音操作。使用它可以生成噪声、低音、静音、电话信号等声音。该软件还包含有 CD 播放器。另外，它还可以在 AIF、AU、MP3、RAW PCM、SAM、VOC、VOX、WAV 等文件格式之间进行转换，并且能够保存为 RealAudio 格式。

它可以在普通声卡上同时处理多达 128 轨的音频信号，具有极高的编辑精度，极其丰富的音频处理效果，还支持视频文件的回放和混缩，并能进行实时预览和多轨音频的混缩合成，是音频处理的优秀软件。

使用 Cool Edit 编辑音乐就像音响工程师一样。用户可以使用它记录自己的音乐、声音等，可以编辑它，可以让它与其他的声音或音乐进行混缩，然后添加反转、合唱团效果，还有回响等增强效果。制作完成的音乐可以保存成常用的各种音乐格式，可以在软件内部非常方便地把歌曲烧录成 CD，也可以存储为便于网络传输的音频格式，放置在网页上或使用电子邮件进行传递。

在 Cool Edit 软件中可以先后完成声音采集、声音编辑、添加音效、混缩、输出等工作。下面以制作一段有背景音乐的诗歌朗诵为例，介绍 Cool Edit 的使用。首先录制朗诵诗歌的声音，然后对录制的声音进行降噪、声音标准化等编辑工作，再添加音效，导入背景音乐与录音进行合成，最后进行作品的输出。

1. 声音采集

首先，在计算机的声卡上连接好话筒设备。执行"文件"→"新建"命令，弹出"新建波形"对话框，选择适当的采样率、录音声道和采样精度。在这里选择 CD 音质，即 44100Hz，立体声，16 位的采样精度。单击"确定"按钮，就会新建一个波形文件，如图 3-24 所示。

单击 Cool Edit 主窗口左下部的红色"录音"按钮，开始录音，如图 3-25 所示。

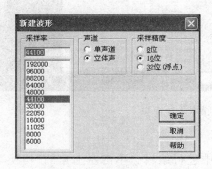

图 3-24 "新建波形"窗口　　　　图 3-25 音频控制按钮

对准话筒开始朗诵诗歌，完成录音后，单击 Cool Edit 主窗口左下部的"停止"按钮结束录音。此时，在 Cool Edit 窗口中将出现刚录制的诗歌的波形图。单击左下部的"播放"按钮，可以播放它。如果波形图是一条直线或者波形不够明显，放音时将没有声音或声音很小，那么要检查音源选择是否正确、录音电平是否设置值太低。

在录制完诗歌音频后,先将这段音频文件保存下来,以便将来制作不同的效果处理。选择软件界面左上角的"切换为波形编辑界面"按钮,或者在左侧"文件"窗口中双击录制的音频文件切换至录制音频音轨,选择菜单栏中的"文件"→"另存为"选项,在弹出的对话框中选择合适的文件目录及文件名,保存类型选择无损压缩的 WAV 文件。

2. 声音编辑

首先对录制的声音进行降噪的处理,降噪的方法有很多如采样、滤波等,其中效果最好的是采样降噪法。把刚才录制的诗歌声音波形进行放大,将噪声区内波形最平稳且最长的一段选中,一般选择没有音乐信号的间隔处。然后选择菜单栏中的"效果"→"噪声消除"→"降噪器"命令,弹出"降噪器"对话框,单击"噪声采样"按钮,对噪声进行分析,然后单击对话框中的"确定"按钮,再在波形图中双击,选中整个波形,再次选择"效果"→"噪声消除"→"降噪器"命令,然后单击"确定"按钮,就可以对整个声音波形进行降噪操作。这样就可以达到良好的降噪效果,如图 3-26 所示。

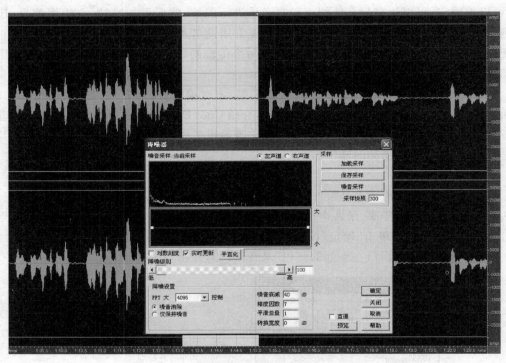

图 3-26 噪声采样窗口

3. 多轨窗口编辑

为录制的诗歌加入配乐,并在多轨窗口中进行编辑。单击左上角的"切换"按钮回到单轨编辑窗口。选择菜单"文件"→"打开波形"命令,在对话框中选择一首合适的音乐,支持 WAV、MP3 甚至 CD 音轨等很多格式,在选定音乐之前,单击"播放"按钮可以试听音乐。也可以提取视频文件中的配音,支持 AVI、MPEG 等格式。在打开的音乐波形上单击鼠标右键,执行"插入到多轨中"命令,将它插入多轨窗口。插入到多轨的波形将被自动放置在空缺的最上面一个轨道。

单击软件界面左上角的"单轨/多轨切换"按钮,打开 Cool Edit 的多轨编辑视窗。在软件界面左侧的"文件"窗口中,右键单击前面录制的声音文件,执行"插入到多轨中"命令,那么声音文件就会插入多轨视窗的第一轨。再选择音乐"天空之城.mp3"放置在"文件"窗口中,作为诗歌的配乐,右键单击音乐素材"天空之城.mp3",执行"插入到多轨中"命令,那么音乐素材文件就会插入到多轨视窗的第二轨。在多轨视窗中完成声音导入之后,单击"播放"按钮,听一下初步的合成效果,如图3-27所示。

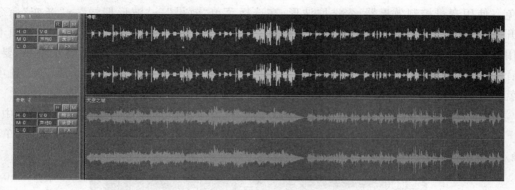

图 3-27　多轨编辑窗口

　　Cool Edit 的多轨窗口有一条黄色的垂直亮线,播放音频时,随着它的移动,作用于经过的所有轨道。在波形上按住鼠标右键不放向两边拖动轨道上的波形,可以改变波形在轨道上的位置。也可以上下拖动,移至其他轨道。轨道的左侧按钮中,有3个带有R、S、M标识的按钮,分别代表录音状态、独奏和静音,可以按照需要选用与取消对此轨道的作用。3个按钮左侧还有音量与声像的选取项,可以单击鼠标右键打开控制推杆,调整该轨道的音量或者声像值。在此保持声像不变,降低背景音乐的音量,以突出朗诵的诗歌声音。在第二条轨道上调整背景音乐的音量为"-15dB"。多轨窗口中控制声像和音量,如图3-28所示。

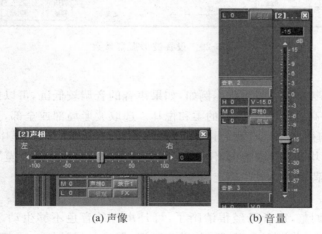

(a) 声像　　　　　　　　(b) 音量

图 3-28　声像和音量控制

4. 添加音效

　　在 Cool Edit 中可以随意添加音效。用户可以方便地制作出各种专业、迷人的声音效果。例如,可以产生音乐大厅的环境混响效果,可以根据录音电平动态调整输出电平,能够在不影响声音质量的情况下，改变乐曲音调或节拍等。通过添加音效调整录制的声音，使其更加悦耳。

1) 音量量化

录制好的声音波形可能过小或者过大。过大就会造成波形上下两边特别整齐，这表明已经大于 0dB，形成了"消峰"失真，虽然有工具可以修整这种"消峰"的现象，但也要尽量地避免。使用音量控制效果器，先选取波形，在选择菜单"效果"→"波形振幅"→"渐变"命令，打开"波形振幅"对话框。左上角有两个标签，分别是"恒量改变"与"淡入/出"两个选项卡，使用右侧的预置窗口的现成效果完成操作。在之前录制的诗歌音频中，整体音量偏小，要全选音频波形，调整整个声波的音量，选取右侧的一个预置效果，在此选择"6dB Boost"选项，也就是提升音量。可以单击右下侧的"预览"按钮监听效果，满意后，单击"确定"按钮。淡入/淡出的效果与之相似，选取开头或结尾的约 5 秒以下的波形片段，再在"预置"效果中选择 Fade In 和 Fade Out 选项，为录制的声音设定淡入/淡出效果。试听效果满意后，单击"确定"按钮，如图 3-29 所示。

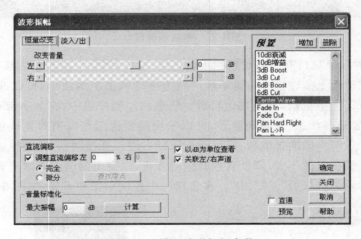

图 3-29 设置波形振幅参数

2) 音调调整

可以对录制的声音做一些润色。例如，如果声音的音调较低沉，可以提升高音使它变得更清晰，如果声调偏高，可以将它调整的柔和悦耳。选取波形局部或全部，选择菜单"效果"→"滤波器"→"图形均衡器"命令，就会打开"图形均衡器"对话框。对话框中有 3 个标签，分别是 10 段均衡、20 段均衡、30 段均衡，任选其一，做适当的调整，单击"预览"按钮试听效果，一边试听一边调整。满意后，单击"确定"按钮，如图 3-30 所示。

3) 美化声音

经过上一步的调整，声音已经很清晰了，可是声音的音色不够生动。在菜单"效果"→"常用效果器"命令中，分别有合唱、延迟、动态延迟、混响、房间混响、回声等。可选中一部分波形打开相应对话框后，按下"预览"按钮试听效果，可以边试听边调整。采用"预置"选项窗口中提供的现成效果，可以直观地调整声音效果。用效果器为自己的声音加上恰当的诸如回声、混响等效果，使制作的声音不显得太干，变得更加圆润，如图 3-31 所示。

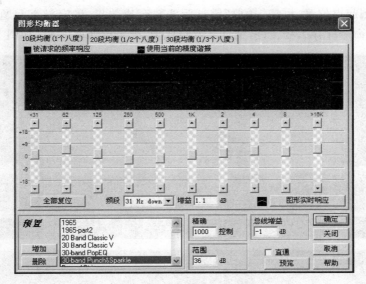

图 3-30 设置图形均衡器参数

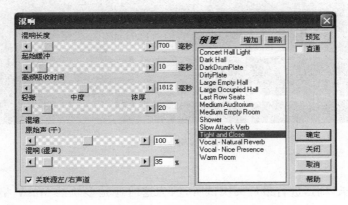

图 3-31 设置混响参数

5. 多轨混音

此时,在多轨窗口中,应该有两轨波形,第一轨是录制的诗歌波形,第二轨是"天空之城. mp3"配乐。下面要调整两条声音轨道的音量比例。使它们之间声音主体突出,音乐不喧宾夺主。开始时应该先让音乐响起,以营造出气氛,确定作品悠扬的基调。然后让朗诵诗歌的声波淡入,诗歌的声波出现前,让音乐渐弱至某一个恒定的音量,等到诗歌朗诵完毕时,音乐的音量回到正常。依次选取"查看"→"音量包络"和"查看"→"声像包络"命令。在每条音轨的上部将出现亮绿色的音量控制包络线和位于中间的亮蓝色的声像控制包络线。用鼠标可对各个轨道声波的局部或者全部,进行音量与声像的控制。单击第二条轨道任意的空白处选中此轨,在声波起始和结束前的音量控制线上,单击鼠标加入控制点,上下拖动控制点,以减弱音量,音量百分比同时会显示出来。依次类推,在需要恢复音量的部位,做类似操作,使音量复原。也可以对声像做相应的调整,使被修改的部位听起来声音是来自不同的方位。控制点一般由两个组成,一个是执行开始,一个是执行结束。按键盘上 HOME 键,使播放头回到左侧起点位置,再按"播放"键试听两轨合成效果,确定没有问题之后,选择"文件"→"另存为"命令保存工程文件,文件名及格式为"配乐诗朗诵.ses",如图 3-32 所示。

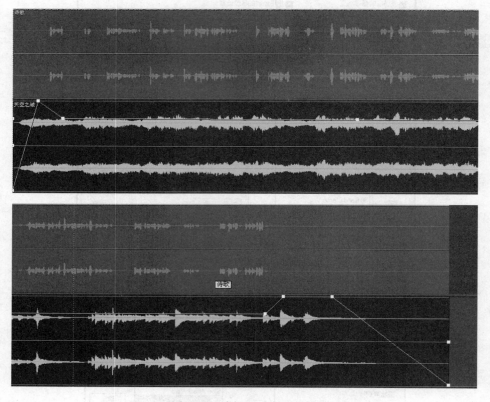

图 3-32　编辑配乐音量包络

6. 合成输出

全部调整完毕以后,进行最后一次试听,因为这时还是多轨的 WAV 格式,不便于保存与传输,要把它变成所需要的音频格式。执行"文件"→"混缩另存为"命令,Cool Edit 会把若干轨道变为只具有左右声道,同时包含之前经过编辑操作的所有声音波形的一个文件。可以选择保存多种音频格式,如 MP3,ASF,AIF 等,要混缩为 WAV 格式时,为保证通用性,一般选用 Windows PCM 的 WAV 格式。

Cool Edit 是一款操作简单且易学的音频编辑软件,但是要真正做出优质的音响效果还需要在应用中不断地积累经验。

3.7　本章小结

本章讲解了声音创作的传统理论和数字化的制作平台,数字音频技术可以把声音信号数字化,并在数字状态下进行记录,并进一步加工处理,而且还可以在数字化的平台上制作强大的声音特效。这样利用声音制作软件的强大功能在小工作室就可以完成影视声音的制作。本章还以实例的形式重点讲解了 GoldWave、Cool Edit 等主流音频制作软件。

习题 3

1. 简述声音的三要素。
2. 简述立体声的概念。
3. 简述数字音频信号的特点。
4. 简述 MIDI 音乐的概念。
5. 试着使用 Cool Edit 软件对一段会议发言录音进行降噪处理。

数字电视与视频基础

本章学习目标

- 熟练掌握模拟电视相关基本概念以及三大国际电视制式。
- 了解彩色电视信号的类型、数字视频标准、数字视频文件类型。
- 掌握数字电视的原理、国际三大数字视频标准以及模拟视频信号的数字化。

本章首先向读者介绍了模拟电视的概念、模拟电视信号的原理以及电视所采用的扫描方式与同步方式。其次简单介绍了 3 种彩色电视信号。最后重点讲述了数字电视的原理、国际三大数字视频标准以及模拟视频信号的数字化等相关的知识。

4.1 模拟电视

随着时代、科技的发展,人类社会已经进入信息化时代,正处于一个生机勃勃的发展过程,作为信息化时代的主要标志,"数字化技术"有着突飞猛进的发展。电视成为了当今世界上先于网络的最具影响力的视频信息传播工具,而数字电视是电视接收系统的发展潮流。视频信息是由现实世界捕获的运动画面和伴随画面所捕获的音频信息的总称,其中运动画面部分称为视像,而伴随画面所捕获的音频信息部分称为伴音。数字多媒体作品中的视频信息源有两种:模拟视频信息和数字视频信息。模拟视频信息来自电视信号、摄像机摄录的视频信息、录像带等。模拟视频信息必须转换为数字视频,才能够作为数字多媒体作品的构件使用,这一转换过程称为视频采集。

电视的诞生,是 20 世纪人类最伟大的发明之一。在现代社会里,没有电视的生活已不可想象了。各种型号、各种功能的黑白和彩色电视从一条条流水线上源源不断地流入世界各地的工厂、学校、医院和家庭,正在奇迹般地迅速改变着人们的生活。人们的喜怒哀乐与小小的屏幕联系在一起,形形色色的电视,把人们带进了一个五光十色的奇妙世界,奇妙无穷。

模拟电视也称为类比电视,指电视的影像和音讯进行调频后播放出来的一个模拟信号,简而言之,信息广播信号表达的是一个在信号的幅度或频率方面的故意变化的功能。模拟视频采用了电子学的方法来传送和显示活动景物或静止图像的,也就是通过在电磁信号上建立变化来支持图像和声音信息的传播和显示,使用盒式磁带录像机将视频作为模拟信号存放在磁带上。

模拟电视最明显的缺点是在传输过程中图像质量的损伤是积累的,信号的非线性失真的累积使图像对比度产生越来越大的畸变,长距离传输后图像的信噪比下降,图像清晰度越来越差,相位失真的累积使图像产生彩色失真、镶边和重影。模拟电视容易产生亮、色信号互串,行蠕动,半帧频闪烁等现象。模拟电视的缺陷如下。

1. 隔行扫描容易造成并行

在隔行扫描中,要求行、场扫描频率应保持严格一定的关系,否则两场光栅不能均匀相嵌,严重时两场光栅重合在一起,这时扫描行数减少一半,则图像清晰度也降低一半。

2. 存在行间闪烁效应

就电视图像整体来讲,隔行扫描能使图像场频保持50Hz,高于临界闪烁频率,但每一行的亮度重复频率却降低了一半,等于帧频25Hz,低于临界闪烁频率,所以当人眼观看高亮度的细线条时,感觉到闪烁,这称为行间闪烁。

3. 存在亮色干扰及行爬行(百叶窗)效应

在PAL制彩色电视制式中,由于彩色副载波所携带的色度信号处于亮度信号的频带内,亮度和色度信号之间的相互干扰难以彻底清除。

另外,由于色度信号中的V分量采用了逐行倒相的方法,目的是减小图像的彩色失真,但若彩色电视机中的色度解码存有解调误差,会引起窜色失真,当发生低频窜色时会引起大面积彩色爬行,称为百叶窗(彩裙)效应。

4. 图像清晰度低

由于8MHz频带宽度的限制,图像清晰度不会很高。

5. 在互联网中存储、转换及传输困难

目前,各种用途的互联网已遍及,特别是Internet已无国界,以惊人的速度进入普通家庭。模拟图像的信息量十分庞大,节目保存遇到了难以克服的困难。例如,一张普通光盘只能存放44s的模拟图像原始数据。所以模拟电视信号难以在互联网中存储、转换及传输。另外,历史上形成的三大模拟彩色电视制式(NTSC、SECAM及PAL制)很难在同一个传输网络中交换和传输信息,给国际间电视节目的交换造成了困难。

可见,模拟电视信号已不符合时代的要求,电视信号数字化后,不仅上面这些问题得到解决,而且视频信号的编码实现了统一,大大方便了各国之间的节目交流。

4.1.1　模拟电视信号

1. 电视图像信号

图像信号是由摄像管将明暗程度不同的景物,经电子扫描和光电转换而得到的信号,也称为亮度信号。电视图像信号是一系列的电脉冲,有以下特点。

(1) 正程期间发出。电视图像信号是正程期间发出,且电平幅度是12.5%~75%。

(2) 负极性信号,即电平越高,图像越暗。采用负极性信号的优点是:一是节省发射功率,由于图像信号大多是亮电平,将亮电平规定在低电位,可节省大量的发射功率;二是抗干扰能力强,由于在传送信号时,大多数干扰是叠加在高电平上的,而高电平被设定为黑电平,使干扰显示不出来,即减少了干扰信号对图像的影响。所以,大多数图像信号都设计为负极性。

（3）单极性信号。单极性信号即电平全部是正或负,且图像信号具有直流成分(用图像信号的平均值),其数值表示图像背景的亮度。

2. 电视信号的形成和传播

景物(或图像)各部分的明暗变化和彩色变化转换成相应的电视信号,同时也把声音的强弱变化转换成音频伴音信号。其主要物理过程是光-电转换,关键器件是摄像管。

低频视频信号,调制到射频载波上变成射频电视信号,经有线电视网络、广播电视发射系统或卫星电视系统等不同方式传输到用户家中。其主要物理过程是调制和发射,关键设备是调制器。

射频信号经解调还原为视频电视信号和音频伴音信号,视频电视信号经显像管或其他显示器还原成原景物的光像,伴音信号经喇叭还原出声音。其主要物理过程是解调和电-光转换,关键器件是检波器和显示器。电视信号流程图,如图 4-1 所示。

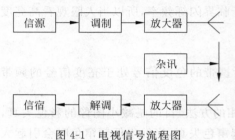

图 4-1　电视信号流程图

（1）信源。信源就是信息的来源,可以是人、机器、自然界的物体等。信源发出信息的时候,一般以某种信息的方式表现出来,可以是符号,如文字、语言等,也可以是信号,如图像信号和音频信号。

（2）调制。要使信号的能量以电场和磁场的形式向空中发射出去传向远方,需要较高的振荡频率方能使电场和磁场迅速变化;同时信号的波长要与天线的长度相匹配。语言、图像或音乐信号的频率太低,无法产生迅速变化的电场和磁场;相应地,它们的波长又太大,即使选用它的最高频率 20 000Hz 来计算,其波长仍为 15 000m,实际上是不可能架设这么长的天线的。看来要把信号传递出去,必须提高频率,缩短波长。可是超过 20kHz 的高频信号,人耳就听不见了。为了解决这个矛盾,只有采用把信号"搭乘"在高频载波上,也就是调制,借助于高频电磁波将低频信号发射出去,传向远方。

调制就是使一个信号(如光、高频电磁振荡等)的某些参数(如振幅、频率等)按照另一个欲传输的信号(如声音、图像等)的特点变化的过程。其中图像或音乐信号称为调制信号,调制后的载波就载有调制信号所包含的信息,称为已调波。

（3）解调。解调是调制的逆过程,它的作用是从已调波信号中取出原来的调制信号。

（4）信宿。信宿就是信息的接收者,如电视机。

3. 模拟电视信号

模拟电视信号是指信号在时间上是连续的,信号的幅度变化也是连续的电视信号。例如,摄像机输出的亮度信号 Y 是一个模拟电视信号,即它是一个用模拟量电压或电流来表示的信号。若亮度信号电压高时表示图像亮,若亮度信号电压低时表示图像暗。用电压或电流的高低来表示电视图像的亮暗的电视信号称为模拟电视信号。

4.1.2　电视扫描方式与同步

电视图像的摄取与重现实质上是一种光-电转换过程,它分别是由摄像管和显像管来完成的。顺序传送系统在发送端将平面图像分解成若干像素顺序传送出去,在接收端再将这种信号复合成完整的图像,这种图像的分解与复合是靠扫描来完成的。所谓扫描,就是将一幅图像上的各像素的明暗变化转换为顺序传送的电信号,以及将这些顺序传送的电信号再重新恢复为一幅图像的过程。

扫描分机械扫描、电子扫描、固体扫描 3 种方式。机械扫描方式用于机械电视系统,最有代表性的是 1884 年德国人尼普科夫制作的第一台电视装置,它是借助于尼普科夫圆盘来完成图像的分解和复合的。通过电子的方式来实现扫描过程的称为电子扫描,摄像管和显像管是采用电子束扫描方式;固体摄像和显像器件则采用固体扫描方式,在本节只介绍电子扫描。

根据电子束的扫描规律不同,电子扫描又分为直线扫描(包括逐行扫描和隔行扫描)、圆扫描、螺旋扫描等多种方式;但是在广播电视系统中,为了充分利用矩形屏幕,并使扫描设备简单可靠,通常只采用匀速单向直线扫描方式,所以本节的重点是介绍逐行扫描、隔行扫描以及扫描同步原理。

1. 行扫描和场扫描

1) 行扫描

电视扫描过程实质上是电子枪灯丝经加热后发射的电子束,经过由锯齿波电流控制的偏转磁场时受到电磁偏转力的作用,从而完成的从左至右、自上而下的电视屏幕扫描过程。假定锯齿波电流在上升过程为扫描正程,下降过程为扫描逆程。在扫描正程,由于扫描电流的大小和方向在不断地变化,使电子束所受到的电磁偏转力的大小和方向也在不断地变化,就使电子束在一个扫描正程内完成一行的电视屏幕扫描,电子束扫描在荧光屏上发出亮光。行逆程的电流变化方向与正程是正好相反,电子束扫描方向也与行正程相反,是从右向左扫描。为了使电视屏幕在逆程中不发光,电视信号波形在逆程期间设置为黑电平。行正程时为 $52\mu s$,行逆程时为 $12\mu s$,所以,行扫描的周期为 $64\mu s$。

2) 场扫描

当电子束从左至右、自上而下一次扫描完 312.5 行时,便完成了一场的扫描,这个过程称为场扫描正程,每完成一次场扫描正程之后,电子束又将从屏幕的右下方回到屏幕的左上方,开始下一场的扫描正程,这个过程称为场扫描逆程。每一场扫描逆程需 25 个行周期。场扫描的频率为 50Hz。

2. 逐行扫描与隔行扫描

电视机荧光屏上所呈现的光称为光栅,它是由电子束从左到右、从上到下进行扫描而形成的,如图 4-2 所示。

当水平和垂直偏转线圈中同时加入锯齿波电流时,电子束既作水平扫描又作垂直扫描,而形成直线扫描光栅,这称为直线扫描。电视画面是一种光栅扫描图像,在这种光栅扫描机制中又包括逐行和隔行扫描,一般都采用隔行扫描方式,即图像由奇数场和偶数场两部分组成,合起来组成一帧图像。逐行扫描是一行紧跟一行的扫描。黑白电视和彩色电视都用隔行扫描,而计算机显示图像时一般都采用逐行扫描。

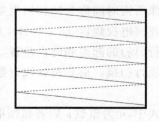

图 4-2　光栅形成示意图

1）逐行扫描

电子束从显示屏的左上角一行接一行地扫描到右下角，在显示屏上扫一遍就显示一幅完整的图像。按次序对各行进行扫描，即一行紧跟一行的扫描方式称为逐行扫描，计算机显示器一般都采用逐行扫描。

在广播电视中，为了使图像均匀而清晰，在逆程期间不传送图像信号，故采取措施使行、场逆程期间电子束截止而不显示图像。为了提高传输效率应使正程时间远大于逆程时间，即 $T_{Ht} \gg T_{Hr}, T_{Vt} \gg T_{Vr}$。我国广播电视规定：$\alpha=18\%, \beta=8\%$。在逐行扫描中，若每场含有 z 行（z 为整数），则 $T_V=zT_H, f_H=zf_V$。当 z 增加时，扫描光栅的水平倾斜角减小而趋于平直；当 z 足够大时，人眼将分辨不出行扫描的光栅结构，而只能看到一个均匀发光的平面。

2）隔行扫描

理论分析和实践表明，满足人眼的连续感、不闪烁感和清晰度要求，采用逐行扫描方式时，信号带宽太宽。隔行扫描指显示一幅图像时，先扫描奇数行，全部完成奇数行扫描后再扫描偶数行，因此每幅图像需扫描两次才能完成，造成图像显示画面闪烁较大。因此隔行扫描方式较为落后，普通电视系统一般均采用隔行扫描。

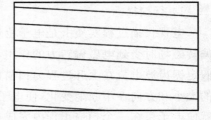

图 4-3　奇数场

在隔行扫描中，一帧中两个相邻的行在时间上是以场间隔分开的。隔行扫描将一帧图像分为两场进行扫描，第一场扫 1、3、5…奇数行，称奇数场，如图 4-3 所示，第二场扫 2、4、6…偶数行，称偶数场，如图 4-4 所示。如此反复，图 4-5 为奇偶场叠加。

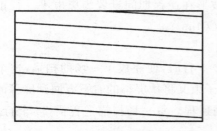

图 4-4　偶数场

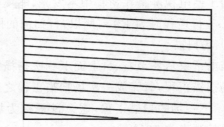

图 4-5　奇偶场叠加

如果行频不等于场频的整数倍，则相邻场的光栅不能重叠，当 $f_H=(n+1/2)f_V$ 时（n 为整数），相邻两场的光栅就能均匀相嵌，形成隔行扫描的光栅。在隔行扫描中，扫完一帧图像所需时间称为帧扫描周期 T_V，其倒数 $1/T_V=f_F$ 称为帧频，并且存在 $f_F=1/2f_V$ 的关系。我国电视规定 $f_V=50Hz, f_F=25Hz$。若已知隔行扫描的行、场扫描电流波形，则可先找出行（场）的起点和终点位置，从而画出其扫描光栅。隔行扫描分为奇数行隔行扫描和偶数行隔行扫描。前者每帧取奇数行，即

$$f_H/f_V=(n+1/2)$$

式中，n 为整数；后者每帧取偶数行，即 $f_H/f_V=n$。

为了实现两场光栅均匀相嵌，前者场扫描波形简单，只要保证奇、偶两场周期相等即可。

而后者必须要求奇、偶两场锯齿波电流有一微小偏移。使偶数场光栅相对于奇数场光栅恰好下移一个行距,这种场扫描电流波形等于正常的场锯齿波。对帧频矩形波的幅度要求极严,否则两场光栅就会出现局部或完全并行,使垂直清晰度下降,这增加了技术上实现的难度,所以世界各国的广播电视都采用奇数行隔行扫描。

3. 扫描同步原理

进行扫描时,要求收发两端的扫描规律必须严格一致,称为同步。包含两个方面:一是两端的扫描速度相同,称为同频;二是两画面之每行、每幅的扫描起始时刻相同,称为同相。既同频又同相才能实现同步扫描,保证重现图像既无水平方向扭曲现象也无垂直方向翻滚现象。

1)同步的必要性

同步是指收发两端在同一时刻,必须扫描在几何位置上相对应的像素点。为此,必须要求收、发两端行、场扫描都同步。行同步的条件是行扫描同频率及每行起始和终止时刻相同;场同步的条件是场扫描同频率且每场起始和终止时刻相同。简言之,只有行、场扫描同频同相,收发才能同步;否则,就会失步。下面举例说明。

(1)若收发场同步,但收端行扫描频率比发端偏高。就会出现向右下方倾斜的黑白相间带状图像。其原因解释如下:假定收发都从第一行起点开始扫描,因收端行频偏高,发端第一行的内容未播完时,收端已经开始第二行的扫描了,故它把第一行消隐信号部分或全部移到第二行的正程,使第二行左边开始位置出现黑道。当发端第二行未播完时,收端第三行扫描更早地开始,于是把第二行的消隐信号,甚至某些图像内容又移到第三行,使第三行出现黑道。与第二行的黑道相比,向右推移了一段距离,这样不断地向下向右推移下去,就出现向右下方倾斜的黑白相同的带状图像。反之,当收端行频偏低时,会出现向左上方倾斜的黑白相间的带状图像。

(2)若收发场同步,行扫描同频但不同相,假设相差半行时间。此时图像虽然可以稳定,但是出现图像左右割裂的现象。

(3)若收发行同步,但收端场扫描频率比发端高,就会出现向下滚动的图像,如图4-6所示。其原因是因收端场频偏高,发端第一场未播完,收端已开始第二场扫描,这样发端第一场下部的内容和场消隐信号移到收端第二场的上方,而将发端第二场的内容顺序向荧光屏下方推移。依次类推,出现整幅图像和一水平黑条(场消隐信号形成)向下滚动的现象;并且收端场频越高,图像向下滚动越快。反之,收端的场频低于发端时,图像将向上滚动,如图4-7所示。

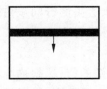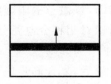

图 4-6　场频太高　　　　　　　　图 4-7　场频太低

(4)若收发行同步,场扫描同频,但不同相,假设相差半场时间,此时图像虽然可以稳定,但是出现图像上下割裂现象。

综上所述,扫描的同步在电视中是极其重要的,否则收端根本无法正确重现原景物的图像。

在实际的电视系统中,收发两端相对应的像素并非在同一时刻扫描,收端总有一些延时,只要所有像素延时时间相等,图像还是同步的,不会产生失真。

严格地讲,为了确保精确的同步,除了要求收发行场扫描同频同相外,还需要行、场扫描正程线性良好和具有相同的幅型比,这样才能真正保证扫描像素在几何位置上一一对应,图像才不会出现失真。

在电视中为了保证扫描的同步,通常在发送端有一同步机产生行、场同步信号。它们同时控制摄像管和显像管的行、场扫描,使两者保持同频同相。因此,摄像管和显像管的电子束就能在同一时刻扫描相对应的像素点。此外,同步机还产生行、场消隐信号,将行、场扫描回扫线消掉。

2) 复合同步信号

要使摄像管和显像管的扫描同步,同步机每一行都产生一个行同步脉冲,用它的上升沿分别去控制摄像管和显像管行扫描电流的回程起点。由于收、发两端每一行的起点对准于行同步的前沿,故行扫描频率相同,扫描的起始和终止时刻也相同,从而实现行扫描同步。与此相似,同步机每一场都产生一个场同步脉冲,使收、发两端每场回程起点都对准于场同步的前沿,从而达到场扫描同频同相的目的。

为了用一个通道传送,所以在发送端将行、场同步信号结合在一起。行、场同步信号分别规定该频率和脉宽各异的矩形脉冲。我国电视规定:行频为 15 625 Hz,行同步脉宽为 $4.7\mu s$;场频为 50 Hz,场同步脉宽为 2.5H($2.5\times64=160\mu s$)。行、场同步信号结合在一起的信号称为复合同步信号。在电视接收机中,用积分电路可以从复合同步信号中分离出场同步信号。因为行脉冲和窄干扰脉站积分后的幅度较小,而场同步脉冲较宽,积分后的幅度较大,可以达到场扫描电路触发转换工作状态的电平。所以积分电路分离场同步时,抗干扰性能较强。另外,复合同步信号经过微分电路,并用限幅器切除负脉冲,保留正脉冲作为行同步信号。用积分电路和微分电路分离行、场同步信号的方法称为"频率分离法"。

3) 场同步信号的开槽

由于场同步信号脉宽为 2.5H,它覆盖 2~3 个行同步脉冲,在场同步期间没有行同步输出。行扫描振荡器失去同步后对于再出现的行同步信号,并不能立即被它同步住。有一个所谓同步锁定时间,失步状态可能延及相当的行数,甚至影响场正程开始的若干行图像,使屏幕上部的图像出现扭曲的现象。为此,将场同步脉冲开槽,使槽脉冲的上升沿对准原来被覆盖的行同步的前沿,经微分的限幅电路后,使原来丢失的行同步信号得以恢复。又因槽脉冲很窄($4.7\mu s$),所以对用积分电路分离场同步信号没有影响。

4) 前后均衡脉冲

在场同步脉冲开槽后,复合同步信号基本能使收端的行、场扫描与发端同步。由于采用奇数行隔行扫描和用积分电路取出场同步信号,因此会导致奇、偶两场起始时刻会有时间差异,即奇、偶两场的时间不能精确等于一帧时间的一半。一场稍多,另一场则稍少。奇、偶场时间的微小差异导致两场光栅不能精确相嵌,这使得垂直分解力大大下降,解决这个问题的办法是在场同步信号的前后加均衡脉冲。

4.1.3 三大国际彩色电视标准

彩色电视对三基色信号或由其组成的亮度和色差信号处理方式的不同,构成了不同的彩色电视制式。所谓电视制式,是指对彩色电视信号进行加工、处理和传输的方式,是扫描参数、编码方式、信号带宽、调制方式等参数的综合。传送三基色电信号最简单的方法是把三基色电信号用 3 个通道直接传送到接收端,在接收端再分别用 R、G、B 3 个电信号去控制红、绿、蓝 3 个电子束,从而在彩色荧光屏上得到重现的彩色图像。但这种传输方式占用较大的带宽,且无法实现与黑白信号的"兼容"。严格来说,彩色电视机的制式有很多种,如经常看到国际线路彩色电视机,一般都有 21 种彩色电视制式,但是把彩色电视制式分得很详细来学习和讨论,并没有实际意义。当今世界普遍使用的彩色模拟电视制式有 3 种:NTSC制、PAL 制和 SECAM 制。这 3 种制式是不能互相兼容的,如在 PAL 制式的电视上播放 NTSC 的视频,则影像画面将不能正常显示。下面分别对这 3 种制式进行简要介绍。

1. NTSC(National Televison System Committee)制式

NTSC 制式是 1952 年 12 月由美国国家电视标准委员会制定的彩色电视广播标准,也称为正交平衡调幅制,简称为 N 制。属于同时制,其主要特性包括帧率为 29.97fps,扫描线为 525 行,隔行扫描,画面比例为 4∶3,分辨率为 720×480 像素,使用 YIQ 颜色模型,色度信号用正交幅度调制(QAM),声音用调频制(FM),总的电视通道带宽为 6MHz。这种制式的色度信号调制包括了平衡调制和正交调制两种,解决了彩色黑白电视广播兼容问题,但存在相位容易失真、色彩不太稳定的问题,需要色彩控制(Tint Control)来手动调节颜色,这是NTSC 的最大缺点之一。美国、加拿大、墨西哥等大部分美洲国家以及日本、中国台湾、韩国、菲律宾等均采用这种制式,中国香港部分电视公司也采用 NTSC 制式广播,其中两大主要分支是 NTSC-US(又名 NTSC-U/C)与 NTSC-J。

NTSC 制式主要特点如下。

(1) 色度信号编码、解码方式最简单。

(2) 容易实现亮度、色度信号的分离。

(3) 无影响图像质量的行顺序效应。

(4) 色度信号的相位失真对重现图像的色调影响大,相位敏感性。

2. PAL(Phase Alternative Line)制式

PAL 制式意为"正交平衡调幅逐行倒相制",在 1967 年由当时任职于德律风根(Telefunken)公司的德国人沃尔特·布鲁赫(Walter Bruch)提出,也属于同时制,主要特性:帧率每秒 25 帧,扫描线 625 行,隔行扫描,画面比例 4∶3,分辨率 720×576 像素,视像带宽至少为 4MHz,使用 YUV 颜色模型,色度信号用正交幅度调制,声音用调频制(FM),总的电视通道带宽为 8MHz。PAL 发明的原意是要在兼容原有黑白电视广播格式的情况下加入彩色信号时,为克服 NTSC 制式相位敏感造成色彩失真的缺点,在综合 NTSC 制式的技术成就基础上研制出来的一种改进方案。所谓"逐行倒相",是指每行扫描线的彩色信号跟上一行倒相,其作用是自动改正在传播中可能出现的错相。

PAL 彩色电视制由德国(当时的西德)于 1963 年披露并于 1967 年开播的彩色电视广播标准。德国、英国等一些西欧国家,以及中国、朝鲜等国家采用这种制式。由于使用的一些参数细节不同,因此 PAL 制有 PAL-G、PAL-I 和 PAL-D 等制式。

PAL 采用逐行倒相正交平衡调幅技术方法,对同时传送的两个色差信号中的一个色差信号采用逐行倒相,另一个色差信号进行正交调制方式。这样,如果在信号传输过程中发生相位失真,则会由于相邻两行信号的相位相反起到互相补偿作用,从而有效地克服了因相位失真而引起的色彩变化。因此,PAL 制式对相位失真不敏感,图像彩色误差较小,与黑白电视的兼容也好。早期的 PAL 电视机没有特别的组件改正错相,严重的错相产生时通过肉眼都能明显看到,后期改进的电视把上行的色彩信号跟下一行的平均起来才显示,虽然这样 PAL 的垂直色彩分辨率会低于 NTSC,但由于人眼对色彩的灵敏不及对光暗,因此并不明显。英国、中国香港与澳门使用的是 PAL-I。中国内地使用的是 PAL-D,新加坡使用的是 PAL B/G 或 D/K。

PAL 制式的主要性能特点如下。

(1) 克服了 NTSC 制式相位敏感的缺点。PAL 制式使彩色相序逐行改变,使串色极性逐行取反,加之梳状滤波器在频域的分离作用,使串色大为减小。又由于人眼的视觉平均作用,就使得传输失真不再对重现彩色图像的色调产生明显的影响。可使微分相位的容限达 ±40°以上。

(2) 具有较好的兼容性。PAL 制采用 1/4 行间置再加 25 Hz 彩色副载波,有效地实现了亮度信号与色度信号的频谱交错,因而有较好的兼容性。

(3) 彩色信杂比高。梳状滤波器在分离色度信号的同时,使亮度串色的幅度也下降了 3dB,从而使彩色信杂比提高了 3dB。

(4) 亮、色分离要比 NTSC 制式困难。由于 PAL 制式为 1/4 行间置,因此亮、色分离要比 NTSC 制式困难(NTSC 制式可以用一个整行延迟线的梳状滤波器实现亮、色分离,而 PAL 需要两行延迟),且分离质量也较差。在要求高质量分离的场合(如制式转换和数字编码等),可采用数字滤波这类较复杂的技术。

(5) 与 NTSC 制式相比,PAL 制式电路复杂,对同步精度要求高等缺点。

(6) 存在行顺序效应,即"百叶窗"效应。这是因为 FU 和 ±FV 二分量互相串扰是逐行倒相的,造成相邻两行间较大亮度差异。由于人眼对亮度差异较敏感而产生对图像有明暗相间的水平条线条感。这种明暗线条因隔行扫描而向上蠕动,故也将行顺序效应称"爬行",又因水平条纹形似百叶窗,因此称其为"百叶窗"效应。

3. SECAM(Séquential Cóuleur A Mémoire)制式

SECAM 制式称为"顺序传送彩色与存储"彩色电视制,又称为塞康制。1966 年由法国研制成功,它属于同时顺序制,帧率每秒 25 帧,扫描线 625 行,隔行扫描,画面比例 4∶3,分辨率 720×576 像素。在信号传输过程中,亮度信号每行传送,而两个色差信号则逐行依次传送,即用行错开传输时间的办法来避免同时传输时所产生的串色以及由其造成的彩色失真。SECAM 制式特点是不怕干扰,彩色效果好,但兼容性差。采用 SECAM 制式的国家主要为大部分独联体国家(如俄罗斯)、法国、埃及以及非洲的一些法语系国家等。

1956 年开始开发并于 1967 年开播的法国彩色电视广播标准,法国、俄罗斯、东欧和中东等约有 60 多个地区和国家使用这种制式。

这 3 种制式的共同点是都传送了亮度信号、红色差信号及蓝色差信号,且都采用以色差信号调制在彩色副载波上的方式实现频谱间置,以达到兼容的目的。这 3 种制式的主要区别是节目的彩色编、解码方式和场扫描频率不同的方式,如表 4-1 所示。

表 4-1 3 种制式的区别

制式	总行数	有效行数	宽高比	帧速率(帧/秒)
NSTC	525	484	4：3	29.97
PAL	625	575	4：3	25
SECAM	625	575	4：3	25

SECAM 与 PAL 制式不同之处表现为：SECAM 制式的色度信号使用频率调制(FM)，PAL 制式用的是正交幅度调制。

SECAM 制式与 PAL 制式具有相同的扫描线数(625 线每帧)、帧频(25 帧每秒，50 场每秒)和图像宽高比(4：3)，视像带宽最高为 6MHz，总带宽为 8MHz。

NTSC 制式优点是电视接收机电路简单，缺点是容易产生偏色，因此 NTSC 制式电视机都有一个色调手动控制电路，供用户选择使用；PAL 制式和 SECAM 制式可以克服 NTSC 制式容易偏色的缺点，但电视接收机电路复杂，要比 NTSC 制式电视接收机多一个一行延时线电路，并且图像容易产生彩色闪烁。因此，3 种彩色电视制式各有优缺点，互相比较结果，谁也不能战胜谁，所以，3 种彩色电视制式互相共存已经 50 多年。

4.2 彩色电视信号的类型

彩色电视是在黑白电视的基础上发展起来的，彩色电视出现以前黑白电视已经相当普及。彩色电视图像与黑白电视图像不同点在于：彩色图像不仅含亮度信号还含有色度信号。所以掌握彩色图像信号非常重要，它将为数字电视信号的学习打下基础。电视频道传送的电视信号主要包括亮度信号、色度信号、复合同步信号和伴音信号，这些信号可以通过频率域或者时间域相互分离出来。电视机能够将接收到的高频电视信号还原成视频信号和低频伴音信号，并在荧光屏上重现图像，在扬声器上重现伴音。根据不同的信号源，电视接收机的输入、输出信号有 3 种类型：分量视频信号与 S-Video 信号、复合视频信号和高频或射频信号。

4.2.1 复合视频信号

复合视频技术诞生于电视技术从黑白到彩色的过渡过程中。为了让老式的黑白电视机也能继续接收彩色信号，在制定彩色电视标准的时候，利用亮度信号波形呈梳状的特征，将色度信号插入到梳子的"间隙"部分，黑白电视接收信号的时候会忽略位于波形间隙的彩色信号，而彩色电视机接收的时候则将这部分彩色信号分离出来进行彩色成像。但是，亮度和色度两信号一旦复合，是不可能实现完美分离的。无论采用什么方法都一定会有残留。分离不干净，残留下来的部分就会在画面上形成难看的噪声和拖影现象。此外，通过摄像机、录像机、数字效果器、字幕机等设备对视频进行编辑的时候，如果采用复合视频进行链接，信号很可能会在复合和分量之间进行多次转换，造成画质严重劣化。目前高清晰电视的标准中虽然已经没有复合视频的存在，可遗憾的是，目前很多电视台、广告公司、视频处理公司依旧很难淘汰过时的设备和做法。更加令人遗憾的是，很多不专业的公司甚至用复合视频的片源或制作工艺去灌制 DVD。因此为了实现画质的提高，必须尽早淘汰复合视频。

复合视频信号(Composite Video Signal)也称为基带视频信号或 RCA 视频信号，是人们日常生活中最为常见的视频信号，是一种将视频信号中的亮度信号（Y）、绿色色差信号（U）、红色色差信号（V）（U 和 V 统称色度信号 C，与亮度信号相对）和同步信号复合传输和存储的方式。由于彩色编码的不同，复合视频又有 PAL、NTSC、SECAM 制式之分。复合视频信号本身的带宽只有 5MHz（NTSC 制式带宽仅 4.5MHz），中间又加了彩色副载波信号（NTSC 制为 3.58MHz，PAL 和 SECAM 制为 4.43MHz），正好落在亮度信号带宽之内，占去了一部分亮度信号，又造成亮度和色度的相互干扰，使得复合视频成为最差的视频信号。在复合视频信号中，色度和亮度之间的干扰是不可避免的，信号越弱干扰越严重。由于设备制造相对容易、成本低廉、使用简单，被广泛应用于标准清晰度电视、VCD 等影音设备、家用电视游戏机等领域和产品中。最为人们所知的复合视频设备就是黄色的复合视频 RCA 端子，链接简便，只需要一根电缆就能实现视频信号的传输，如图 4-8 所示。专业的视频设备也有用 BNC 插头连接。在用录像带、VCD 机等与监视器连接时，只使用一个视频信号（Video），这个信号就是复合信号，如图 4-9 所示。

图 4-8　RCA 端子

图 4-9　复合视频接口

4.2.2　S-Video 信号

为保证视频信号质量，近距离时可用分量视频信号（Component Video Signal）传输，分量信号是指每个基色分量（R、G、B 或 Y、U、V）作为独立的电视信号传输。计算机输出的 VGA 视频信号，即为分量形式的视频信号。

如将两个单独的色差信号 U 和 V 合为一个色度信号 C（Chroma），再加上单独的亮度信号 Y，即构成 Y/C 信号，也就是 S-Video。S-Video 是一种两分量的视频信号，它把亮度和色度信号（U，V）分成两路独立的模拟信号，用两路导线分别传输并可以分别记录在模拟磁带的两路磁轨上。这种信号不仅其亮度和色度都具有较宽的带宽，而且由于亮度和色度分开传输，可以减少其互相干扰。与复合视频信号相比，S-Video 可以更好地重现色彩。S-Video 使用 4 针连接器，是目前应用最广泛、输出效果较好的接口，如图 4-10 所示。其 S-Video 工业标准 4 针连接器规格如表 4-2 所示。

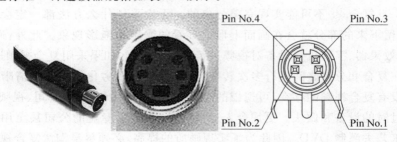

图 4-10　S-Video 连接器

表 4-2　S-Video 工业标准 4 针连接器规格

插座号	信　　　号	信号电平	阻　　抗
1	地（亮度）	—	—
2	地（色度）	—	—
3	亮度（包含同步信号）	1V	75Ω
4	色度	0.3V	75Ω

需要注意的是，请不要把 S-Video 和 S-VHS（Super Video Home System）相混淆，S-VHS 是高档家用录像系统。S-Video 是定义信号电缆连接插座的硬件标准，S-VHS 或者写成 SVHS 是加强性 VHS 电视录像带的信号标准，提供的分辨率比 VHS 提供的分辨率要高一些，噪声信号要低一些。S-VHS 支持分离的亮度和色度信号输入/输出，取消了亮度和色度的复合-分离过程。S-Video 端子输出接口支持设备的最大显示分辨率为 1024×768 像素。4 针是最常见的 S-Video 端子，目前的电视机、影碟机、投影仪配接的都是 4 针接口，较早一些的显卡如 MX440、FX5200 等配置的也是 4 针的 S-Video。S 端子线为单根多芯结构，长度一般在 3m 之内，最长不能超过 5m，否则有可能出现显示画面黑白或者是无信号输出的状况。

实际上视频信号的传输主要取决于传输线的质量，如果主观能够接受不易觉察的图像质量下降并使用高品质信号线，信号的传输距离可以达到 30m；如果使用两根信号线传输（在 S 端子接口处汇合）的高品质 75ohm 同轴电缆，传输距离甚至可以达到 60～100m。

4.2.3　分量视频信号

分量视频接口是一种高清晰数字电视专业接口，也称为色差输出/输入接口，又称为 3RCA。分量视频接口通常采用 YPbPr 和 YCbCr 两种标识。分量视频接口/色差端子是在 S 端子的基础上，把色度（C）信号里的蓝色差（b）、红色差（r）分开发送，其分辨率可达到 600 线以上，可以输入多种等级信号，从最基本的 480i 到倍频扫描的 480P，甚至 720P、1080i 等。如显卡上 YPbPr 接口采用 9 针 S 端子（mini-DIN）然后通过色差输出线将其独立传输。可连接高清晰数字信号机顶盒、卫星接收机、影碟机、各种高清晰显示器/电视设备。目前可以在投影机或高档影碟机等家电上看到有 YUV YCbCr Y/B-Y/B-Y 等标记的接口标识，虽然其标记方法和接头外形各异但都是色差端口，如图 4-11 所示。

Pr/Cr　　Pb/Cb　　Y

图 4-11　分量信号接口

YPbPr 是逐行输入/输出，YCbCr 是隔行输入/输出。分量视频接口与 S 端子相比，要多传输 PB、PR 两种信号，避免了两路色差混合解码并再次分离的过程，避免了因烦琐的传输过程所带来的图像失真，保障了色彩还原得更准确，保证了信号间互不产生干扰，所以其传输效果优于 S 端子。

分量视频信号（Component Video Signal）是指每个基色分量作为独立的电视信号。每个基色既可以分别用 R、G 和 B 表示，也可以用亮度-色差表示，如 Y、I 和 Q，Y、U 和 V。使用分量电视信号是表示颜色的最好方法，但需要比较宽的带宽和同步信号。在 YUV 中，"Y"代表明亮度（Luminance 或 Luma），也就是灰阶值；而"U"和"V"表示的则是色度

(Chrominance 或 Chroma),作用是描述图像色彩及饱和度,用于指定像素的颜色。"亮度"是通过 RGB 输入信号来创建的,方法是将 RGB 信号的特定部分叠加到一起。色度则定义了颜色的两个方面——色调与饱和度,分别用 Cr 和 Cb 来表示。其中,Cr 反映了 RGB 输入信号红色部分与 RGB 信号亮度值之间的差异,而 Cb 反映的是 RGB 输入信号蓝色部分与 RGB 信号亮度值之间的差异,此即所谓的色差信号,也就是人们常说的分量信号(Y、R-Y、B-Y)。色差分为逐行和隔行显示,一般来说分量接口上面都会有几个字母来表示逐行和隔行的。用 Y/Cb/Cr 表示的是隔行,用 Y/Pb/Pr 表示则是逐行,如果电视只有 Y/Cb/Cr 分量端子的话,则说明电视不能支持逐行分量,而用 Y/Pb/Pr 分量端子的话,便说明支持逐行和隔行两种分量。分量色差传送的视频有多种方式,例如将三原色直接传送的 RGB 方式,将所有的颜色作同等处理,拥有最高的画质,在专业的彩色监视器及计算机显示器上均以此种方式。但由于 RGB 方式对传输带宽和存储空间消耗太大,为节省传输带宽,还使用分量色差方式,从 RGB 转换为亮度(Y)与色差(Cb/Cr 或 Pb/Pr,分别代表隔行扫描及逐行扫描)。分量/色差端子采用 3 个同轴端子,对应的端子分别标记为绿色(亮度)、红色(色调)和蓝色(饱和度),这也成为目前消费级视频器材上的主流方式。分量信号实际也是亮色分离信号,与 S 端子不同的是色度信号不用解调,之所以用 R-Y 和 B-Y 是要避免传输 G 信号,因为 G 信号占据色度信号的 59%,不利于数据压缩,用 R-Y 和 B-Y 通过矩阵运算同样可以得到 G 信号。由于 VCD 和 DVD 用的 MPEG-1 和 MPEG-2 数字压缩信号就是用色差信号编码的,因此色差信号图像质量大大提高,完全优于 S 视频信号。分量视频信号提供画面质量比复合视频更好的信号。

综上所述,分量信号的指标要高于 S 端子信号,而 S 端子信号指标高于复合视频信号指标。但并不是只要使用了分量接口则整个显示系统的画质指标就高于使用 S 端子的系统。因为整个显示系统的构成由视频信号发送设备、视频信号接收设备、连接导线三方面构成。例如,以一个 VCD 机作为视频信号发送设备、以一个普通电视机作为视频信号接收设备时,使用 S 端子线缆或使用分量线缆连接的显示效果基本相同。这是因为无论 S 端子线缆还是分量线缆的信号指标都高于 VCD 的输出信号指标,此时系统的显示效果受限于 VCD 机的输出信号指标。当把 VCD 机更换为 DVD 机时,使用分量线缆连接的显示效果就可以明显看出比使用 S 端子线缆连接的显示效果好。同理,这是因为使用 DVD 机的输出信号指标高于 S 端子线缆的信号指标而低于分量线缆的信号指标。当然这个例子也有不对和不全面的地方,如一般 VCD 机也不会配有分量输出接口,也受到盘片的画质质量的影响、普通电视机显示效果的影响、线缆质量的影响等。

4.3　数字电视

数字电视是一个系统,指一个从节目摄制、制作、编辑、存储、发送、传输到信号接收、处理、显示等全过程完全数字化的电视系统。更具体来讲数字电视是将图像画面的每一个像素、伴音的每一个音节都用二进制编码成多位数码,再经过高效的信源压缩编码和前向纠错、交织与调制等信道编码后,以非常高的比特率进行数码流发射、传输和接收的系统功能。数字电视能带来高质量的画面,功能更加丰富,高质量的音效,丰富多彩的电视节目,还具备交互性和通信功能。

数字电视按图像质量和图像格式,分为标准清晰度电视(SDTV)系统和高清晰度电视(HDTV)系统。标准清晰度电视系统图像主观评价质量相当于现代模拟电视,并能传送数字声音的电视系统。因而数字电视不一定是高清晰度电视,而高清晰度电视一定是数字电视。

4.3.1　电视图像数字化方法

电视成像与图像显示的方式与人的视觉特性密切相关。在人们观察电视图像时,由于荧光屏的余辉作用以及人眼的视觉滞后和视觉暂留的影响,利用该特性,人们就可以看到连续的图像。数字电视图像有很多优点,例如可直接进行随机存储使电视图像的检索变得很方便,复制数字电视图像和在网络上传输数字电视图像都不会造成质量下降,很容易进行非线性电视编辑。电视图像数字化实际上就是采样、量化和编码。

1. 黑白视频图像数字化

视频信号的预处理包括:放大和箝位。A/D有3个方面的考虑:采样频率、采样方式和量化级数。

根据奈奎斯特准则,采样频率必须大于或等于被采信号的最大频率的两倍,这样被采样的信号能保留连续信号的全部信息,也能由采样信号恢复出连续信号。对于PAL标准的黑白图像视频带宽为6MHz,那么采样频率应不低于12MHz。

由于图像采样属于二维采样,其采样频率的具体确定还与采样方式有关。图4-12为二维采样方式的示意图。

用多少个量化级来量化一幅图像将取决以下两个方面因素。

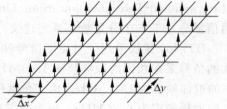

图4-12　二维采样方式

(1)要考虑整个图像系统的噪声大小。

(2)从图像的应用角度来考虑,如果图像是用来进行某种测量目的,则可根据系统测量精度的要求。

2. 彩色视频图像数字化

彩色视频图像数字化与黑白视频图像数字化有所不同。现在人们接触到的大多数字电视信号源都是彩色全电视信号,如来自录像带、激光视盘、摄像机等的电视信号。对这类信号的数字化,通常的做法如下。

(1)先分离后数字化。先从复合彩色电视图像中分离出彩色分量,然后数字化。具体来说,首先把模拟的全彩色电视信号分离成YCbCr、YUV、YIQ或RGB彩色空间中的分量信号。然后用3个A/D转换器分别对它们数字化。

(2)先数字化后分离。首先用一个高速A/D转换器对彩色全电视信号进行数字化,然后在数字域中进行分离,以获得所希望的YCbCr、YUV、YIQ或RGB分量数据。

彩色电视图像进行采样时,可以采用两种采样方法:一种是使用相同的采样频率对图像的亮度信号和色差信号进行采样;另一种是对亮度信号和色差信号分别采用不同的采样频率进行采样。

3. 图像数字化标准

(1) 彩色空间之间的转换。在数字域而不是模拟域中 RGB 和 YCbCr 两个彩色空间之间的转换关系用下式表示：

$$\begin{bmatrix} Y \\ Cr \\ Cb \end{bmatrix} = \begin{bmatrix} 0.299 & 0.587 & 0.114 \\ 0.500 & -0.4187 & -0.0813 \\ -0.1687 & -0.3313 & 0.500 \end{bmatrix} \begin{bmatrix} R \\ G \\ B \end{bmatrix} + \begin{bmatrix} 0 \\ 128 \\ 128 \end{bmatrix}$$

(2) 采样频率。CCIR 为 NTSC 制式、PAL 制式和 SECAM 制式规定了共同的电视图像采样频率。这个采样频率也用于远程图像通信中的电视图像信号采样。

(3) 有效显示分辨率。对 PAL 制式和 SECAM 制式的亮度信号，每一条扫描行采样 864 个样本；对 NTSC 制式的亮度信号，每一条扫描行采样 858 个样本。对所有的制式，每一扫描行的有效样本数均为 720 个。

4. ITU-RBT601 标准摘要

数字视频信号是将模拟视频信号经过取样、量化和编码后形成的。模拟电视有 PAL、NTSC 等制式，必然会形成不同制式的数字视频信号，不便于国际数字视频信号的互通。1982 年 10 月，国际无线电咨询委员会（Consultative Committee for International Radio，CCIR）通过了第一个关于演播室彩色电视信号数字编码的建议，1993 年变更为 ITU-R（International Telecommunications Union-Radio communications Sector，国际电联无线电通信部分）BT.601 分量数字系统建议。

BT.601 建议采用了对亮度信号和两个色差信号分别编码的分量编码方式，对不同制式的信号采用相同的取样频率 13.5MHz，与任何制式的彩色副载波频率无关，对亮度信号 Y 的取样频率为 13.5MHz。由于色度信号的带宽远比亮度信号的带宽窄，对色度信号 U 和 V 的取样频率为 6.75MHz。每个数字有效行分别有 720 个亮度取样点和 360×2 个色差信号取样点。对每个分量的取样点都是均匀量化，对每个取样进行 8 比特精度的 PCM 编码。

这几个参数对 525 行、60 场/秒和 625 行、50 场/秒的制式都是相同的。有效取样点是指只有行、场扫描正程的样点有效，逆程的样点不在 PCM 编码的范围内。因为在数字化的视频信号中，不再需要行、场同步信号和消隐信号，只要有行、场（帧）的起始位置即可。例如，对于 PAL 制，传输所有的样点数据，大约需要 200Mbps 的传输速率，传输有效样点只需要 160Mbps 左右的速率。

4.3.2　数字电视的发展

当今世界处于飞速发展的信息时代，随着科学技术的日新月异，即将进入 21 世纪的广播电视技术如何发展已经成为业内人士共同关心的问题。高清晰度、宽屏幕、无失真、交互性是人们继彩色电视之后一直对于电视的期望。模拟电视系统先天的缺陷已经无法满足人们的奢望。由于模拟电视使用时间轴取样，对于每帧图像在垂直方向采样，并且以幅度调制方式传送；而且为避开人眼对图像重现的敏感频率，又将一帧图像分为两场，采用隔行扫描的方式进行传输和再现等。这必然造成噪声累积、信号易受干扰，结果是经常出现行闪烁、行蠕动、色亮串行、颜色畸变等缺陷。至于互交性就更不容易实现了。由于先进的计算机技术、电子集成技术、通信技术迅速向电视领域渗透,电视业正迎来一场革命性的变化,这种变化概括地说主要体现在两方面,即电视的数字化和网络化。其中,电视数字化是网络化的前提和必要条件,网络化是数字化的有益延伸和拓展。

为了提高电视的清晰度,从 20 世纪 60 年代起,人们就开始探讨继彩色电视后的下一代电视。

1988 年,日本开始试播高清晰电视节目。这一实现是基于日本广播协会 NHK 在 1984 年提出的高清晰电视的研究方案。该方案在卫星广播中使用了多重亚抽样编码 MUSE 模拟调频技术,带宽为 8.1MHz,压缩比为 3∶1,这仍然是一种模拟技术的方案。

1992 年,巴赛罗纳奥运会的实况转播采用了 HD-MAC 制式高清晰度标准。这是一种欧洲推出的模拟数字混合的高清晰度电视系统,其带宽为 10.125MHz,压缩比为 4∶1。

美国进入高清晰度电视研究后,由美国联邦通信委员会对 6 种方案进行了测试,测试结果表明,在这 6 种方案中,4 种全数字传输系统明显优于模拟传输系统。由此开启了高清晰全数字电视的时代,开启了数字压缩编码、数字传输的电视系统占据新一代电视的主导地位的全新电视时代。日本和欧洲也不得不放弃原有方案进而采用全数字方案。

1998 年 9 月 23 日,英国广播公司 BBC 采用 DVB-T 标准,率先在世界上开播了商业化数字电视节目,第三代电视正式面世。

高清晰度数字电视是大规模集成电路制造技术、彩色数字成像技术、数字视频和音频压缩技术、海量存储技术、数字多路复用技术、数字信号处理技术、信道纠错编码技术、计算机技术、适用于各种传输信道的调制解调技术等技术和人类对高清晰电视需求的必然产物。数字电视涵盖了从电视拍摄到播放的全部过程的数字化技术:在采集拍摄、编辑过程中,采用数码拍摄、分量传输、数字编辑、数字压缩、数字存储技术;在发送、传输到接收的过程中,由电视台播发的视像和伴音信号,是经过数字压缩和数字调制后,形成的数字电视信号;发送的数字电视信号经过空中无线方式、电缆有线方式、卫星转播接收方式进行数字信号传送;再现前由数字电视接收后,通过数字解调和数字视音频解码处理还原出原来的图像和伴音。

数字电视的优点表现在以下几个方面。

(1) 数字信号在传输过程中通过再生技术和纠错编解码技术使噪声不逐步积累,基本不产生新的噪声,保持信杂比基本不变,收端图像质量基本保持与发端一致,适合多环节、长距离传输。

(2) 数字电视设备输出信号稳定可靠,能够避免在模拟系统中非线性失真对图像的影响,消除了微分增益和微分相位失真引起的图像畸变。

(3) 易于实现信号存储,使用各种数字处理,如帧存储器、数字特技机、数字时基校正器,产生新的特技形式,增强了屏幕艺术效果。数字电视信号具有极强的可复制性,用在节目制作上可提高图像质量。

(4) 数字技术与计算机配合,可以实现电视设备的自动控制和操作。

(5) 采用时分多路数字技术,可以实现信道多工复用,如进行图文电视广播(CCST)等。

(6) 利用数字压缩技术使传输信道带宽比模拟电视明显减少,通常为模拟电视的 1/4 左右,甚至更小,这样可以合理利用各种类型的频谱资源。对地面广播来说,数字电视可以启用模拟电视的"禁用频道",也可以采用"单频网络"技术进行节目的大面积有效覆盖,如用一个数字电视频道完成一套电视节目的全国覆盖；对于卫星传输及广播，利用数字压缩技术，在一个卫星频道上转发多套电视节目，达到节省卫星信道的目的，提高传输容量。

(7) 采用数字编码方法，便于实现加扰和解扰技术，使收费电视在实际中得以应用。

数字电视信号具有可扩展性、可分级性和互操作性，便于在各类通信信道，特别是异步转移模式(ATM)网络中传输。随着电视数字设备向多媒体方向发展，可形成开放性的电视多媒体网络，方便与各类计算机网络联通，达到信息共享。

随着电视系统的全面数字化，将加强电视最终与通信和计算机一体化，形成一种广义概念上的网络。原来是不同媒体的电视、通信和计算机在全部数字化后，在数字域中均以"0、1"为基本单元，形成"0"、"1"符号的比特流。光纤、卫星、数字微波等这些通信传输手段也成了电视的传输手段。电视、通信、计算机这些迄今相互分离的技术将融为一体，使这些业务互相渗透、融合、会聚。这种发展趋势，使电视网络不仅可单向传送节目，还提供多种新形式、程度不同的交互式服务，如视频点播(VOD)、远程教学、电视会议、与因特网联网等。随着电视网络化向深度发展，电视行业最终将会是完全交互式的多媒体，但这个过程是逐渐过渡的，从今天的模拟到数字播出再到加入交互式数据服务再到现在的完全的交互式多媒体环境。这个过程的原动力来自电视技术的数字化、网络化。

4.3.3 数字电视的原理

数字电视(Digital TV)又称为数位电视或数码电视，是指从演播室到发射、传输、接收的所有环节都是使用数字电视信号或对该系统所有的信号传播都是通过由 0、1 数字串所构成的二进制数字流来传播的电视类型，与模拟电视相对。真正的数字电视必须使用下面三项关键技术。

(1) 对电视图像及伴音进行压缩编码的技术。将模拟电视信号数字化后其数码率很高，例如，对图像亮度信号与色差信号分别用 13.5MHz 及 6.75MHz 取样频率进行取样，用 10 位二进制数进行量化，其数码率达 270Mbps。而一个频带宽为 8MHz 模拟电视信道若只使用二进制调制方法只能传送小于 16Mbps 的二进制数据流。因此必须想法去除图像信号中的多余信息，将数码率从 270Mbps 压缩到能在一个信道中传送。这可采用图像与伴音的压缩编码方法实现。国际组织已经制定了许多压缩编码的国际标准，对图像进行压缩编码的标准有 JPEG(静态图像压缩编码标准)、MPEG-2(运动图像压缩编码标准)等。对伴音进行压缩编码标准有 MPEG 伴音压缩编码标准、AC-3 等。

(2) 纠错编码等信道编码技术。为了提高数字电视传输的可靠性，必须对数据码流进行纠错编码。纠错编码的方法很多，如里德-所罗门码、卷积码、交织、格状编码调制等。

(3) 多进制数字调制技术。为了提高传输的频带利用率，可以采用多进制调制方法，如 QPSK(四相相移键控)、QAM(正交幅度调制)、VSB(残留边带调制)等。

数字电视也是一个系统，指一个从节目摄制、制作、编辑、存储、发送、传输，到信号接收、处理、显示等全过程完全数字化的电视系统，如图 4-13 所示。

1. 数字电视的信道编码

信道编码是数字电视的关键技术之一，数字电视的信道也就是数字电视信号传输的通道，一般有地面广播信道、有线电视传输信道和卫星广播信道等几种。由于信道，尤其是无线信道中存在着各种干扰，如多经、衰落等，数据在传输时会造成失真和损失，从而在接收端,有些数据无法恢复,形成误码。为使数据在通道中可靠传输,尽量降低误码率,往往在发送端,采用编码技术,在传送的数据中以受控的方式引入冗余。而在接收端通过相应的解码,从冗余传输的信息中恢复出由信道损失的数据,从而降低误码率,提高数据在信道中的抗干扰能力。

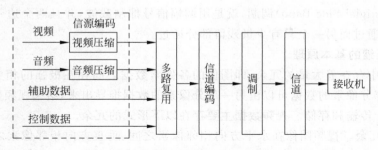

图 4-13 数字电视系统示意图

总体上看,信道编码一般有下列要求。

(1) 增加尽可能少的数据率而可获得较强的检错和纠错能力,即编码率高,抗干扰能力强。

(2) 对数字信号有良好的透明性,也即传输通道对于传输的数字信号内容没有任何限制。

(3) 传输信号的频谱特性与传输信道的通频带有最佳的匹配性。

(4) 编码信号内包含有正确的数据定时信息和帧同步信息,以便接收端准确地解码。

(5) 编码的数字信号具有适当的电平范围。

(6) 发生误码时,误码的扩散蔓延小。

最主要的概括为两点。其一,附加一些数据信息以实现最大的检错能力;其二,数据流的频谱特性适应传输通道的通频带特性,以求信号能量传输时损失最小。

数字电视常用的信道编码方法有 RS 码、卷积码、TCM 编码以及交织等。一些新的编码方法,如 Turbo 码,也正在研究应用中。目前,数字电视传输一般采用外码加内码级联的信道编码方式,而且不同的调制方式采用不同的信道编码方法。例如,ATSC(VSB)采用 RS 作外码,再交织,然后是 TCM 编码调制;而 DVB(COFDM)采用 RS 作外码,再交织,然后是卷积编码作为内码。

2. 数字电视的调制技术

数字调制技术也是数字电视的关键技术之一。数字调制中,由时间上离散和幅度上离散的数字信号改变载波信号的某个参量,载波信号做相应的离散变化,被认为是受到键控的,所以数字调制信号也称为键控信号,高频载波可受到幅移键控 ASK(Amplitude Shift Keying)、频移键控 FSK(Frequency Shift Keying)或相移键控 PSK(Phase Shift Keying)。这 3 种调制方式对应于模拟调制中的调幅、调频和调相。

信道编码后的数据信号除了一般的基带传输方式外,要做长距离的传送、发射时,必须通过调制措施对高频载波进行特定方式的调制后以已调波向外传输。

数字调制中,典型的调制信号是二进制的数字值。高频载波的调制效率可以用每赫(Hz)已调波带宽内可传输的数码率来标记。几种典型的调制技术有正交幅度调制 QAM

(Quadrature Amplitude Modulation)也称为正交幅移键控,这种键控由两路数字基带信号对正交的两个载波调制合成而得到的;四相相移键控 QPSK(Quaternary Phase Shift Keying),在 QPSK 中数字序列相继两个码元的 4 种组合对应 4 个不同相位的正弦载波;网格编码调制 TCM(Trellis Code Modulation)将纠错编码和调制作为一个整体来考虑;残留边带 VSB(Vestigial Side Band)调制,就是用调幅信号抑制载波,并且两个边带信号中一个边带几乎完全通过而另一个只有少量残留部分通过。

3. 视频压缩的基本原理

视频数据中存在着大量的冗余,即图像的各像素数据之间存在极强的相关性。利用这些相关性,一部分像素的数据可以由另一部分像素的数据推导出来,结果视频数据量能极大地压缩,有利于传输和存储。视频数据主要存在以下形式的冗余。

(1) 空间冗余。视频图像在水平方向相邻像素之间、垂直方向相邻像素之间的变化一般都很小,存在着极强的空间相关性。特别是同一景物各点的灰度和颜色之间往往存在着空间连贯性,从而产生了空间冗余,常称为帧内相关性。

(2) 时间冗余。在相邻场或相邻帧的对应像素之间,亮度和色度信息存在着极强的相关性。当前帧图像往往具有与前、后两帧图像相同的背景和移动物体,只不过移动物体所在的空间位置略有不同,对大多数像素来说,亮度和色度信息是基本相同的,称为帧间相关性或时间相关性。

(3) 结构冗余。在有些图像的纹理区,图像的像素值存在着明显的分布模式,如方格状的地板图案等。已知分布模式,可以通过某一过程生成图像,称为结构冗余。

(4) 知识冗余。有些图像与某些知识有相当大的相关性。例如,人脸的图像有固定的结构,嘴的上方有鼻子,鼻子的上方有眼睛,鼻子位于脸部图像的中线上。这类规律性的结构可由先验知识得到,此类冗余称为知识冗余。

(5) 视觉冗余。人眼具有视觉非均匀特性,对视觉不敏感的信息可以适当地舍弃。在记录原始的图像数据时,通常假定视觉系统是线性的和均匀的,对视觉敏感和不敏感的部分同等对待,从而产生了比理想编码(即把视觉敏感和不敏感的部分区分开来编码)更多的数据,这就是视觉冗余。人眼对图像细节、幅度变化和图像的运动并非同时具有最高的分辨能力。

4. 数字电视的接收

数字电视的发送端,首先利用摄像头将实际场景光信号转换成模拟的电信号,然后经过 A/D 转换电路将其转换成数字信号,再进行频带压缩编码。接下来,再加入纠错编码的数字信息及其他辅助信息,并对高频正弦波信号进行数字调制。数字调制后的高频信号通过变频,达到预定的电视发射频率,并经过高功率放大器放大后由发射天线向空中发射。

数字电视接收机接收到微弱的电视信号后进行放大、变频和滤波处理。然后经数字解调器恢复为数字基带信号后再进行误码校正及压缩编码的解码,从而获得最原始的二进制图像信号。然后经过 D/A 转换电路将其变换为模拟的电视信号,并将该信号加到显像管上进行显示电视图像。数字电视接收机有卫星、有线和地面广播 3 种不同的类型,适用于不同的传输信道。它们在系统的视频、音频和数据的解复用方面和信源解码方面都是相同的,都遵循 MPEG-2 系统标准(ISO/IEC 13818-1)、MPEG-2 视频标准(ISO/IEC 13818-2)和 MPEG-2 音频标准(ISO/IEC 13818-3)。3 种数字电视信号接收机的主要区别是在信道解码和解调方面。

机顶盒（Set Top Box,STB）是指电视机顶端或内部的一种终端装置,如图 4-14 所示。在当前模拟电视与数字电视共存的阶段,千家万户已经拥有的模拟电视机不能直接用来接收数字电视节目,机顶盒是充当数字电视与模拟电视机之间的桥梁。有线电视机顶盒的作用就是接收有线数字电视网络中传送的数字电视信号,经高频调谐器接收,后经 QAM 解调、MPEG-2 解码后输出 Y、U、V 或 R、G、B 分量电视信号。

图 4-14　数字电视机顶盒

4.3.4　国际三大数字视频标准

1. ATSC 标准

ATSC 标准是 1996 年 12 月由美国 FCC(Federal Communications Commission)认可并且宣布的美国数字电视标准。这一标准是由美国国内外 100 多个电视技术公司组成的高清晰度数字电视联盟(ATSC)所提出的,该公司的主要业务之一就是制定包括 HDTV 在内的先进电视系统的技术标准。美国在 1998 年 11 月开始在都会区播放数字电视节目。现在除美国外,采用 ATSC 标准的还有加拿大、韩国、中国台湾、阿根廷、墨西哥等国家和地区。

ATSC 标准是以地面电视广播为主、电缆传输为辅的 SDTV 和 HDTV 系统标准。ATSC 数字电视标准由 4 个独立的层构成,层与层界面清晰。第一层是视像层,视像层包括图像的格式、像素阵列、图像宽高比、帧频等。第二层是视频压缩层,规定采用 MPEG-2 视频压缩标准和 Dolby AC-3 音频压缩标准。这两层用来确定在通用数据传输基础上所传输的特定数字电视是 STDV 还是 HTDV,而且是 STDV 的 12 种格式和 HTDV 的 6 种格式中的哪一种。第三层是系统复用层,采用 MPEG-2 系统标准,不同的数据纳入不同的数据压缩包,如视像数据、声音数据、辅助数据等。第四层是传输层,确定数据传输的调制方法和信道编码方案。后面这两层共同确定和承担通用数据的方式。

地面广播的调制方式采用 Zenith 公司开发的八阶残留边带调制方式 8VSB(8Vestigial Side Band),能够在 6MHz 的地面广播频道传输一套 HTDV 节目,传输率为 1939Mbps。有线电视系统则采用高数据率的 16VSB 方式,能够在 6MHz 的有线信道中传输两路 HTDV 节目,传输速率为 3878Mbps。表 4-3 为 ATSC 数字视频格式的参数。

由于 1920×1080HTDV 格式不适合在 6MHz 信道内以 60 帧/秒进行逐行扫描,因此这一格式采用隔行扫描,其余 HTDV 格式均采用逐行扫描。在 12 种 SDTV 格式中,有 9 种采用逐行扫描,保留 3 种隔行扫描方式以适应现有的视频系统。SDTV 的 640×480 图像格式与计算机的 VGA 格式相同,保证了与计算机的适用性。

表 4-3　ATSC 数字视频格式的参数

数字视频标准	分辨率	宽高比	帧频 i、隔行 p、逐行
HTDV	1920×1080	16：9	60i,30p,24p
HTDV	1280×720	16：9	60i,30p,24p
STDV	704×480	16：9 和 4：3	60p,60i,30p,24p
STDV	640×480	4：3	60p,60i,30p,24p

针对帧频为 50Hz 的国家,ATSC 也通过这些国家使用的 ATSC 标准。其中 HDTV 格式的分辨率不变,但帧频则改为 25Hz 和 50Hz。而 SDTV 格式的垂直分辨率改为 576 行,但水平分辨率不同,同时增加了 352×288 格式。

数字电视采用 MPEG-2 编码。根据图像清晰度 MPEG 编码系统,分成 4 种信源格式,即 4 个级别(Level)。这 4 个级别由低到高是:低级(Low Level)、主级(Main Level)、1440 高级(High-1440 Level)和 1920 高级(High-1920 Level)。根据所提供的编码系统的压缩工具和压缩算法,数字电视又分成五类,由低到高分别是:简单类(Simple)、主类(Main)、信噪比可分级类(SNR Scalable)、空间频谱可分级类(Speciall Scalable)和高级类(High)。例如,MP@ML 或 MAINPROFILE@MAINLEVEL,表示主级主类等。类中存在两种图像取样方式,即 4：2：2 和 4：2：0 格式。表 4-4 为 ATSC 所采用的 MPEG 压缩标准。

表 4-4　为 ATSC 所采用的 MPEG 压缩标准

Profile / Level	Simple 4：2：0	Main 4：2：0	SNR Scalable 4：2：0	Speciall Scalable 4：2：0	High 4：2：2 4：2：0
High-1920 Level	—	MP@HL 80Mbps	—	—	HP@HL 100Mbps
High-1440 Level		MP@H1440 60Mbps		SSP@H1440 60Mbps	HP@H1440 80Mbps
Main Level	SP@ML 15Mbps	MP@HL 15Mbps	SNR@ML 15Mbps		HP@ML 20Mbps
Low Level		MP@LL 4Mbps	SNR@LL 4Mbps		

2. DVB(Digital Video Broadcasting)标准

数字电视不可抗拒的优势使得欧洲最终放弃了 HD-MAC 数字与模拟混合方案,转向了全数字电视方案。1995 年,欧洲成立了由 30 多个国家的 230 多个成员组成的 DVB 联盟。该组织合作开发数字视频广播 DVB 项目,并且在全球范围内发展和推广相应的数字电视广播标准。现在,DVB 不仅已经成为欧洲的数字电视标准,而且已经为许多国家和地区如澳洲、新加坡等采用。

DVB-T 是 DVB 的地面数字广播标准,该标准于 1997 年 2 月获得欧洲电信标准协会

(European Telecommunication Standard Institute,ETSI)的认可,已经成为欧洲数字电视的地面广播标准。英国 British Digital Broadcasting 于 1998 年 11 月率先使用 DVB-T 标准进行地面数字电视广播。

DVB 标准的传输方式较 ATSC 标准更加广泛,其传输方式涉及数字卫星、数字有线广播、数字地面广播、卫星共用天线广播、10GHz 以上的数字广播 MMDS 分配系统、10GHz 以下的数字广播 MMDS 分配系统。于是就有了 DVB-S、DVB-C、DVB-T、DVB-SMATV、DVB-MS 和 DVB-MC 在内的 6 个子协议,它们所用的信号调制技术与 ATSC 有很大区别。不同的传输方式,采用不同的调制方式。例如,地面广播采用 COFDM 多载波频分复用技术,有线电视广播采用正交幅度调制方式,卫星广播采用 QPSK 四相相移键控调制方式。

DVB 的视像信息、音频信息经过压缩编码后,与其他数字信息通过节目复用器形成基本码流(ES),基本码流打包后形成有包头的码流(PES)。多个节目源的、代表各自不同信息的 PES 码流进入多路复用器进行系统复用,为区分不同的节目,还需要加入节目说明信息(PSI)和业务信息(SI),以便区分不同的节目信息,最后形成传输流(TS)。传输流再经过卫星、有线电视及开路电视等不同传输方式进行传输。接收端可以根据码流中的业务信息选择所需要的节目信息。

DVB 和 ATSC 都采用 R-S(里德-所罗门)前向纠错技术,以确保数据传输的不失真,但两者在冗余度和纠错过程方面仍然存在一定差异。DVB 使用统一的加扰系统,允许有不同的加密方法。DVB 支持图文电视,也鼓励欧洲以外的地区使用。表 4-5 为 DVB 数字视频格式。

表 4-5 DVB 数字视频格式

垂直分辨率	水平分辨率	宽高比	帧频 i、隔行 p、逐行
1080	1920	16∶9	25i/30i
576	720	4∶3 或 16∶9	50p
		4∶3 或 16∶9	25i/25i
	544	4∶3 或 16∶9	25i/25i
	480	4∶3 或 16∶9	25i/25i
	352	4∶3 或 16∶9	25i/25i

3. ISDB 标准

ISDB(Integrated Services Digital Broadcastring,综合业务数字广播)是日本的 DIBEG(Digital Broadcasting Experts Group,数字广播专家组)制定的数字广播系统标准。是在 1999 年发布的,它利用一种已经标准化的复用方案在一个普通的传输信道上发送各种不同种类的信号,同时已经复用的信号也可以通过各种不同的传输信道发送出去。ISDB 具有柔软性、扩展性、共通性等特点,可以灵活地集成和发送多节目的电视和其他数据业务。

4. 我国的数字电视标准

早在 1996 年,我国便开始了数字电视的研究工作,数字电视被列入原国家科委“八五”重大科技产业工程项目,并成立了数字高清晰度电视的总体组。1999 年 10 月,高清晰度方案被成功用于国庆 50 周年大典的数字电视现场直播。后国家将数字电视发展计划纳入“十五”高新技术的 12 个重大专项之列,数字电视研究工作全面启动。为此,制定了适合我国使用的数字电视标准。

1) 信源编码技术标准

中国的数字音视频编解码标准工作组制定了面向数字电视和高清激光视盘播放机 AVS 标准。该标准与 MPEG-2 标准完全兼容,也可以兼容 MPEG-4AVC/H.264 国际标准基本层,其压缩水平可达 MPEG-2 标准的 2~3 倍。

2) 信道传输技术标准

中国的卫星数字电视标准采用欧洲 DVB-S 标准。中国有线数字电视的标准还在报批过程中,大中型城市有线电视台多采用欧洲的 DVB-T 标准在试播。2006 年 9 月,国家广电总局颁布了我国的地面数字电视国家标准,为清华大学方案(DMB-T)和上海交通大学方案(ADTB-T)两大标准的融合体。

3) 条件接收系统标准(CA)、用户管理系统(SMC)已制定完成

目前中国已颁发的与数字电视相关的标准如下。

(1) 数字电视基础标准。数字电视术语(GB/T7400.11)、数字电视图像质量主观评价方法(GY/T134)、广播电视 SDH 干线网管理接口协议(GY/T144)、广播电视 SDH 干线网网元管理信息模型规范(GY/T145)、数字电视广播业务信息(SI)规范(GY/Z174)、数字电视广播条件接收系统(CA)规范(GY/Z175)。

(2) 演播室参数标准。演播室数字电视编码参数规范(GB/T 14857)、4:2:2 数字分量图像信号的接口(GB/T 17953)、高清晰度电视节目制作及交换用视频参数值(GY/T 155)、演播室数字音频参数(GY/T 156)、演播室高清晰度电视数字视频信号接口(GY/T 157)、演播室数字音频信号接口(GY/T 158)、4:4:4 数字分量视频信号接口(GY/T 159)、演播室数字电视辅助数据信号格式(GY/T 160)、数字电视附属数据空间内数字音频和辅助数据的传输规范(GY/T 161)、高清晰度电视串行接口中作为附属数据信号的 24 比特数字音频格式(GY/T 162)、数字电视附属数据空间内时间码和控制码的格式(B11 GY/T 163)、演播室串行数字光纤传输系统(B12GY/T164)、数字声音信号源编码技术规范(B13 GB/T14919)、四声道数字声音副载波系统技术规范(B14GB/T14920)、数字分量演播室的同步基准信号(B15GY/T167)、电视中心播控系统数字播出通路技术指标和测量方法(B16GY/T165)。

(3) 视频编码及复用标准。信息技术——运动图像及其伴音信号的通用编码(GB/T 17975.2)、MPEG-2 视频标准在数字(高清晰度)电视广播中的实施准则(征求意见稿)、MPEG-2 系统标准在数字(高清晰度)电视广播中的实施准则(征求意见稿)。

(4) 信道编码及调制标准。卫星数字电视广播信道编码及调制标准(GB/T 17700—1999)、有线数字电视广播系统信道编码及调制规范(GY/T170—2001)、有线电视系统调幅激光器发送机和接收机入网技术条件和测量方法(GY/T143)、卫星数字电视上行站通用规范(GY/T146)、卫星数字电视接收站通用技术要求(GY/T147)、卫星数字电视接收机技术要求(GY/T148)、卫星数字电视接收站测量方法——系统测量(GY/T149)、卫星数字电视接收站测量方法——室内单元测量(GY/T150)、卫星数字电视接收站测量方法——室外单元测量(GY/T151)、《有线数字电视广播 QAM 调制器技术要求和测量方法》(GY/T198—2003)。

4.3.5 数字电视图像格式

ATSC DTV、DVB 和 ISDB 都使用 MPEG-2 Video,理应都支持该标准所有的图像格

式,但是事实并非如此。由于各个数字电视是从模拟电视发展而来的,因此图像格式明显带有 NTSC、PAL 或 SECAM 彩色电视制的"痕迹",包括图像的尺寸和扫描频率。

美国高级电视系统委员会(ATSC)开始只考虑了 NTSC 制式,其扫描行数为 525 行、刷新频率为 30Hz,定义了 18 种数字电视格式。该标准将电视图像格式分成 3 种类型:标准清晰度电视(SDTV);增强清晰度电视(EDTV)和高清晰度电视(HDTV)。

欧洲电信标准学会同时考虑了 PAL 制式和 NTSC 制式,定义了用于 25Hz 和 30Hz 的 SDTV 格式和 HDTV 格式,但未定义 EDTV 格式。

高清晰度电视(High Definition Television,HDTV)是具有正常视力的观众可得到与观看原始景物时的感受几乎相同的数字电视。通常认为,在观众与显示屏之间的距离等于 3 倍显示屏高度的情况下就可获得这种感受。

ATSC HDTV 是 ATSC 定义的数字电视格式中的一个子集,由 6 种格式组成。ATSC 还开发并通过了可为采用 25Hz 和 50Hz 刷新频率的国家使用的另行标准。

HDTV 的电视图像有如下特点。

(1) HDTV 屏幕的宽高比均为 16∶9。

(2) 电视画面可用 1920×1080 像素和 1280×720 像素两种尺寸。

(3) 扫描方式为隔行扫描或逐行扫描。

欧洲 DVB 标准对 HDTV 电视图像格式的定义与 ATSC HDTV 格式基本相同,只是电视画面的刷新频率不同。该标准既可用于刷新频率为 25Hz 和 50Hz 的国家或地区,也可用于刷新频率为 30Hz 和 60Hz 的国家或地区。

4.4　模拟视频信号的数字化

与音频信号数字化类似,计算机也要对输入的模拟视频信号进行采样与量化,并经过编码使其变成数字化图像。普通的视频信号如标准 PAL 和 NTSC 制式的电视视频信号都是模拟的,而计算机智能处理和显示数字信号,因此必须将模拟视频数字化。模拟视频信号的数字化是模拟视频信息进入计算机的第一步。这一过程通常是通过计算机上的视频采集卡在相应软件的支持下完成的。模拟视频源的质量、采集卡的质量和支持软件共同决定了数字化的视频质量。模拟视频源来自电视机、录像机、摄像机等模拟视频设备。这些视频设备的视频信号的不同,将直接影响到所采集的数字视频的质量。

由 4.2 节可知,复合视频信号是将亮度、色差和同步信号复合在一个信号中传递的,在采样数字化的过程中,信号分离时由于带宽有限,滤波器会降低图像的清晰度和色度。但是与其他视频信号相比,其硬件成本要低,因此在质量要求不高的场合也是可以使用的。S-Video 信号是将亮度与同步信号和色差信号分成两路传递的,与复合视频信号相比,采样数字化的过程中可以避免滤波带来的信号损失,图像质量较好,可以满足一般需求。因此,在同时可以提取复合视频信号和 S-Video 信号,应该选择 S-Video 信号。分量视频信号中,YUV、YIQ、YCrCb 都是由三路独立信号(Y 亮度和同步信号,以及两路色差信号)进行视频图像传递的,采样数字化的过程中不需要滤波来分离信号,因此图像质量要比前面两种情况都好,可以满足更高级别的数字视频需求。

视频信息的数字化是将模拟视频信号进行采样、量化与编码。采样是在时间上将连续的模拟信号变成离散的脉冲信号,用一定时间间隔的信号样值序列,来代替连续的模拟信号。采样频率按采样定理要求必须大于信号频率带宽的两倍以上,防止混叠现象发生;量化则是在幅度上对模拟信号进行离散化处理,即把采样后的值分成许多区段,每一区段的所有值都用一个单一的值来表示;编码是将采样、量化后的离散信号转换成数字编码脉冲,用0 或1 表示。因此,就可以进行存储和压缩编码了。

4.4.1　视频采集

视频信号采集的任务是将模拟信号转换为数字视频信号,并将其送入计算机系统。主要步骤如下,首先视频信号的捕捉。借助摄像机、录像机等设备将自然界的景物转换成电信号。其次 A/D 转换,将采集到的模拟视频经过采样量化后送入数字编码器,对输入的信号进行编码,从而得到数字视频信号。然后将得到的数字视频存储到帧存储器。由视频窗口控制器对采集到的信息经裁剪、改变比例后,存入帧存储器。最后进行 D/A 转换及彩色空间转换。经 D/A 转换彩色空间变换矩阵得到相应的控制信号,送入数字视频编码器进行编码,最后输出到 VGA 显示器、电视机、录像机等视频输出设备。

1. 数字化视频采集设备

数字化视频采集设备是将来自摄像机、电视机等设备的模拟视频信号和音频信号,包括复合视频信号 AV、S-Video、分量视频信号和 DV 视频信号转换为数字视频文件的设备。数字化视频采集设备有多种分类方法:按照功能级别高低,可以分成广播级、专业级和普通级 3 种;按照实时性,可以分成实时采集压缩编/解码卡和非实时采集卡;按照接口分类,分成内置和外置,内置插在计算机的母板上,外置通过 USB 口、1394 口与主机连接;按照与视频源的连接方式,有 AV 方式、S-Video 方式、1394 方式和 DV 方式等。

在选择这些设备前,一定要明白视频源信号方式、所用计算机能够支持的接口方式、采集后所要达到的水平,以及是否在采集后进行编辑等因素。

视频采集设备还必须有相应的软件支持,通常在购买采集卡时都附带有相应软件。

采集后的视频文件可以根据需要以 AVI、MPEG-1、MPEG-2 等格式存放。采集后的视频文件往往需要编辑后才能作为数字多媒体作品的构件,通常用非线性编辑软件进行加工,如 Adobe Premiere、Ulead Media Studio、Ulead Video Studio 等。

2. 数字化视频的质量

模拟视频变成数字视频再现,需要经过以下步骤:源图像→视频采集→压缩编码→传输→接收→解码→再现。在这个过程中,最终决定再现图像最高质量的因素是源图像的质量。由于在以上过程中的视频采集、压缩编码、解码都是有损失的,无论采用何种采集方法、采用何种高级压缩编解码方法,无论编码所采用的码率有多大,无论采用什么传输方法,经压缩编码再解码以后的图像的质量绝对不会超越源图像的质量。这是因为采集到的图像信息的最大分辨率不可能超越源图像的分辨率,压缩图像的分辨率不可能超越采集到的源图像的分辨率,传输信号的最大分辨率不可能超越压缩图像可达到的最大分辨率,接收图像的分辨率不可能超过传输来信号可能达到的最大分辨率。因此,数字化后再现视频图像最高质量的直接因素是源视频图像的质量,同时也受采集、压缩编码、解码的有损程度影响。

3. 数字化视频的信息量

NTSC 和 PAL 模拟视频信号在能被计算机使用之前,必须被数字化,数字化的过程称为视频采集或采样。视频采集被用来数字化视频模拟信号,并将之转换为计算机图像视频信号。记录视频的数字信号需要大量的磁盘空间。

例如,在不考虑音频信号的情况下,如果按照每秒 30 帧,每帧为中分辨率的彩色图像 640 像素×480 像素,每个像素用 24 位二进制表示,则每帧需要约 0.8789MB 的存储空间,如果存放在 650MB 的光盘中,每张光盘也只能播放 24s。计算如下:

$$640×480×24b/8b=921\ 600B=921\ 600/(1024×1024)MB=0.8789MB$$

$$30\ 帧/秒×0.8789MB/帧×24\ 秒=662.4MB$$

由此可见,如果将模拟视频信号按照这种方式数字化后存储到计算机上,这将耗费非常巨大的磁盘空间,这是所有用户都无法接受的。这样大的数据量如果进行传输,特别是实时传输,也是当前的带宽和数据传输技术所不能够承受的。因此,庞大的信息量是当前计算机处理视频能力的最大障碍,为此必须在图像精度、色彩深度、帧尺度方面进行折中,采用适当的方法进行视频数据的压缩,以减少视频数据的信息量,这样才能够让数字化视频采集技术走向实用。

4. 模拟视频源的清晰度

视频图像的清晰度是指主观感觉到的视频图像的清晰程度,习惯上常用电视系统的分解力描述图像的清晰度。决定电视的清晰度的重要参数是场频率和视频系统的频带宽度。电视系统的清晰度分为垂直清晰度和水平清晰度。垂直清晰度取决于扫描方式和每帧的扫描行数,水平清晰度主要取决于电视系统的带宽。

最大垂直清晰度取决于垂直扫描总行数。隔行扫描由于存在局部并行,因此实际垂直清晰度由有效扫描行数乘以 Kell 系数得到。隔行扫描方式的 Kell 系数是 0.7,也就是说,垂直清晰度是电视有效行数的 7/10。

水平清晰度是图像上可以分清的垂直线条数。水平清晰度取决于视频系统的频带宽度和图像传感器的像素数。理论上,水平清晰度和垂直清晰度应该采用统一的度量标准,因此当屏幕上的水平线条间隔和垂直线条间隔相同时,图像的垂直清晰度和水平清晰度是一样的。不过,由于图像的宽高比系数总是大于 1,因此图像的水平清晰度线数应该是图像上实际能分清的黑白垂直条数除以宽高比系数。

电视的水平清晰度的计算公式为:

水平清晰度 TVL/PH＝有效行时间(μs)×2×频带宽度(MHz)÷宽高比系数

我国电视标准规定行周期为 64μs,有效行时间为 52μs,标准视频带宽为 6MHz,所以我国现行电视标准的水平清晰度为:

水平清晰度 DVL＝52μs×2×6MHz÷4/3＝468 TVL/PH

PAL 制式亮度行帧为 15 625Hz/s,最大带宽为 6MHz。当图像信号为最高频率 6MHz时,每行可以显示 $6×10^6/15\ 625=384$ 周。假如正半周是白,负半周是黑,则每行周期能够显示 768 条黑白线。而一个行周期又分为正程和逆程,只有正程对分解力有贡献,PAL 制式的水平逆程占 0.18,因此每行正程最多能显示的黑白线数不会超过 768×0.82＝629.76。也就是说,PAL 制式水平分解力的极限是 630 线。因此图像经采样数字化和压缩以后,其水平分解力不可能超过 630 线,其他相关处理只会降低清晰度。

在垂直方向,PAL 系统的垂直分解力的极限是 575,因此 PAL 制式的每帧行数为 625,逆程占 0.08,所以 PAL 系统的垂直分解力的极限是 625×0.92＝575 线。对于逐行扫描来说,垂直扫描是间隔的抽样信号,575 扫描线并不能完全显示 575 线清晰度,垂直分解力通常是扫描线数乘上一个小于 1 的修正系数,该系统称为 Kell 系数。逐行扫描的 Kell 系数是 0.9,而隔行扫描的 Kell 系数是 0.7,因此现行 PAL 制式的垂直分解力为 400 线左右。

我国彩色电视标准 GB 3174—1982 规定:625 行/帧,每帧有 625 条像素行,电视画面的宽高比是 4∶3,因此每行有 625×(4/3)＝833 个像素。

美国高清晰度电视 1080 隔行扫描的垂直分解力为 700 线左右,720 逐行扫描的垂直分解力也为 700 线左右。电视的数字化信号经常用 720×576 来表示,它是水平和垂直的有效抽样点数,不是图像的清晰度线数。这是由 13.5MHz/15 625Hz＝864 去掉逆程得到的。

数字化模拟视频的优点是保证将最好质量的视频信号再现,而不是超越原有模拟电视系统的最高质量。

需要指出的是,电视图像的清晰度是指黑白亮度(灰度)的分辨率,而彩色图像的分辨率与图像扫描的格式有关,往往低于亮度的分辨率。

早期电视技术因为技术原因,一直沿着模拟信号处理技术的方向发展,直到 20 世纪 70 年代才开始开发数字电视。数字电视系统用彩色分量来表示视频图像信息。这些彩色分量模型是 RGB、YIQ 和 YCrCb,所以数字电视也称为"分量数字化电视"。

4.4.2 数字化视频采样标准

1. CCIR 601 标准

1982 年 2 月国际无线电咨询委员会(CCIR)第 15 次全会上,通过了 601 号标准(ITU-RT.601),也称为 CCIR601 号建议(表 4-6)。这一标准给出了彩色电视视频图像转换成数字视频图像时所采用的采样频率以及 RGB 与 YCbCr 彩色空间之间的相互转换关系等。

表 4-6 ITU-R.601 视频分量编码参数

采样形式	采样频率	PAL/SECAM 行取样点/行有效样点	NTSC 行取样点/行有效样点	信号电平,量化级	子采样方式
Y	13.5	864/720	858/720	0～255,220 级	4∶2∶2
Cr	6.75	432/360	429/360	16～235,225 级	
Cb	6.75	432/360	429/360	128±112,16～240 级	
Y	13.5	864/720	858/720	0～255,220 级	4∶4∶4
Cr	13.5	864/720	858/720	16～235,225 级	
Cb	13.5	864/720	858/720	128±112,16～240 级	

注:长宽比 4∶3,16∶9;Y、CR、Cb 由 γ 校正信号获得;样点结构:行、场、帧重复;每行 Cr、Cb 与同行的 Y 奇数样点同位;PCM 均匀量化编码;样点编码值 8 位或 10 位二进制;量化级 0 和 255 的码字仅用于同步。

1) 采样频率

CCIR 为 NTSC 制式、PAL 制式和 SECAM 制式规定了共同的电视图像采样频率。PAL 制式、SECAM 制式:采样频率为 625×25×N＝15 625×N＝13.5MHz(N＝864)。NTSC 制式:采样频率为 525×29.97×N＝15 734×N＝13.5MHz(N＝858)。其中 N 为每一扫描行上的采样数目。

2）彩色空间转换

在数字域中，RGB 到 YCbCr 彩色空间之间的转换关系用下式表示：

$$Y=0.299R+0.587G+0.114B$$
$$Cr=(0.500R-0.4187G-0.0813B)+128$$
$$Cb=(-0.1687R-0.3313G+0.500B)+128$$

3）有效显示分辨率

PAL 制式和 SECAM 制式的亮度信号，每一扫描行采样 864 个样本；NTSC 制式的亮度信号，每一条扫描行采样 858 个样本。以上 3 种制式，每一扫描行的有效样本数都是 720 个。

4）数据传输率

为减少模拟电视视频信号采样和量化后的信息量，CCIR 对 PAL、NTSC 和 SECAM 彩色电视制式确定了一个共同的数字化参数，并且建议使用 4：2：2 的子采样格式。建议亮度信号 Y 的采样频率选择为 13.5MHz/s，而色差信号 Cr 和 Cb 的采样频率选择为 6.75MHz/s，因此数字电视信号通道上的数据传输率应为 270Mbps。

Y（亮度）：

858 样本/行×525 行/帧×30 帧/秒×10 比特/样本＝135Mbps（NTSC）

864 样本/行×625 行/帧×25 帧/秒×10 比特/样本＝135Mbps（PAL）

Cr 和 Cb（色差）：

429 样本/行×525 行/帧×30 帧/秒×10 比特/样本＝68Mbps（NTSC）

429 样本/行×625 行/帧×25 帧/秒×10 比特/样本＝68Mbps（PAL）

视频图像数字化后的总信息量为亮度与色差信息的总和：

$$13.5(MHz)×8(bit)+2×6.75(MHz)×8(bit)=216Mbps$$

2. 数字化视频采样过程

模拟电视信号的数字化需要将复合模拟视频信号或分量模拟视频信号经过脉冲调制编码完成，即取样、保持、量化和编码完成。复合模拟视频信号直接数字化，具有码率低带宽窄、设备简单的特点。但是这种方式下，数字化时取样频率必须与彩色副载波频率保持一定的关系，而不同电视制式的副载波频率又各不相同，因此这种方式不便于各种制式的统一。加之复合编码时采样频率和副载波频率之间的差拍干扰极有可能落入图像频段，因而影响视频图像的质量。因此在数字电视中采用分量视频编码，而不是复合视频编码。

所谓分量视频编码，是指将视频信息的 R、G、B 分量，Y、U、V 分量，或者 Y、Cr、Cb 分量分别采样、保持、量化和编码。这样做的优点是：便于各种电视制式的统一；可以选择 NTSC、PAL、SECAM 这 3 种制式行频 525/60 和 625/50 的公倍数 2.25MHz 的 6 倍频 13.5MHz，作为统一采样频率；便于对分量信号采用时分复用的方式，从而避免干扰，获得高品质的视频信号。同时，分量编码便于采用 4：2：2 的子采样格式以减少带宽，这也是 CCIR601 标准所建议的。

目前标准清晰度数字电视的一路 PCM 彩色电视视频信号中，如果采样为 4：2：2 方式，样点编码 8 位二进制数，码率则为（13.5＋6.75＋6.75）MHz×8bit＝216Mbps。

如果是 4：4：4 采样方式，样点编码 10 位二进制数，则码率为（13.5＋13.5＋13.5）MHz×10bit＝405Mbps。

由此可见,数字视频信息量相当可观,即使目前飞速发展的传输技术、存储技术也无法有效地实现数字电视信息的存储、传递和再现。但是由于视频和音频信息存在一定的冗余,因此可以通过有效的压缩解码技术解决这一难题。

3. 数字化视频采样频率

数字化模拟视频的过程称为数字化视频采样。采样过程中的采样频率是决定数字化视频质量的重要指标。表 4-7 给出了几种 PAL 制式的采样频率、每行采样点数以及每帧图像的分辨率。

表 4-7　数字化视频的采样方式

系统名称	采样频率(MHz)	采样点数(行)	图像尺寸(像素)
PAL CCIR601	13.50	864	720×576
PAL 方阵	14.75	944	768×576
PAL CCIR656	27.00	1728	1440×576

通常每个采样点的一个数字化信号用 8 位二进制数表示,这样对于彩色信号而言,无论是 YUV 还是 RGB 的彩色信号,就要用 24 位二进制来表示。当然,对于要求更高的专业级或广播级信号可以用更高的位数表示。采样频率和每个像素点的每个信号的位数决定了图像的信息量和质量。

由于视频图像采用了 4∶3 的显示方式,因此 PAL 制式方阵的图像大小是 768×576。在应用 YUV 视频信号数字化过程中可以采用子采样方式。这是因为人眼对亮度敏感而对颜色相对不敏感,因此可以对于每个采样点都采集亮度信号,而对于多个采样点只采集一个色差信号就可以了。这样可以大大降低信息量,而不影响视频图像的质量。至于多个采样点取一个色差信号,这取决于子采样的方法。

4.4.3　子采样

对模拟彩色视频采样,作为亮度和色差模型 YCrCb,其亮度信号 Y 和色差信号 Cr、Cb 的采样频率可以相同,也可以不同。当对色差信号的采样频率低于亮度信号的采样频率时,这种采样称为子采样。子采样利用了人眼对亮度敏感、对色差不敏感的特点,利用了人眼对细节分辨率有限制的特点。子采样可以减少视频采样的信息量,起到数据压缩的作用。因此,子采样是最简单和最起码的视频图像压缩方法。

常用的采样方式有 4∶4∶4 的全采样和 4∶2∶2、4∶1∶1 及 4∶2∶0 的子采样方式。

4∶4∶4 的采样是指对于扫描线上,上下相邻的 4 个像素点的每个点的 Y、Cr、Cb 全部进行采样,如图 4-15 所示。这种采样方式每个像素点有 3 个样本。

4∶2∶2 的采样是指对于扫描线上相邻的 4 个像素点的每个点的 Y 全部进行采样,而对于同一扫描线上的相邻两个点,仅仅采集奇数列所在位置上点的 Cr 和 Cb 值,如图 4-16 所示。

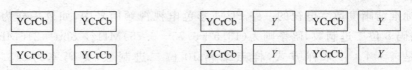

图 4-15　4∶4∶4 图像采样　　　　　图 4-16　4∶2∶2 图像采样

4：1：1 的采样是指对于扫描线上相邻的 4 个像素点的每个点的 Y 全部进行采样,而对于同一扫描线上的相邻 4 个点仅仅采集一个点的 Cr 和 Cb 值,如图 4-17 所示。

4：2：0 的采样是指对于扫描线上相邻的 4 个像素点的每个点的 Y 全部进行采集,而对于扫描线上,上下相邻的 4 个点,仅仅采集由这 4 个点计算得到的一个 Cr 和一个 Cb 值,如图 4-18 所示。

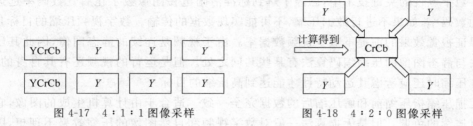

图 4-17　4：1：1 图像采样　　　　　图 4-18　4：2：0 图像采样

4.4.4　公用中分辨率格式

CCITT 制定了可以用于不同电视制式、适用于不同场合的视频采样格式 CIF、QCIF 和 SQCIF,这些格式成为公用中分辨率格式。CIF 是最常用的标准化图像格式(Common Intermediate Format),称为公用中分辨率格式。QCIF 是 Quarter Common Intermediate Format 的缩写,称为 1/4 公用中分辨率格式。而 SQCIF 是 Sub Quarter Common Intermediate Format 的缩写,称为公用中分辨率格式。此外,还有 4CIF 和 16CIF 等几种不同采样格式。以上 5 种 CIF 格式对视频图像数字化后的每帧行数和每行像素都做了明确规定。这些格式可以用于各种不同带宽的数字视频的需要,如不同带宽的视频会议等场合。各种不同公用中分辨率采样格式参数如表 4-8 所示。

表 4-8　不同公用中分辨率采样格式

格式	亮度像素(行)	亮度行数(帧)	色差像素(行)	色差行数(帧)
SQCIF	128	96	64	48
QCIF	176	144	88	72
CIF	352	288	176	144
4CIF	704	576	352	288
16CIF	1408	1152	704	576

在 H.323 协议簇中,规定了视频采集设备的标准采集分辨率。CIF＝325×288 像素。CIF 格式具有如下特性。

(1) 电视图像的空间分辨率为家用录像系统(Video Home System,VHS)的分辨率,即 325×288。

(2) 它使用非隔行扫描。且使用 NTSC 帧速率,30 幅/秒。此外,使用 1/2 的 PAL 水平分辨率,即 288 线。对亮度和两个色差信号(Y、Cb 和 Cr)分量分别进行编码,它们的取值范围同 ITU-R BT.601。即黑色＝16,白色＝235,色差的最大值等于 240,最小值等于 16。

如果用于视频会议,一般采用 325×288 的 CIF 格式,在带宽较窄的场合则使用 176×144 的 QCIF 格式或 128×96 的 SQCIF 格式。而在带宽较宽的场合则采用 704×576 的

4CIF 格式或 1408×1152 的 16CIF 格式。

4.5 数字视频标准

1. 数字视频压缩标准

在数字电视的关键技术中,已经了解到标准清晰电视图像数字化后其数码率远远大于频道的数码率,如果不进行数据压缩,不可能实现数据的传输。数字视频压缩的目标是在尽可能保证视觉效果的前提下减少视频数据率。由于视频是连续的静态图像,因此其压缩编码算法与静态图像的压缩编码算法有某些共同之处。但是运行的视频还有其自身的特性,因此在压缩时还应考虑其运动特性才能达到高压缩的目标。

无损压缩指压缩前和解压缩后的数据完全一致。适合于由计算机生成的图像,它们一般具有连续的色调。但是无损算法一般对数字视频和自然图像的压缩效果不理想,因为其色调细腻,不具备大块的连续色调。几乎所有高压缩的算法都采用有损压缩,这样才能达到低数据率的目标。丢失的数据与压缩比有关,压缩比越小,丢失的数据越多,解压缩后的效果一般越差。帧内压缩也称为空间压缩。当压缩一帧视频时,仅考虑本帧的数据而不考虑相邻帧之间的冗余信息,这实际上与静态图像压缩类似。帧内一般采用有损压缩算法,由于帧内压缩时各个帧之间没有相互关系,因此压缩后的视频数据仍可以以帧为单位进行编辑。帧内压缩一般达不到很高的压缩。帧间压缩也称为时间压缩,它通过比较时间轴上不同帧之间的数据进行压缩。帧间压缩一般是有损的。采用帧间压缩基于许多视频或动画的连续前后两帧具有很大的相关性,或者说前后两帧信息变化很小的特点。对称意味着压缩和解压缩占用相同的计算处理能力和时间。对称算法适合实时压缩和传送视频,如视频会议应用就应采用对称的压缩编码算法。不对称或非对称意味着压缩时需要花费大量的处理能力和时间,而解压缩时则能较好地实时回放,即以不同的速度进行压缩和解压缩。一般来说,压缩一段视频的时间比回放(解压缩)该视频的时间要多得多。

电视图像压缩编码的方法很多,其主要原理即为图像内相邻像素间、相邻行间及相邻帧间所具有的冗余度。国际组织制定了许多电视图像的压缩编码标准,用得最多的是运动图像压缩编码 MPEG(Moving Picture Export Group)标准。MPEG 标准视频压缩编码技术主要利用了具有运动补偿的帧间压缩编码技术以减小时间冗余度,利用 DCT 技术以减小图像的空间冗余度,利用熵编码则在信息表示方面减小了统计冗余度。这几种技术的综合运用,大大增强了压缩性能。

1) MPEG-1 标准

MPEG-1 的标准名称为"信息技术——用于数据速率高达 1.5Mbps 的数字存储媒体的电视图像和伴音编码"。它处理的是标准图像交换格式的电视,即 NTSC 制式为 352 像素×240 行/帧×30 帧/秒,PAL 制式为 352 像素×288 行/帧×25 帧/秒,压缩的输出速率定义在 1.5Mbps 以下。该标准由以下五部分组成。

(1) MPEG-1 系统,规定了运动图像数据、声音数据及其他相关数据的同步。

(2) MPEG-1 视频,规定了视频数据的编码和解码。

(3) MPEG-1 音频,规定了声音数据的编码和解码。

(4) MPEG-1 一致性测试,说明如何测试比特数据流和解码器是否满足 MPEG-1 前

3个部分中所规定的要求。

（5）MPEG-1软件模拟，这部分内容是一个技术报告，给出了用软件执行MPEG-1标准前3个部分的结果。

MPEG-1的应用领域包括光盘、数字音频磁带（DAT）、磁带设备、温彻斯特硬盘以及通信网络（如ISDN和局域网等）。其典型的应用是VCD，99%的VCD都是用MPEG-1格式压缩的，使用MPEG-1的压缩算法，可以把一部120分钟长的电影（未压缩视频文件）压缩到1.2GB左右大小。

为了支持多种应用，可由用户来规定多种输入参数，包括灵活的图像尺寸和帧频。MPEG-1标准提供了一些录像机的功能，包括正放、图像冻结、快进、快倒和慢放，此外，还提供了随机存取的功能。

2）MPEG-2标准

MPEG-2标准从1990年开始研究，1994发布DIS。MPEG-2标准是MPEG工作组制定的第二个国际标准，标准号是ISO/IEC 13818。它是一个直接与数字电视广播有关的高质量图像和声音编码标准。和MPEG-1相比增加了隔行扫描电视的编码，提供了位速率的可变性能（Scalability）功能。MPEG-2要达到的最基本目标是：位速率为4～9Mbps，最高达15Mbps。MPEG-2包含9个部分：MPEG-2系统（1994年）规定电视图像数据、声音数据及其他相关数据的同步；MPEG-2视频（1994年）规定了视频数据的编码和解码算法；MPEG-2音频规定了声音数据的编码和解码，是MPEG-1 Audio的扩充，支持多个声道；MPEG-2一致性测试；MPEG-2参考软件；MPEG-2数字存储媒体命令和控制扩展协议；MPEG-2高级音频编码是多声道声音编码算法标准；MPEG-2系统解码器实时接口扩展标准；MPEG-2 DSM-CC一致性扩展测试。

MPEG-2可以说是MPEG-1的扩充，因为它们的基本编码算法都相同。但MPEG-2增加了许多MPEG-1所没有的功能。

（1）MPEG-2有"按帧编码"和"按场编码"两种模式。在MPEG-1中是没有电视帧的概念，只支持逐行扫描，不支持隔行扫描。在MPEG-2中，针对隔行扫描的常规电视图像专门设置了"按帧编码"模式，相应的运动补偿算法也有扩充，分为"按帧运动补偿"和"按场运动补偿"，其编码效率显著提高。

（2）MPEG-2的类与等级。MPEG-2提出了配置与等级的概念。配置是按视频编码技术的简单还是复杂而确定的；对每个配置，根据编码参数的不同，即图像格式的简单还是复杂，进一步划分为不同的等级。MPEG-2标准中规定了5种配置4个等级。

5个类依次为简单类、主类、信噪比可分级类、空间频谱可分级类、高级类。4个等级由低到高为低级、主级、1440高级和高级。

（3）MPEG-2增加了分层编码。MPEG-2可伸缩性体现在以下几个方面。

① 空间分层编码，提供空间分辨率不同的图像。

② 时间分层编码，提供空间分辨率相同，但帧速率不同的视频信号。

③ 信噪比分层编码，提供具有相同空间分辨率，但编码质量不同的视频比特流。

④ 数据分割编码，将编码比特流分成两个优先级不同的部分。

（4）MPEG-2 扩充了系统层语法。MPEG-2 对系统层语法有了较大的扩充,包含了两类数据码流:传输码流(Transport Stream,TS)和节目码流(Program Stream,PS)。

MPEG-2 的应用领域很广,它不仅支持面向存储媒介的应用,而且还支持各种通信环境下数字视频信号的编码和传输。例如,数字电视、TV 机顶盒和 DVD(数字视频光盘),此外还可以应用于信息存储、Internet、卫星通信、视频会议和多媒体邮件等,其典型的应用是 DVD 和 HDTV(高清晰度电视)。为了适应不同的应用环境,MPEG-2 中有很多可以选择的参数和选项,改变这些参数和选项可以得到不同的图像质量,满足不同的需求。

3）MPEG-4 标准

MPEG-4 从 1994 年开始研究工作,它是为视听(Audio-Visual)数据的编码和交互播放开发算法和工具,是一个数据速率很低的多媒体通信标准。MPEG-4 是针对低速率(≤64Kbps)的视频压缩编码标准,同时还注重基于视频和音频对象的交互性。主要内容包括系统、视频、音频、一致性测试、软件仿真和多媒体综合框架等。系统模块的一般框架是:对自然或合成的视频和音频对象进行场景描述,对视频和音频数据流进行管理,对灵活性的支持以及对系统不同部分的配置。视频模块提供了对多种视频格式和码流的支持,支持基于内容的视频功能,即能够按视频内容分别编解码和重建。音频模块不仅支持自然的声音,而且支持基于描述语言的合成声音。同时还支持音频的对象特征,即一个场景中,有人、声和背景音乐,它们可以是独立编码的音频对象。多媒体综合框架(DMIF)主要解决交互网络、广播环境以及磁盘中多媒体应用的操作问题,通过传输多路合成比特信息,建立客户端和服务器端的握手和传输。MPEG-4 的目标是要在异构网络环境下能够高度可靠地工作,并且具有很强的交互功能。

MPEG-4 支持基于视觉内容的交互功能。而实现此功能的关键在于基于视频对象的编码,为此引入了视频对象平面(Video Object Plane,VOP)概念,即输入视频序列的每一帧被分割成许多任意形状的图像区域(视频对象平面),每个区域可能包括一个感兴趣的具体图像或视频内容。在一个场景中属于同一物理对象的 VOP 序列称为一个视频对象(Video Object,VO)。属于同一 VO 的 VOP 形状、运动和纹理信息,均在一个分开的视频对象层(Video Object Layer,VOL)内编码和传输。另外,标志每一个 VOL 的相关信息以及在接收端各个 VOL 的任意组合和重构完整的原始图像等信息均被包括在码流之中,因此可以实现对每个 VOP 单独进行解码,并对视频序列进行灵活的操作。

MPEG-4 的应用领域包括数字广播电视、实时多媒体监控、低比特率下的移动多媒体通信、基于内容的信息存储和检索多媒体系统、网络视频流与可视游戏、基于面部表情模拟的虚拟会议、DVD 上的交互多媒体应用、演播室和电视的节目制作等。

4）MPEG-7 标准

MPEG-7 也称为多媒体内容描述接口(Multimedia Content Description Interface),目的是制定一套描述符标准,用来描述各种类型的多媒体信息和它们之间的关系,以便更快、更有效地检索信息。这些媒体包括静态图像、图形、3D 模型、声音、话音、电视以及在多媒体演示中它们之间的关系。在某些情况下,数据类型还可以包括面部特性和个人特性的表达。MPEG-7 的处理链包括 3 个部分:特征抽取、标准描述和检索工具。

MPEG-7 的应用领域包括:数字图书馆(Digital Library),如图像目录、音乐词典等;多媒体目录服务(Multimedia Directory Services);广播媒体的选择等。MPEG-7 潜在应用领域还包括教育、娱乐、新闻、旅游、医疗、购物等。

2. 数字视频编码标准

H.26X 是由 ITU-T 制定的视频编码标准,具有编码效率较高和比特率低等优点,广泛应用于视频通信的各个领域。主要有 H.261、H.262、H.263、H.264 等。

1) H.261 标准

H.261 发布于 1990 年 12 月,是 ITU-T 针对视频电话、视频会议等要求实时编解码和低时延应用提出的第一个视频编解码标准。H.261 标准的码率为 $P \times 64$Kbps,其中 P 为整数,且 $1 \leqslant P \leqslant 30$,对应的码率为 64K~1.92Mbps。通常,当 $P = 1$、2 时,用于视频电话业务,$P \geqslant 6$ 时用于视频会议业务。

H.261 视频编码器的原理框图如图 4-19 所示,其中有两个模式选择开关用来选择编码模式,编码模式包括帧内编码和帧间编码两种,若两个开关均选择上方,则为帧内编码模式;若两个开关均选择下方(图 4-19 中状态),则为帧间编码模式。

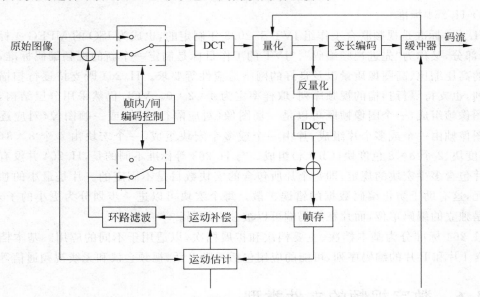

图 4-19　H.261 视频编码器的原理框图

H.261 压缩编码方法包括具有运动补偿的帧间预测、块 DCT 和霍夫曼编码。输入图像(帧内模式)或预测误差(帧间模式)被划分为 8×8 像素的子块,根据情况分为传块或不传块。4 个 Y 子块(亮度块)和 2 个空间上对应的色差子块(色度块)组成一个宏块。对于编码模式的选择以及块的传输与否,H.261 没有做规定,作为编码控制策略的一部分,所传送的子块需要进行 DCT 变换,变换后的系数经过量化后再进行变长编码。当图像中存在着运动物体时,需要考虑具有运动补偿的预测才能达到好的压缩效果。H.261 的运动预测以宏块为单位,由亮度分量来决定运动矢量,匹配准则有最小绝对值误差、最小均方误差、归一化互相关函数等,标准并没有限定选用何种准则,也没有限定使用何种搜索方法进行搜索。

H.261 标准对 DCT 系数采用两种量化方式。对帧内编码模式所产生的直流系数,用步长为 8 的均匀量化器进行量化;对其他所有的系数,则采用设置了死区的均匀(线性)量化器来量化,量化器的步长 T 为 2~62。

H.261 视频编码分为帧内编码和帧间编码。若画面内容切换频繁或运动剧烈,则帧间编码不能得到好的编码效果,需要使用帧内编码。显然,起始帧和场景更换后的第一帧也必须采用帧内编码。为了控制帧间编码和传输误码可能引起的误差扩散,标准规定一个宏块最多连续进行 132 次帧间编码后要进行一次帧内编码。

2) H.263 标准

H.263 标准制定于 1995 年,是 ITU-T 针对 64Kbps 以下的低比特率视频应用而制定的标准。它的基本算法与 H.261 大体相同,但进行了许多改进,使得 H.263 标准获得了更好的编码性能。当比特率低于 64Kbps 时,在同样比特率的情况下,与 H.261 相比,H.263 可以获得 3～4dB 的质量改善。H.263 的改进主要包括支持更多的图像格式、更有效的运动预测、效率更高的三维可变长编码代替二维可变长编码以及增加了 4 个可选模式。H.263 规定,所有的解码器必须支持 Sub-QCIF 和 QCIF 格式,所有的编码器必须支持 Sub-QCIF 和 QCIF 格式中的一种,是否支持其他格式由用户决定。

3) H.264 标准

H.264 标准是视频联合工作组 JVT 于 2003 年制定的,也成为 ISO 的 MPEG-4 标准的第 10 部分,又称为“先进视频编码”。JVT 的工作目标是制定一个新的视频编码标准,适应视频的高压缩比、高图像质量以及良好的网络适应性等要求。H.264 既支持逐行扫描的视频序列,也支持隔行扫描的视频序列,取样率定为 4:2:0。VCL 仍然采用分层结构,视频流由图像帧组成,一个图像帧既可以是一场图像(对应隔行扫描)或一帧图像(对应逐行扫描),图像帧由一个或多个片组成,片由一个或多个宏块组成,一个宏块由 4 个 8×8(16×16)亮度块、2 个 8×8 色度块(Cb,Cr)组成。与 H.263 等标准不同的是,H.264 并没有给出每个片包含多少宏块的规定,即每个片所包含的宏块数目是不固定的。片是最小的独立编码单元,这有助于防止编码数据的错误扩散。每个宏块可以进一步划分为更小的子宏块。宏块是独立的编码单位,而片在解码端可以被独立解码。

H.264 标准分为基本档次、主要档次和扩展档次,以适用于不同的应用。基本档次支持包含 I 片和 P 片的编码序列,可能的应用包括视频电话、视频会议和无线视频通信等。

4.6 数字视频的文件类型

1. AVI 格式

AVI(音频视频交错)格式是一种可以将视频和音频交织在一起进行同步播放的数字视频文件格式。AVI 格式由 Microsoft 公司于 1992 年推出,随 Windows 3.1 一起被人们所认识和熟知。它采用的压缩算法没有统一的标准,除 Microsoft 公司之外,其他公司也推出有自己的压缩算法,只要把该算法的驱动加到 Windows 系统中,就可以播放该算法压缩的 AVI 文件。AVI 格式的优点是图像质量好,可以跨多个平台使用,但是其缺点是体积过于庞大,其文件扩展名为.avi。

2. MPEG 格式

MPEG(动态图像专家组)是 1988 年成立的一个专家组,其任务是负责制定有关运动图像和声音的压缩、解压缩、处理以及编码表示的国际标准。MPEG 格式是采用了有损压缩方法从而减少运动图像中的冗余信息的数字视频文件格式。目前 MPEG 格式有 3 个压缩标准,分别是 MPEG-1、MPEG-2 和 MPEG-4。

MPEG-1 制定于 1992 年,它是针对 1.5Mbps 以下数据传输率的数字存储媒体运动图像及其伴音编码而设计的国际标准。使用 MPEG-1 的压缩算法,可以把一部时长 120 分钟的视频文件压缩到 1.2GB 左右。这种数字视频格式的文件扩展名包括.mpg、.mlv、.mpe、.mpeg 以及 VCD 光盘中的.dat 等。

MPEG-2 制定于 1994 年,是为高级工业标准的图像质量以及更高的传输率而设计的。这种格式主要应用在 DVD 和 SVCD 的制作(压缩)方面,同时在一些 HDTV(高清晰电视广播)和一些高要求视频编辑、处理上面也有较广的应用。使用 MPEG-2 的压缩算法,可以把一部时长 120 分钟的电影压缩到 4~8GB。这种数字视频格式的文件扩展名包括. mpg、.mpe、.mpeg、.m2V 及 DVD 光盘中的.vob 等。

MPEG-4 制定于 1998 年,是为播放流式媒体的高质量视频而专门设计的,它可利用很窄的带度,通过帧重建技术,压缩和传输数据,以求使用最少的数据获得最佳的图像质量。MPEG-4 能够保存接近于 DVD 画质的小体积视频文件,还包括了以前 MPEG 压缩标准所不具备的比特率的可伸缩性、动画精灵、交互性甚至版权保护等一些特殊功能。使用 MPEG-4 的压缩算法的 ASF 格式可以把一部 120 分钟的电影(视频文件)压缩到 300MB 左右的视频流,可供在线观看。这种数字视频格式的文件扩展名包括.asf 和.mov。

3. RM 格式

RM(RealMedia)格式是 Networks 公司所制定的音频视频压缩规范。用户可以使用 RealPlayer 或 RealOnePlayer 对符合 RealMedia 技术规范的网络音频/视频资源进行实况转播,并且 RealMedia 还可以根据不同的网络传输速率制定出不同的压缩比率,从而实现在低速率的网络上进行影像数据实时传送和播放。这种数字视频格式的文件扩展名包括.rm、.ra 和.ram。

4. RMVB 格式

RMVB 格式是一种由 RM 视频格式升级延伸出的新视频格式,它的先进之处在于 RMVB 视频格式打破了原先 RM 格式那种平均压缩采样的方式,在保证平均压缩比的基础上合理利用比特率资源,也就是说,静止和动作场面少的画面场景采用较低的编码速率,这样可以留出更多的带宽空间,而这些带宽会在出现快速运动的画面场景时被利用。这样在保证了静止画面质量的前提下,大幅地提高了运动图像的画面质量,使图像质量和文件大小之间就达到了微妙的平衡。这种数字视频格式的文件扩展名为.rmvb 和.rm。

5. WMV 格式

WMV(Windows Media Video)格式是 Microsoft 公司将其名下的 ASF(Advanced Stream Format)格式升级延伸出的一种流媒体格式。WMV 格式的主要优点包括本地或网络回放、可扩充的媒体类型、可伸缩的媒体类型、多语言支持、环境独立性、丰富的流间关系以及扩展性等。其文件扩展名为.wmv。

6. MOV 格式

MOV 格式是美国 Apple 公司开发的一种视频格式,默认的播放器是 Apple 公司的 QuickTime Player。MOV 格式不仅能支持 MacOS,同样也能支持 Windows 系列计算机操作系统,有较高的压缩比率和较完美的视频清晰度。MOV 格式定义了存储数字媒体内容的标准方法,使用这种文件格式不仅可以存储单个的媒体内容,如视频帧或音频采样数据,而且还能保存对该媒体作品的完整描述。因为这种文件格式能用来描述几乎所有的媒体结构，所以它是不同系统的应用程序间交换数据的理想格式。这种数字视频格式的文件扩展名包括.qt、.mov等。

7. DivX 格式

DivX格式是由MPEG-4衍生出的另一种视频编码（压缩）标准，也即人们通常所说的DVDrip格式，它采用了MPEG-4的压缩算法，同时又综合了MPEG-4与MP3各方面的技术，即使用DivX压缩技术对DVD盘片的视频图像进行高质量压缩，同时用MP3或AC3对音频进行压缩，然后再将视频与音频合成并加上相应的外挂字幕文件而形成的视频格式。其画质直逼DVD，但文件大小只有DVD的几分之一，并且对机器的要求也不高，因此DivX格式可以说是一种对DVD造成威胁最大的新生视频压缩格式。其文件扩展名为.avi。

8. FLV 格式

FLV(Flash Video)格式是随着Flash MX的推出发展而来的流媒体视频格式。它的出现有效地解决了视频文件导入Flash后，使导出的SWF文件体积庞大，不能在网络上很好地使用等缺点。FLV文件体积极小，一分钟清晰的FLV视频大小在1MB左右，加上CPU占用率低，视频质量良好等特点使其在网络上极为盛行。目前网上多数视频网站使用的都是这种格式的视频。其文件扩展名为.flv。

9. 3GP 格式

3GP(The 3rd Generation Partner)格式是一种3G流媒体的视频编码格式，主要是为了配合3G网络的高传输速度而开发的一种媒体格式，具有很高的压缩比，特别适合手机上观看电影。3GP格式的视频文件体积小，移动性强，适合在手机、PSP等移动设备使用，缺点是在PC上兼容性差，支持软件少，且播放质量差，帧频低，较AVI等格式相差很多。其文件扩展名为.3gp。

10. MTS 格式

MTS(MPEG-2 Transport Stream)视频格式是一种新兴的高清视频格式，常见于Sony高清DV录制的视频，其视频编码通常采用H.264，音频编码采用AC-3，分辨率为1920×1080或1440×1080，是一种达到高清甚至全高清标准的格式，也是一种蓝光标准的格式。播放MTS视频格式不同于AVI等传统格式，所有计算机都能良好地兼容播放，如果机器性能较弱，就有可能发生播放不流畅的情况。MTS视频格式画质非常高，也就决定了它体积非常大，所以通过高清录像机录制的MTS，常常需要进行转换，以减小视频的体积，另外，如果需要在影碟机上播放录制的视频，也需要转换成DVD格式。其文件扩展名为.mts。

11. F4V 格式

F4V是Adobe公司为了迎接高清时代而推出继FLV格式后的支持H.264的F4V流媒体格式。它和FLV主要的区别在于，FLV格式采用的是H.263编码，而F4V则支持H.264编码的高清晰视频，码率最高可达50Mbps。使用最新的Adobe Media Encoder CS4软件即可编码F4V格式的视频文件。现在主流的视频网站（如土豆、酷6、优酷）都开始用H.264编码的F4V文件，相同文件大小情况下，清晰度明显比H.263编码的FLV要好。

4.7　数字视频文件的大小和优化

数字视频文件能通过播放多帧图像而得到动画效果。数字视频文件大都录制的是真实的景物,但也有手工制作的动画。数字视频文件有多个指标,其中之一是文件类型,另一个是压缩问题。这两个指标都直接或间接影响数字视频文件的大小,由于数字视频文件大都是未经压缩的、数据量大得惊人的文件,然而压缩使得将视频数据存储到硬盘上成为可能。如果帧尺寸较小帧切换速度较慢,再使用压缩和解压,存储一分钟的视频数据只需 20MB 的空间而不是 1.5GB,所需存储空间的比例是 20∶1500,即 1∶75。当然在显示窗口看到的只是分辨率为 160×120 邮票般大小的画面,帧速率也只有 15 帧/秒,色彩也只有 256 色,但画面毕竟活动起来了。QuickTime 和 Video for Windows 通过建立视频文件标准 MOV 和AVI 使数字视频的应用前景更为广阔,使它不再是一种专用的工具,而成为每个人计算机中的必备成分。而正是数字视频发展的这一步,为电影和电视提供了一个前所未有的工具,为影视艺术带来了影响空前的变革。

决定视频文件占用空间大小的因素主要是编码格式和比特率。编码率/比特率直接与文件体积有关。且编码率与编码格式配合是否合适,直接关系到视频文件是否清晰。在视频编码领域,比特率常翻译为编码率,单位是 Kbps。例如,800Kbps,其中 1Kb＝1024b、1Mb＝1024Kb,这个就是计算机文件大小的计量单位,1KB＝8Kb,区分大小写,B 代表字节(Byte),s 为秒(second),p 为每(per),以 800Kbps 来编码表示经过编码后的数据每秒钟需要用 800Kb 来表示。完整的视频文件是由音频流与视频流两个部分组成的,音频和视频分别使用的是不同的编码率,因此一个视频文件的最终技术大小的编码率是音频编码率和视频编码率。例如,一个音频编码率为 128Kbps,视频编码率为 800Kbps 的文件,其总编码率为 928Kbps,意思是经过编码后的数据每秒钟需要用 928Kb 来表示。了解了编码率的含义以后,根据视频播放时间长度,就不难了解和计算出最终文件的大小。编码率越高,视频播放时间越长,文件体积就越大。不是分辨率越大文件就越大,只是一般情况下,为了保证清晰度,较高的分辨率需要较高的编码率配合,所以使人产生分辨率越大的视频文件体积越大的感觉。计算输出文件大小公式:

(音频编码率(Kb 为单位)/8＋视频编码率(Kb 为单位)/8)×影片总长度(秒为单位)
＝文件大小(MB 为单位)

与文件体积大小有关的码率是指平均码率,因此不论是使用固定比特一次编码方式还是使用二次(多次)动态编码方式,都是可以保证文件大小的。只有使用基于质量编码的方式时,文件大小才不可控制。

4.8　本章小结

本章讲解了模拟电视、彩色电视以及数字电视的相关概念。了解了电视扫描的不同方式、彩色电视制式、数字电视的技术特点及其功能。重点讲解了数字电视的原理、电视图像数字化的相关方法以及国际三大数字视频标准。了解了模拟视频信号的数字化方法以及数字视频几大标准。最后讲解了目前最常见的几种数字视频文件。

习题 4

1. 简述扫描同步的原理。
2. 扫描体制有几种？各有什么特点？
3. 简述 PAL 及 NTSC 制式的特点。
4. 简述模拟信号与数字信号的不同之处。
5. 平衡调幅波具有哪些特点？有哪些优点？

第 5 章

数字图形与动画基础

本章学习目标

• 了解数字图形的基础知识。

• 了解动画发展的历程。

• 掌握数字动画制作流程、动画的基本运动规律。

本章先向读者介绍数字图形的基础知识,制作软件和图形文件格式,再介绍动画的发展历程,动画的制作流程,动画运动规律,最后介绍二维和三维的数字动画的创作工具。

5.1 数字图形基础

当今社会已经进入了数字化的时代,是图形与图像的时代,图形图像的出现改变了传统的借助于语言、文字和表演等形式的文化活动,主要通过视觉形象的方式呈现给大众。计算机图形学是研究使用计算机生成、处理和显示图形的学科,是研究通过计算机将数据转换为图形,并在专门显示设备上显示的原理、方法和技术的学科,是用一种最直接的形式用图形图像来表示和表现充满信息的世界。通常被认为是从客观世界物体中抽象出来的带有颜色和形状信息的图和形。

5.1.1 图形与图像

1. 图形

图形以矢量图的形式呈现。计算机中有场景的几何模型和景物的物理属性表示的图形,它更强调场景的几何表示,记录图形的形状参数和属性参数,使用点、线、面反映图的几何特征。图形不直接描述图中的每一个点,而是描述产生这些点的过程和方法。所有的图形都可以使用数学的方法加以描述,用矢量化的方法对图中的多个部分进行控制,对图中的对象进行任意的变换,如放大、缩小、旋转、变形、叠加、扭曲等,都可以保持图形原来的特征。

2. 图像

图像以点阵图的形式呈现。计算机以具有颜色信息的点阵来表示的图像,强调图像由哪些点组成,记录图的点以及它的灰度、色彩等,如照片、扫描图片等,点阵图最基本的单位是像素,每个像素点记录了图像相应的颜色信息,每个像素点的位置、色彩、亮度不同,组合在一起形成规则的点阵结构,就组成了图案。

5.1.2 矢量图与位图

1. 矢量图形

矢量图又称为图形,一般指计算机绘制的画面或由数学概念的直线或曲线所组成的图形,如直线、圆、圆弧等。矢量图只描述记录生成图的算法和图上的某些特点并根据图形的几何属性来描述。例如,制作一条线段只需要记录线段的两个端点的坐标、线段的粗细和色彩即可。

矢量图形是由称为矢量的数学对象定义的直线和曲线构成的。矢量根据图形的几何特征对图形进行描述。用户可以任意移动或修改矢量图形,而不会丢失细节或影响清晰度,因为矢量图形是与分辨率无关的,即当调整矢量图形的大小、将矢量图形打印到 PostScript 打印机、在 PDF 文件中保存矢量图形或将矢量图形导入到基于矢量的图形应用程序中时,矢量图形都将保持清晰的边缘。因此,对于将在各种输出媒体中按照不同大小使用的图稿(如徽标),矢量图形是最佳选择。常用的矢量图形处理软件有 Adobe Illustrator 和 CorelDraw等。常用的矢量文件格式有 EPS、AI、CDR、WMF 等。

矢量图形具有自身的特征,矢量图形与分辨率无关,移动图形、调整图形大小或者更改图形颜色,都不会降低图形的品质。矢量图形不适合制作色调丰富、色彩变化多的图像。相对于位图图像来说,矢量图形的文件量较小。

2. 位图

位图也称为点阵图,它是由计算机屏幕上的网格点组成的,处理位图图像时处理的是图像的像素,而不是对象或者形状。位图图像与分辨率有关,也就是说,它们包含固定数量的像素。因此,如果在屏幕上以高缩放比率对它们进行缩放或以低于创建时的分辨率来打印它们,则将丢失其中的细节,并会呈现出锯齿,如图 5-1 所示。常用的位图图像处理软件有Adobe Photoshop、Painter 等。常用的位图图像文件格式有 JPG、TIFF、BMP 等。

3:1

24:1

图 5-1　位图

5.2　常用的图形制作软件

1. Adobe Illustrator

Adobe Illustrator 是一种应用于出版、多媒体和在线图形的工业标准矢量插画的软件,作为一款非常好的图形处理工具,Adobe Illustrator 广泛应用于印刷出版、专业插画、多媒体图像处理和互联网页面的制作等,也可以为线稿提供较高的精度和控制,适合生产任何小型设计到大型的复杂项目。

Adobe Illustrator 是全球最著名的矢量图形软件,以其强大的功能和体贴用户的界面,已经占据了全球矢量编辑软件中的大部分份额。据不完全统计全球有 37%的设计师正在使用 Adobe Illustrator 进行艺术设计。

它是一款专业图形设计工具,提供丰富的像素描绘功能以及顺畅灵活的矢量图编辑功能,能够快速创建设计工作流程,可以为网页或打印产品创建复杂的设计和图形元素。它支持许多矢量图形处理功能,拥有很多拥护者,也经历了时间的考验,Illustrator 中有相当典型的矢量图形工具,诸如三维原型、多边形和样条曲线等,在里面用户可以发现一些常见的操作。

尤其基于 Adobe 公司专利的 PostScript 技术的运用,Illustrator 已经完全占领专业的印刷出版领域。无论是普通设计者和专业插画家、生产多媒体图像的艺术家,还是互联网页或在线内容的制作者,使用过 Illustrator 后,都发现其具有强大的功能和简洁的界面设计风格。

目前 Adobe Illustrator 已经发展到 CS6 版本。

2. CorelDraw

CorelDraw 是由加拿大的 Corel 公司开发的图形图像软件。其非凡的设计能力广泛地应用于商标设计、标志制作、模型绘制、插图描画、排版及分色输出等诸多领域。

该软件是一款屡获殊荣的图形编辑软件,用于矢量图及页面设计。这款绘图软件带给用户强大的交互式功能,使用户可创作出多种富于动感的特殊效果及矢量图形即时效果,在简单的操作中就可得到实现,而不会丢失当前的工作。通过 CorelDraw 的全方位的设计,可以将其融合到用户现有的设计方案中,灵活性十足。

该软件更为专业设计师及绘图爱好者提供简报、彩页、手册、产品包装、标识、网页及其他制作。该软件提供的智慧型绘图工具以及新的动态向导可以充分降低用户的操控难度,允许用户更加容易精确地创建物体的尺寸和位置,减少操作步骤,节省设计时间,提高设计效率。

3. Fireworks

Adobe Fireworks 是 Adobe 公司推出的一款网页图形处理软件,软件可以加速 Web 设计与开发,是一款创建与优化 Web 图像和快速构建网站与 Web 界面原型的理想工具。Fireworks 可以同时处理编辑矢量图形与位图图像,还提供了一个预先构建资源的公用库,并可与 Adobe Photoshop、Adobe Illustrator、Adobe Dreamweaver 和 Adobe Flash 等软件联合集成工作。在 Fireworks 中导入 Photoshop 文件,导入的时候可以保持分层的图层、图层效果和混合模式。将 Fireworks 文件保存返回 Photoshop 格式。导入 Illustrator 文件,导入的时候可以保持包括图层、组和颜色信息在内的图形完整性。集成作业可以使图形处理工作高效、省力。在 Fireworks 中设计并迅速搭建起网站和各种 Internet 应用程序构建交互式布局原型,或利用来自 Illustrator、Photoshop 和 Flash 的其他资源。然后将网站原型直接置入 Dreamweaver 中轻松地进行开发与制作,将 RIA 原型导出至 Adobe Flex。

5.3 数字图形文件格式

1. AI

AI 是 Adobe 公司的图形处理软件 Illustrator 的专用格式。它的优点是占用硬盘空间小,打开速度快,方便格式转换。

2. CDR

CDR 是 Corel 公司的图形处理软件 CorelDraw 的专用格式。由于 CorelDraw 是矢量图形绘制软件,因此 CDR 可以记录文件的属性、位置和分页等。但它在兼容度上比较差,所有 CorelDraw 应用程序中均能够使用,但其他图像编辑软件打不开此类文件。CorelDraw 主要有两个方面的功能,即绘图与排版。

3. WMF

WMF 是一种矢量图形格式,Word 中内部存储的图片或绘制的图形对象属于 WMF 格式。无论放大还是缩小,图形的清晰度不变,WMF 是一种清晰简洁的文件格式。它是微软公司定义的一种 Windows 平台下的图形文件格式。WMF 格式文件所占的磁盘空间比其他格式的图形文件要小得多。

4. DWG

DWG 是 Autodesk 公司制定的格式,主要应用于计算机辅助设计 AutoCAD 等软件中。Illustrator 软件中强大的绘图工具可以与 AutoCAD 配合使用,Illustrator 中导出的 DWG 格式文件可以直接导入 AutoCAD 中使用。扩展名是"∗.dwg",是二维或三维图形档案。它还可以和多种文件格式进行转化,如 DXF、DWF 等。

5. DXF

DXF 是 Drawing eXchange Format 的缩写,扩展名是"∗.dxf",是 AutoCAD 中的图形文件格式,它以 ASCII 方式储存图形,在表现图形的大小方面十分精确,可被 CorelDraw 和 3Ds Max 等大型软件调用编辑。

6. SWF

SWF(Shock Wave Flash)是 Adobe 公司的动画设计软件 Flash 的专用格式,是一种支持矢量和点阵图像的动画文件格式,被广泛应用于网页设计、动画制作等领域,SWF 文件通常也被称为 Flash 文件。SWF 普及程度很高,现在超过 99% 的网络使用者都可以读取 SWF 档案。这个格式由早期的 FutureWave 创建,后来为了创作小档案以播放动画受到了 Macromedia 公司的支援。计划理念是可以在任何操作系统和浏览器中进行,并让网络较慢的用户也能顺利浏览。SWF 可以用 Adobe Flash Player 打开,浏览器必须安装 Adobe Flash Player 插件。

7. PDF

该格式是由 Adobe 公司推出的专门为线上出版而制定的,它以 PostScript Level 2 语言为基础,可以覆盖矢量图形和点阵图,并且支持超链接。该格式可以保存多页信息,其中可以包含图形和文本。此外,由于该格式支持超链接,因此是网络下载经常使用的文件格式。PDF 格式支持 RGB、索引颜色、CMYK、灰度、位图和 Lab 颜色模式,但不支持 Alpha 通道。

8. EPS

EPS 是跨平台的标准格式,专用的打印机描述语言,可以描述矢量信息和位图信息,主要用于矢量图形和栅格图像的存储。此格式为压缩的 PostScript 格式,是为在 PostScript 打印机上输出图像开发的。在 PostScript 图形打印机上能打印出高品质的图形图像,最高能表示 32 位图形图像。该格式分为 Photoshop EPS 格式(Adobe Illustrator EPS)和标准 EPS 格式,其中标准 EPS 格式又可分为图形格式和图像格式。值得注意的是,在 Photoshop 中只能打开图像格式的 EPS 文件。EPS 格式包含两个部分:第一部分是屏幕显示的低解析度影像,方便影像处理时的预览和定位;第二部分包含各个分色的单独资料。 EPS 文件以 DCS/CMYK 形式存储,文件中包含 CMYK 4 种颜色的单独资料,可以直接输出四色网片。其最大优点是可以在排版软件中以低分辨率预览,而在打印时以高分辨率输出。EPS 格式还有许多缺陷:首先,EPS 格式存储图像效率特别低;其次,该格式的压缩方案也较差,一般同样的图像经 EPS 压缩后要比经 TIFF 的 LZW 压缩的图像大 3～4 倍。

9. SVG

SVG 文件格式是一种可缩放的矢量图形格式。它是一种开放标准的矢量图形语言,可任意放大图形显示,边缘异常清晰,文字在 SVG 图像中保留可以编辑和可以搜寻的状态,没有字体的限制,生成的文件很小,下载很快,十分适合用于设计高分辨率的 Web 图形页面。

5.4 动画基础

5.4.1 动画发展历程

1. 萌芽时期

在遥远的旧石器时代,人类就有表现动态世界的愿望。经过考古发现,旧石器时代的人类对表现现实生活中的动态事物有浓厚的兴趣。例如,西班牙北部山区阿尔那米拉山洞穴的那头"八条腿的野猪",如图 5-2 所示。可以看到正在奔跑的猪有很多条腿,以描绘出野猪是运动中的形象,表现猪在飞速地奔驰。

又如,在古埃及和古希腊的帝王陵墓里,在墙壁上描绘古希腊勇士摔跤的画面,通过一组连续性的动作画面,让人感受动的过程,画面表现非常生动,动作流畅。

古希腊的陶瓶和我国的走马灯,巧妙地利用了旋转的方式,在固定的空间中添加了时间的概念,为静止的画面注入动画元素。当旋转到一个合适的速度时,这些画面就成了流畅的活动影像,如图 5-3 所示。

图 5-2 八条腿的野猪

图 5-3 陶瓶

从这些例子可以看出,这个时期的表现题材与形象大多是做一件事情的经过与被猎取的动画形象等。人们尽力使原来静止的形象产生视觉上的动感,尽力让图画具有动态,使其活动起来。这充分说明了古艺术家试图通过固定的图画来再现动物或人物的活动,这被认为是最早的动画萌芽状态。

2. 探索时期

随着时代的发展,科学家和艺术家们开始用一系列的连续图画来创造活动影像的实验,17世纪阿塔那斯·珂雪发明了"魔术幻灯",它是一个铁箱,里面放置一盏灯,在箱子的一边开一个小洞,在洞口安装透镜,然后把一片绘有图案的玻璃放在透镜后面,灯光透过玻璃和透镜把图案投射在墙上。17世纪末约那斯·桑改进了"魔术幻灯",把许多玻璃画片放在旋转盘上连续播放,这样出现在墙上的影像可以形成一种运动的幻觉。由此,魔术幻灯和动画有了初步联系。

1824年,英国人彼得罗杰在《移动物体的视觉暂留现象》中提出,形象刺激在最初显露后,能在视网膜上停留一段时间,当各种分开的形象以一定的速度连续出现时,视网膜上的刺激就会叠加起来,从而会形成连续进行的形象。并据此发明了"西洋镜",当它转动起来时,眼睛还保留着刚才闪过的画面,紧接着又出现下一副画面,看到画面组合在一起,产生了一个全新的画面。但是形成的画面感觉还不是真正的动画。

1877年法国人埃米尔·雷诺发明了"多重反射镜",并申请了专利。该装置把画好的图片按照顺序放在机器的圆盘上,把一些镜片放在转动轴的边缘,围在可旋转的中心附近,这样圆盘上的长条纸卷上每张单独的画面就可以反射在每块镜片上,产生不同的形象,如图5-4所示。这被认为是动画形态的雏形。

之后雷诺又改进了"多重反射镜",每幅图通过光线反射在镜子上,又通过透镜将图像放大,把这些连续动作的画投射到屏幕上,画面就动起来了,如图5-5所示。利用这个装置放映了《更衣室旁》、《丑角和它的狗》等。

图 5-4　多重反射镜　　　　　　　　图 5-5　改进的多重反射镜

1888年,爱迪生发明了一部可以记录连续动画片的仪器。他将图像先在卡片上处理好,然后显示在一种机器式的手翻书的透镜上,使用一套手摇杆和机械轴心带动一盘册页,加上透镜把画面放大,使影像得到延伸,产生丰富的视觉效果。

1895 年,电影正式诞生了。动画与电影在技法上和机械层面上有所交叉,这个时期的艺术家们在技术与艺术上,仍然在不断地进行着探索。1895 年法国的卢米埃尔兄弟发明了电影机,首先公开放映电影,使人们可以在同一时间看到事先拍好的影像,这对动画电影起到了重大的推动作用,将动画电影带入了新的纪元。

1907 年,英国人布莱克顿用粉笔画了一张人吸雪茄的影像,拍摄了"幻术电影",应用"逐格拍摄法"在黑板上用粉笔画了有趣的脸部表情,并摄制了《滑稽脸的幽默相》,如图 5-6 所示。被认为是世界上第一部真正的动画片,造成了极大的轰动。

另一位早期的伟大动画大师是温瑟·麦凯。他第一个意识到动画的巨大的艺术潜能。1914 年,麦凯推出了电影史上著名的代表作《恐龙葛蒂》,如图 5-7 所示。影片采用真人与动画相结合的形式,影片中的恐龙葛蒂听从麦凯的指示,做出各种动作,画面形象生动,整体感强,动作流畅,显示出了麦凯深厚的功力,影片产生了深远影响。

图 5-6　滑稽脸的幽默相

图 5-7　恐龙葛蒂

1915 年美国人伊尔·赫德发现使用透明的赛璐珞胶片取代动画纸来制作动画更为便捷,这样动画家不用再将每一格的背景都重画,而是可以将各种动画形象与背景分开。这一方法一直沿用至今,这就为动画工业化生产奠定了坚实的基础。

在动画的探索时期,人们发现了视觉暂留原理、使用了逐格拍摄的方法,以及突破性的使用赛璐珞,同时出现了一批里程碑式的动画大师,他们付出了艰苦的努力,取得了举世公认的成绩。可以说现代动画所使用的各项技术,大部分是当时发明的。至此,动画片的发展已经趋于基本成熟。

3. 初步发展时期

20 世纪 20 年代,欧洲动画向着前卫的方向发展,美国动画片为了追求快乐,充分展现个人在视觉上的才能。同时,美国动画事业投资者看到了动画潜在的商业前景,加大对动画产业的投入,美国动画与商业紧密地联系在一起。

1928 年沃尔特·迪士尼把动画片推向了事业的顶峰,被誉为商业动画之父。迪士尼公司是 20 世纪最伟大的动画公司。当其动画明星米老鼠在动画片《疯狂飞机》中出现时,立即引起了轰动。同年,迪士尼推出了第一部有声卡通动画短片《汽船威利号》,如图 5-8 所示。该短片的主角米老鼠乐观进取,天真快乐,受到全

图 5-8　汽船威利号

世界观众的喜爱,获得了巨大的成功,米老鼠的形象从此家喻户晓,成为迪士尼公司的标志性角色。

在动画的初步发展时期,由于迪士尼在技术上的努力和付出,取得了举世瞩目的成绩,也为动画产业的大发展大繁荣打下了坚实的基础。

4. 成熟时期

20世纪30年代,迪士尼由于对动画的不断探索和追求,进入了发展的黄金时代。1934年,迪士尼公司制作完成了彩色动画长片《白雪公主》,如图5-9所示。该影片取材经典,声画结合,富有艺术美感,制作精良,叙事细腻,使用多层拍摄技术,使用了赛璐珞,达到了艺术与技术的完美结合,取得了巨大成功。之后,迪士尼相继推出了《木偶奇遇记》、《幻想曲》、《小飞象》、《小鹿斑比》等作品,但是受到战争的影响,其作品受到限制。当第二次世界大战趋于尾声时,迪士尼动画又一次进入了黄金时期,作品题材非常多样化,推出了《仙履奇缘》、《爱丽丝梦游仙境》、《小飞侠》、《贵族与流浪狗》、《睡美人》等优秀作品。由此可以看出迪士尼动画取材的多元化、形式的多样化以及完美的艺术表现。

迪士尼可以说是美国动画的象征,但是在当时美国还有很多优秀的动画公司,如凡伯伦制片厂,1937年推出了动画形象《猫和老鼠》,这是与米老鼠同时代的杰出形象。另外还有华纳制片公司、美国联合制片公司等不同风格和制作方式的公司,这些百花齐放的态势丰富了美国商业动画的内涵和表现手段。

美国的动画片传到欧洲、亚洲的许多国家,影响了世界动画事业的发展,促进了动画技术与艺术的进步,不少国家的动画发展都趋于成熟。

在欧洲,捷克斯洛伐克的动画艺术,在第二次世界大战时期开始盛行,以"木偶动画"著称。《好兵帅克》、《仲夏夜之梦》等都是捷克动画史上优秀的作品。还有捷克动画师创作的《鼹鼠的故事》更是家喻户晓,深入人心,如图5-10所示。波兰动画偏重借助抽象的美术去表现,代表作有《往事》、《小西部片》、《红与黑》、《椅子》、《倒影》、《探戈》等作品。

图 5-9　白雪公主

图 5-10　鼹鼠的故事

在亚洲,中国的万氏兄弟受迪士尼动画片《白雪公主》的影响,1941年,制作了中国第一部动画长片《铁扇公主》,形成了中国动画继承传统艺术和民族化的特色。1961年,中国动画的经典作品《大闹天宫》制作完成,成为世界动画的经典。20世纪六七十年代,中国推出了世界上独有的水墨动画,把属于东方的中国画搬上了银幕,代表作品有《小蝌蚪找妈妈》、《牧笛》、《鹿铃》、《山水情》。20世纪80年代在水墨动画的基础上,又创造了水墨形式的剪纸动画,代表作品有《长在屋里的竹笋》《鹬蚌相争》。水墨剪纸动画是中国动画民族化的飞跃,是中国动画对世界动画的贡献。

在日本,其动画事业迅速发展,从手冢治虫的漫画发展起来的富有日本风格的卡通动画到宫崎骏的崛起,从个人独立制作到动画工业的崛起,日本动画在全世界形成了一股旋风。1961 年,日本"动漫之父"手冢治虫推出了其第一部富有影响的动画片《街角的故事》,该片借助于街角的广告,探索一种用尽可能少的动作及尽可能少的绘画数量,来表现尽可能丰富的动画片内容。1963 年推出了日本第一部电视版黑白动画片《铁臂阿童木》,还有日本第一部电视彩色版动画片《森林大帝》。1966 年推出了《展览会的画》等作品。手冢治虫使电视动画大量生产成为可能。日本另一位动画大师宫崎骏在 1978 年制作了电视动画片《未来少年柯南》,描述了少年柯南为拯救人类与拥有超磁力兵器的恶魔战斗的故事,作品中体现了人文关怀的主题。所有这些电视系列动画片的出现预示着日本动画将在世界范围内产生重大影响。

在这个时期,不论从动画的制作技法,还是动画的艺术表现力方面都趋于成熟,各个国家的动画产业百花齐放,推出了各具特色的优秀动画作品,丰富了人们的精神世界,满足了广大观众的需要。

5. 高速发展时期

动画在每一个时期艺术上的突飞猛进,都有赖于科技的发展。动画自身技术手段不断进步的同时,要依靠许多其他新兴的科技和发明的支持,科学技术的进步是动画艺术发展的重要动力。技术的高速发展永远为达到艺术目的服务。

动画高速发展的时期,分为几个阶段:第一阶段是新时期的实验动画使得动画艺术家开始了新的研究与探索,促使动画向更高的层次发展;第二阶段是计算机二维动画的引入,给动画片生产工艺带来了变革;第三阶段是计算机三维动画的诞生产生了前所未有的视觉效果;第四阶段是 21 世纪动画影片进入大发展的时期,影视艺术精品层出不穷,良好的外界环境为动画艺术的发展创造了条件。动画进入高速发展时期,开创了动画艺术的新纪元。

1) 实验动画时期

20 世纪 60 年代后,动画艺术进入实验探索时期,能够保持自我风格、自我形式、自我技巧以及个体制作方式的动画艺术家的作品称为实验动画。实验动画重点探索动画艺术的内涵,使用动画艺术家自己的本性语言,使用各种不同的题材和形式来展示自己,表达真实的想法,试图挖掘动画深层次的文化内涵和艺术内涵。这种动画形式多样,题材风格各异,因此也被称为个性动画。

各国都有优秀的实验动画作品,加拿大诺曼·麦克拉伦的《狂想曲》,其超现实的色彩加上极富动感的音乐,产生了深远的影响。还有《母鸡之舞》《钱与色的即兴诗》等。英国的乔治·杜宁用毛笔与粗线条完成了作品《飞人》。德国的实验动画作品极具特色,孪生兄弟克里斯多夫·劳恩斯坦和沃尔夫冈·劳恩斯坦的作品《平衡》,并获奥斯卡最佳短片奖。为实验动画做出杰出贡献的还有法国、原捷克斯洛伐克、波兰、匈牙利、保加利亚、希腊等欧洲国家。

2) 计算机二维动画

20 世纪 60 年代末,计算机技术飞速发展,并且介入了动画的制作过程,影响了传统动画的制作,改进了传统动画的制作技术,提高了制作的效率。此时,动画进入了一个新的时代,同时动画制作技术进入了转型时期。

传统动画制作效果精致完美,但是制作工艺费时费力,此时与现代计算机二维动画技术相结合,达成了艺术和科学相融合的效果,焕发了传统动画的新生命力,使动画制作变得简单容易,两者的结合创新了动画表现的方式。

在这个时期的美国迪士尼公司重塑了辉煌,1986 年 7 月,第一次大量使用计算机完成了动画影片《妙妙探》。1989 年推出使用计算机软件上色的动画影片《小美人鱼》。1990 年采用传统手工动画与计算机动画辅助设计相结合的方式,推出了《救难小英雄澳洲历险》。1991 年推出《美女与野兽》,该片大量应用计算机动画,全部使用计算机上色,色彩艳丽透明,画面效果完美。1992 年推出《阿拉丁》。之后又先后推出《圣诞夜惊魂》、《狮子王》、《风中奇缘》、《钟楼怪人》、《大力神》、《花木兰》、《人猿泰山》等优秀作品,其动画艺术得到了空前的发展。迪士尼重新崛起的同时,美国也出现了梦工场、20 世纪福克斯、华纳兄弟等公司,推出了如《埃及王子》、《真假公主》、《国王与我》、《南方公园》、《谁陷害了兔子罗杰》等富有代表性的作品。

在日本,动画的发展堪称世界之最。20 世纪 60—80 年代日本动漫大师手冢治虫取得了辉煌的成绩,先后推出了《铁臂阿童木》、《森林大帝》、《火鸟》、《怪医秦博士》、《告诉阿尔道夫》、《新浮士德》等在动画史上不朽的经典作品,开创了动画的革命。之后又出现了一位抒写了动画史诗的伟大的动画大师宫崎骏,其代表作品有《风之谷》、《天空之城》、《萤火虫之墓》、《红猪》、《龙猫》、《魔女宅急便》、《幽灵公主》、《千与千寻》等。这些影片都对全世界产生了极大的影响,在日本电影史上写下了辉煌的一页,创造了动画影片的奇迹。

3)计算机三维动画

20 世纪 90 年代,随着计算机技术的发展,不断出现新的技术为动画艺术服务,计算机三维动画日渐盛行,使用计算机制作三维动画以及三维动画的合成特技,出现了《星球大战》、《侏罗纪公园》、《玩具总动员》、《昆虫总动员》、《精灵鼠小弟》、《铁巨人》等优秀作品。

4)21 世纪动画影片的大发展时期

21 世纪计算机动画电影进入了新的纪元,国际动画电影在竞争中成长,动画的技术水平和艺术水平都得到了飞速提高,三维动画影片进入了全盛时期,高水准、高质量的动画作品层出不穷。代表作品有《怪物史莱克》、《小马精灵》、《怪物公司》、《星际宝贝》、《星银岛》、《冰河世纪》、《海底总动员》、《巨星总动员》、《鲨鱼黑帮》、《超人特工队》、《马达加斯加》等。

随着动画的发展,越来越多的人在思考到底什么是决定动画影片成败的因素?是传统动画,还是计算机二维或三维动画?实际上传统手绘动画、二维动画、三维动画都只是动画的不同表现方式,将技术与影片故事情节并重发展,将动画影片的形式与内容统一,才能吸引更多的人观看动画、热爱动画。

5.4.2 数字动画制作流程

随着动画艺术的不断发展和计算机技术的介入,动画事业成为一种艺术与科技相结合的复合产品。数字动画新的制作流程相对于传统手绘动画的制作流程发生了变化,因为技术进步使数字动画需要一套合理的科学的新的工艺流程,适应新的变化和需求,以保证动画制作的顺利完成。

1. 二维数字动画的制作流程

1)筹备阶段

(1)剧本创作。剧本是动画制作的基础,它是用文字来讲故事,在创作过程中尽量使文字视觉化,用蒙太奇的方式对故事进行描述,为后续分镜头的制作打下基础。完整的剧本应该包括主题、故事情节、角色关系、背景、矛盾冲突等。在剧本中尽量减少内心描写,尽量用视觉化的文字叙述故事。

（2）分镜头台本。分镜头台本是动画片架构故事的方式,导演按照自己的创作理念,按照一定的逻辑关系将剧本制作成若干个相互关联的、能使未来动画电影形象化的镜头。

分镜头台本,是制作一部动画片的总设计蓝图。运用影视艺术的手段,把整体分成若干场次,设计出每个镜头的连续的小画面,画成电影分镜头画面台本,把全部内容分成若干电影镜头。要充分表达出影片的剧情、镜头的衔接、画面的视距、画面的构图、画面的色彩、镜头时间的长短等内容。

（3）美术设计。美术设计必须从全片的内容出发,在导演的指导下确定整部动画的角色、场景、道具以及艺术风格。美术设计的好坏可以决定动画作品完成后是否受观众喜欢的重要环节。

美术设计者必须根据剧本中人物的年龄、性格、身份等信息设计出角色的造型,还要制作出角色的比例图和角色的各个角度的造型图。要根据剧本中每一个特定的环境,设计出场景气氛图,包括场景整体造型,场景色彩的构成和各种道具的设计等。

（4）先期音乐、先期对白。动画声音制作分为先期录音和后期录音。通常作曲者要深入研究剧本,了解作品内涵,根据音乐创作的需要,收集素材和资料,确定音乐风格和整片的主旋律,要根据实际需要,写出主题歌、插曲和某些节奏性较强场次的先期音乐。部分影片要求录音工作必须在筹备阶段全部完成,事先物色好配音演员,首先进行对白录音等工作,动画制作者根据对白的长度设计动画的动作。

2）中期阶段

（1）原画设计。原画设计是整部动画影片制作的核心环节。原画设计是根据前期阶段美术设计人员提供的标准角色造型图,进行角色的动作设计,是对动画角色关键动作的设计,也称为关键动画。关键动作一般指动画角色的起始性动作,原画可以决定片中角色动作的节奏、幅度、动作等,能够表现出角色的性格特征和形象特征。

（2）修形。一部动画短片一般配备 4～6 名原画设计师,由于每个原画的风格不尽相同,因此绘制的图形存在一定的差异。修形工作是为了让造型统一,画稿线条明确,为后续的制作打下基础。

（3）动画制作。动画制作是在原画的基础上加入中间画,按照原画关键动作的提示和镜头时间等的要求,连接前后原画,使整个画面流畅运动起来。动画制作不是一项简单的工作,它需要动画和原画制作人员密切合作完成。

二维数字动画的制作中,有计算机技术的介入,使动画制作环节的工作效率大大提高,只需要确定好关键帧,中间的动画就可以由计算机软件自动完成。

（4）动检。动检是利用动检仪对动画的动作过程进行检查,检查画面是否流畅、画面是否整洁,对位是否准确,动画与要求是否相符,镜头运动是否完全符合规律。二维数字动画的动检过程有别于传统的动检,它能直接利用计算机网络实现对数字镜头的捕捉、修改,大大提高了数字动画的制作效率。

（5）描线。数字动画的描线工作不同于传统的在赛璐珞片上的描线,它效率高、耗时短、成本低。在计算机软件中进行描线工作之前,先要通过扫描仪将画稿扫描进入计算机,然后负责描线的人员直接在计算机上进行描线。

（6）上色。二维数字动画的上色工作与传统动画相比，效率高、成本低。数字动画上色工作只需要选择特定的区域，然后填充特定的 RGB 值的颜色。计算机上色范围准确，填涂均匀，没有串色，可选的颜色范围广，它让暗淡的画面变得绚丽多彩，让动画形象更加生动，为它们的角色形象塑造锦上添花。

（7）特效制作。特效通常是由计算机软件制作出的现实中一般不会出现的特殊效果。特效对整部作品的气氛烘托起到了重要的作用。特效包括浓雾、风、雨、雷、电、火焰光晕等。数字动画的特效可以在 Adobe After Effects、Houdini、Illustration、Softimage、Digital Fusion/Maya Fusion 和 Final Cut Pro 等软件中制作完成。

（8）声音制作。动画影片中的声音可以肩负起反映作品听觉世界的任务，声音所营造的空间感使得画面向左右及纵深空间发展的可能性大大增加，使画面的层次和声音的层次更加丰富，所表达的含义也可以更加复杂了。动画影片中的声音分为语言类、音响类和音乐类。中期的声音制作要更加详细，与筹备阶段的声音制作相互配合完成整片的声音制作工作。

二维数字动画声音中的语言类是指影片中的对白、旁白等。通常通过优秀的、有表演经验的真人演员完成配音工作。因为他们的表演经验丰富，善于观察生活，善于体验生活，并且阅历丰富。二维数字动画声音中的音响类是指影片中所有的拟音、特殊效果等。音响类的声音通常由拟音师完成，也可以通过购买制作好的音效作品。不论什么途径得到的音效，都要为整片作品服务，要符合动画作品的风格。二维数字动画声音中的音乐类是指影片中的片头曲、片尾曲、插曲、背景音乐等，音乐类的声音通常由专业制作公司或知名音乐制作人通过与导演沟通，在了解剧情和整部作品风格的基础上，为作品量身定做出来的音乐。

3）后期阶段

（1）剪辑合成。在前面大量的工作之后要通过剪辑合成，最终呈现在观众的面前。影片的剪辑合成工作要掌握清晰、流畅、统一和声画完美结合的原则。

在进行剪辑工作前要认真研读导演的脚本，深入了解导演的意图，把握好影片整体和局部小镜头的关系，充分理解导演的理念和想要表达的思想。

剪辑工作包括视频剪辑、声音混录、音频剪辑、视音频合成。

视频剪辑是将制作完成的动画视频素材按照动画分镜头台本的要求和摄影表的次序进行全片的剪接，使每个摄像机角度的变换或场景的变化能流畅地衔接起来。在剪辑过程中，要严格按照导演的意图进行，不能加入自己的主观意识。在视频剪辑中力求做到找到最佳剪辑镜头，设定最佳的镜头长度，使用最佳的镜头组接方式，选用最适合的过度特技。

声音混录是对声音进行包装。将中期阶段制作完成的所有的音效、配音、音乐等素材放到音频编辑软件中进行混音，使声音整体体现出平衡感。一般使用专业的音频编辑和混合软件 Adobe Audition 来处理声音，使每个角色的配音、每一段音效、每一段音乐分别占用独立的一条音轨，实现多轨道的混音，以达到理想的声音效果。

音频剪辑是在完成声音的混录后要做的工作。音频的剪辑要保证人声、音乐和音效能够呼应，要把握好同步性、流畅性、平衡性的要求，让声音具有空间感、距离感、真实感；让声音与影片的主题思想统一。

视音频合成是对影片最终的合成。让声音和画面完美配合，做到声画同步。还要结合具体的画面做特技的处理,起到烘托作用,加强动画影片的整体美感。

(2)视频信号输出。在影片的视频信号输出工作中要明确影片的播放媒介,播放的媒介不同,输出的视频格式就不同,对画面的要求也不尽相同。如果要出品音像制品,就要制作 DVD、VCD 格式。如果要在电视台播放一般采用数字录影带的形式,输出格式一般为 DVCAM 或 BIETCAM。如果在网络上播放,就要考虑网络的速度、播放的流程程度等,可以制作成 FLV、F4V、MPEG、WMV 等格式输出。如果要在电影院播放就要将数字文件转为胶片输出。

2. 三维数字动画的制作流程

三维数字动画是虚拟的艺术,在三维空间中模拟真实的立体事物。建立角色、场景、道具等的三维数据,模拟环境灯光,为模型赋予真实的材质,形成栩栩如生的形象,然后设定动画,让角色在三维的空间中活动起来。三维数字动画的制作是一项技术含量比较高的工作,是技术与艺术的结合体。因此制作三维数字动画必须按照合理的流程完成。

三维数字动画的制作流程也分为筹备阶段、中期阶段和后期阶段,它与二维动画的整体流程是一致的,所不同的是中期绘制阶段使用不同的方法来进行制作。三维动画中的部分环节替代了二维动画中的部分环节,如建模取代了原画,骨骼蒙皮、材质、肌理、动画、渲染取代了描线、上色等工作。

三维数字动画异于二维动画的独有的制作流程包括建模、动画设定、材质纹理、灯光设定。

1)建模

建模是使用计算机技术将前期美术设计阶段的设计形象塑造成三维的立体形体,是造型的过程。例如,结构简单的酒杯、形体复杂的汽车、建筑、家具、动物、人体等,凡是现实存在的或者是虚拟的造型都可以通过某种建模技术将其中计算机中重建并且渲染输出真实的效果。建模技术几乎在所有的可视化领域都有广泛的应用,包括工业设计与生产、建筑表现、电影、游戏、角色动画、虚拟现实、文物数字化等,这些领域的形象都可能在三维数字动画中出现。建立三维模型有 3 种形式,一是线框模型,二是表面模型,三是实体模型。在计算机内部要完整地表现任意一个物体,让人们可以看到现实生活中的实物。

2)动画设定

物体的运动都是因为受到外力的作用。一个物体如果不受任何力的作用,它将保持静止状态或匀速直线运动。物体受到力的作用时,它的形态和体积会发生改变,在发生改变时物体会产生弹力。形变消失,弹力也随之消失。物体在受力运动时会产生一定的运动速度,其速度的大小因受力的变化而变化。物体的运动总是在加速、减速中不停地变化。而动画设定就是使各种造型按照这些力学原理的规律运动起来,运用计算机的运算能力,动画制作人员在计算机中确定原画与动画,即确定关键帧,然后在起始关键帧和终止关键帧之间自动生成中间画。动画设定的方法一般分为关键帧动画、算法动画、关节动画、变形动画。

关键帧动画根据动画设计者设定的关键帧,自动生成中间画。关键帧动画是生成动画的标准的方法,确定物体的位置、方位和形态,就相当于设定好了关键帧,然后再自动生成一系列中间画。

算法动画是用运动学、动力学等物理学原理控制的算法来描述的。其中的每一种变换都由参数来控制,这些参数根据一定的物理规律在运动期间做相应的改变,从而产生移动、旋转、缩放等动作。

关节动画是对具有关节的物体的运动描述,关节动画是运用反向动力学的原理,对关节的空间运动的范围加以控制,不同的角色具有不同的形体特征,都要使用不同类型的算法,产生受约束的正向关节运动或反向关节运动,最终使角色的动作具有真实感。

变形动画是物体从一种状态变成另一种状态的插值动画。常用于制作表情动画。

3) 材质纹理

材质纹理是为动画影片中的物体赋予模拟真实的纹理,是增加物体表面细节的有效手段,使其尽量贴近现实中的材质属性。

4) 灯光设定

灯光设定技术是通过计算机软件布置灯光,模拟真实世界的灯光效果。物体看上去有颜色,是它被光线照射的结果,如果光是白色的,那么呈现的就是物体本身的颜色,否则会是光色和表面本色综合的结果。一种物体的表面材料决定了哪些光被吸收,哪些光被反射。

了解了灯光的属性,就要把握住三维动画中使用灯光技巧。首先,用光的依据必须来源于客观现实生活。人们都会根据自己的生活经验对光有感性的认识。在三维数字动画制作中,一般要根据场景中可以出现的光源位置、投射方向及光源性质等因素去设计布光方案。其次,必须根据文字台本的要求使用灯光。台本是三维动画制作的基础,对导演意图的理解越深,获得成功布光的把握越大。再次,用光的依据是制作人员的整体构思。三维数字动画制作人员应该在导演的统一构思下发挥创造作用。

还要保持影调一致,在同一场景,同一光照条件下,要注意保持这一段落中每幅画面的影调一致。不同场景的动画影调也要保持一致,并要努力实现事先对影调的总体设计。三维动画是在平面上虚拟现实中的三维空间,当用聚光灯时会产生投影,如果主题需要就表现出主体的投影,否则布光时应避免不合理的投影,以保证时空关系的正确。要创造出纵深透视感在布光时除了要达到突出主体、塑造形象、渲染气氛等目的外,还要注意通过对光线的细心布置,再现生活中正常的纵深透视感,如近浓远淡,近暗远亮等,从而达到突破二维空间,创造三维空间的目的。

5.4.3 动画制作的技术术语

动画制作中有很多技术术语,在此列举部分主要的术语。

1. 动画镜头画面运动

动画镜头画面运动是指通常人们把机位的运动所带来的画面效果看做是镜头运动,以机位的变化为标志。例如,推、拉、摇、移等镜头运动方式,往往是根据内容的需要进行游动的处理方法,镜头视点相对灵活和自由。

2. 逐格拍摄

动画中的逐格拍摄是把静态的图画或图像逐帧拍摄形成的视听画面。

3. 景别

景别是指影像内的范围。影像区域越大,摄取的内容越多,影像区域越小,摄取的内容越少。景别分为大远景、远景、全景、中景、近景、特写、大特写。

4. 动检

动检是动画指导在剪辑与合成之前,为了确保角色动作表演到位,使用动检仪对动画角色等的动作进行审查,查看角色动作是否到位、是否违背了动画运动规律。

5. 节奏

节奏存在于整个动画创作工作中,剧本的叙事节奏、音效的强弱节奏、镜头运动的节奏以及影片画面中色彩的变化节奏,这些节奏综合起来就组成了整部动画作品的节奏。

6. 声画同步

声画同步是指动画片中出现的声音与画面按照现实的逻辑相互匹配,声音说什么,画面就出什么与声音呼应。

7. 编剧

编剧就是编写剧本,包括创作故事、台词、主戏以及过场戏,突出故事中心,塑造人物性格。剧本可以是原创的,也可以是改编的,是对文学作品的再创作。动画剧本要有丰富的想象力和创造力。

8. 动画造型设计

动画造型设计是设计人员以导演及相关部门提供的资料和信息为依据,设计出符合要求的角色动作造型。它包括了角色表演动作设计、面部表情设计、口型设计及光影设计等几个方面。

9. 动画场景设计

动画场景设计是指对动画片中角色活动的空间范围,包括山河、树木、房屋、天空、马路等进行设计与制作,动画中的角色就生活在这些场景之中。

10. 画面分镜头台本

画面分镜头台本是动画片各道工序的工作蓝图,是包含影片主题、故事情节、人物性格、艺术风格和镜头处理的总体构思。在制作动画之前,要仔细阅读分镜头台本,对每场戏和每个角色要有一个全面的认识。

11. 摄影表

摄影表是绘制、拍摄每个动画镜头的主要依据,是协调导演、原画、动画、描线、校对、拍摄等各种工序的桥梁。摄影表上标明了影片片名、镜头号、规格、秒数和内容,还注明了对动作的要求,描线上色时需要注意的事项,以及拍摄时一些特殊处理等。

12. 原画

原画是指动画影片中关键性的动作姿势画面。

13. 动画

动画是指动画影片中连接前后两幅关键性画面的中间画面。

14. 中割

中割是指在两张原画的动作中间,按照直线或者弧线的规律,加出一张或多张符合要求的中间画或等分中间画。

15. 上色

上色在传统动画中使用不透明的聚乙烯树脂高分子水溶性颜料在描完线的透明片背面上色。上色是一件细致、复杂、繁重的技术工作,必须按照角色造型所规定的各种颜色号码,一块一块地涂上颜色,要求上色均匀,不能出线,不能漏缝。在计算机动画中,可以标好指定的 RGB 各项参数进行填充上色。

16. 特效

动画片中的特效有很多,如浓雾、风、烟和火焰等场景,传统动画制作时采用喷笔来制作,用喷笔的效果可以产生真实感,同时还能渲染周围的气氛。还有爆炸、沙暴场景等,需要其他工具制作。特效在计算机动画中使用软件比较容易实现。

17. 后期编辑

后期编辑是按照动画分镜头台本的要求和摄影表的次序进行全片的剪辑工作,以使每个摄像机角度的变化或场景的变化能顺畅地衔接起来。并且制作出镜头衔接的不同方式,如淡入淡出、融合、划像等效果。

5.4.4　动画的基本运动规律

目前最流行的动画规律,其实就是由迪士尼的动画师长久以来所累积下来的动画绘制的经验,而形成的动画原理,再精确一点,应该说是应用在角色动画上的法则。

在早期的迪士尼动画片厂中,并不存在任何动画形式的原理式的理论,但是在日积月累的绘制过程中,各种独特的术语便逐渐在动画师的谈话或对作品的检讨中,被普遍的使用,这些术语也逐渐成为片厂中累积相传,且广泛地用于新进动画师的教育与培养中的动画制作原理。以下详细讲解十二条经典的动画运动规律。

1. 十二条经典动画运动规律原理

1) 挤压与拉伸(Squash and Stretch)

这是影响最深远的一项动画原理。在人物或对象的动作传递过程中,拉扯与碰撞等互动性动作都会做出压缩与伸展的表现,透过这个动作,也表现出物体的质感与量感,如图 5-11 所示。

图 5-11　挤压与拉伸

这不见得是真实的物理表现,可是一般人却期待在动画中看到这种夸张的表现,压扁拉长,尽量夸大角色身体变形的程度来达到动作上的张力与效果。

对应到现在的三维动画软件中,都有提供形变的功能,从最基本的缩放到不等比缩放,以及进阶控制,如 FFD BOX 等网格式形变功能,都能帮助人们轻易地达到压缩与伸展的效果。

2) 预期性(Anticipation)

动画中人物所表现的情绪与信息必须以观众,也就是人类共通的肢体语言来传递,让角色的动作带给观众清楚的"预期性",这个角色一旦做出了这个预备动作,观众就能推测他接下来的行动。反之,则难以说服观众将认知投射在角色上。

预备动作在角色的动作设计上,这是相当核心的一点,给观众一个预告信息,让观众对接下来的动作提前有理解和想象,动画师只有通过长期的观察不同特性的人类情绪、动作表现来获得肢体语言的各种表现方式与经验的累积,才能制作出观众可认知的动画动作,如

图 5-12 所示。

3）夸张（Exaggeration）

动画最大的特点就是夸张，动画中的人物的每一个感情与动作，必须以相对性的较高级来传达才会更有真实感和说服力。如果要让角色进入一个快乐的情绪，就把它表现得更加高兴，感觉悲伤时表现得更加悲伤。

图 5-12 预备动作

夸张的表现方式多种多样，有的在技术面上利用各种形变，产生造型上的夸张，也有来自角色动作上的夸张。与真实拍摄的电影相对比，用计算机来表现动画中夸张的效果，是轻而易举的事情。但夸张的意义并不完全是动作幅度大，而是经过深思熟虑后挑选的精彩动作，这也将传递出角色动作的精髓，如图 5-13 所示。

图 5-13 夸张动作

4）逐帧动画与关键帧动画（Straight Ahead and Pose to Pose Animation）

这是动画制作上的不同技巧，用来区分绘制动画时，需考虑的动作种类。在制作逐帧动画的时候，从一开始到最后，一张张按顺序画下来。这种动画方式，比较自然，有利于发挥创造性，能够捕捉瞬间灵感。动画师可以把自己的大概感觉潦草的画下来。但是，很难控制体积、比例和时间长度等。还有角色在场景中的构图画面。而关键帧动画则是事先做好表格记录，确保动画师准确地知道自己的目的，动画师先将各主要动作画面完成后，再绘制连接主要画面的中间画格，也就是先绘制原画部分，再绘制动画部分。这种方式的好处是可以更清晰、明白，但是不足之处是有时会失掉自然和生气，看起来比较死板，如图 5-14 所示。

图 5-14 逐帧动画

两种动画形式各有优缺点，很多动画师都把这两种方法结合起来使用。先把动作做个计划，画出关键动作。在关键帧之间使用逐帧画法画出自然和生命，画出细节。两种动画方式应该扬长避短地结合应用。

如今使用计算机制作动画，几乎所有的计算机动画软件都是以关键帧的方式来设定人物角色的动作或者物体的行进路线，由计算机依据所赋予的各项参数计算出中间的画格。主要画面的设置，与中间画面之间存在着紧密的关联关系。

5）跟随动作与重叠动作（Follow Through and Overlapping）

在动画制作中，可以让角色的各个动作彼此影响、融混和重叠。正在移动中的物体或各个部分并不会永远一起移动,有些部分会先行移动,其他部分紧随其后,然后再对先行移动的部分作重叠的夸张表情,如图 5-15 所示。

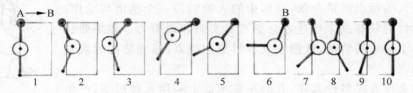

图 5-15 跟随动作与重叠动作

这也是我们在动画中常见的表现方式,如一个快速大步跳跃进入画面的角色,身体已经进入画面落地,衣服还停留在外面,然后才飞进画面,产生一种弹进来的趣味效果。跟随与重叠的运动在动画中还有很多应用,又如动物的尾巴随身体摇摆、随风飘动的旗子、扇动翅膀的飞鸟等。

比起传统手绘制作的动画,在计算机动画中所有的动作都会转化为各种数值,物体的行进路线也由制作的曲线来控制,制作者能很精准地调节各个部分动作发生的时间与幅度,经由这种设定来达到跟随与重叠的生动画面效果。这种夸张的趣味,可以说是动画之所以吸引人的一个重要原因。

6)渐进和渐出(Slow in and Slow out)

将动作的起始与结束放慢,加快中段动作的速度,放慢动作的起始与结束。大家知道,肢体、对象等的移动,并不是以匀速运动,一般都是加速或减速运动。

对于一个从静止状态开始移动的动作而言,需要以先慢后快的设定来完成。在动作结束之前,速度也要逐渐减缓,突然停止一个动作会带来突兀的感觉。而每一个主要动作之间必须完整地填进足够的中间画面来使得每一个动作都会以平滑的感觉开始,而且以平滑的感觉结束,而不至于产生跳格或是动作生硬的情形。

由以上的原则可知,动作的速度变化,可以清楚地说明动作的种类,动作的运动幅度,都可以带给观者不同的感受,在制作计算机动画时,所有的动作都会转化为各种数值,物体的行进路线也会构成可以控制的曲线,通过调节曲线的松紧、方向或者曲率、连续性就可以改变动画时间,会影响到动作开始执行与结束的速度,经由这种处理可以达到平滑开始与结束的效果。

比方说,一个弹跳的小球凡是在它达到顶点的时候都会有渐进和渐出。当它起跳时,受重力影响速度应该越来越小,即渐进;当它向下运动的时候应该逐渐加速,即渐出,直到它触地为止,如图 5-16所示。

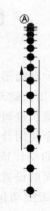

7)弧线运动(Arcs)

在现实生活中,所有的运动都是有弧线的。当制作动画的时候应该让动作沿着曲线运动而不是线性的直线。很少有角色或者角色身上某个部位的运动是直来直去的。甚至当整个身体在行走过程中也不是呈一条直线运动的。当手或者胳膊伸出去触摸物体时,都是按照曲线来运动的。

动画中的动作,除了机械类的对象之外,几乎都是以圆滑的曲线 图 5-16 弹跳的小球在进行移动。所以在描绘中间画面时,要注意连接主要画面的动作是以圆滑的曲线在进行动作设定,而不是以锐利的曲线形成动作,以免形成不自然的感觉。

让角色的动作沿着圆弧线来进行,不要走完全的直线。反之,如果是机械性的动作,就会是僵硬的、笔直行进的,借助于动作路径线上的差异,传达出不同角色的特性。

还是拿头部运动来做范例,头部像扇子一样呈弧线旋转运动。也就是当头部从左向右转动时,在中间位置头部应该根据他视线看的方向加一点低头或者抬头的动作,而不是纯线性的旋转或者机械式的动作,如图5-17所示。

图 5-17 头部旋转

8)次要动作(Secondary Action)

以较小的运动来为定义动作的主要运动辅助。在角色进行主要动作时,如果加上一个相关的第二动作,会使主角的主要动作变得更为真实并具有说服力,增加动画的趣味性和真实性,丰富动作的细节。但这个第二动作需要以配合性的动作出现,要控制好度,既要能被察觉,又不能超过了主要动作。不能过于独立或剧烈以至于影响主要动作的清晰度。

例如,以跳跃的脚步来表达快乐的感觉,同时也可以加入手部摆动的动作来加强效果。第二动作可能相当的细微,但却有画龙点睛之效,在制作计算机动画时,可以将主要动作设置好,透过反复预视,再加入辅助的动作,这就要求制作者必须通过经验的积累和对动作的细致观察,如图5-18所示。

图 5-18 跳跃的松鼠

一个比较好的例子是一个角色坐在桌子旁边,一边表演着什么,一边手指还在敲打着桌子。后者并不是角色的主体动作,也许角色正在一边比划着什么,我们的视线焦点也是在角色的脸上。但重要的是应该赋予角色更真实更准确自然的表演,所以增加了手指敲打桌子的细节,也就是"次要动作"。

正如前述,次要动作不能超过主体动作的幅度。是一些很细微,轻易不容易被察觉到的动作,但是却很有必要出现。

9)时间控制与量感(Timing and Weight)

运动是动画中最基本和最重要的部分,而运动最重要的是节奏与时间。

时间控制是动作真实性的灵魂,过长或过短的动作会折损动画的真实性。除了动作的种类影响到时间的长短外,角色的个性刻画也会需要节奏来配合表演。最经典的例子就是头先看着右肩然后转向左肩,中间画的张数不一样,意义就不一样,没有中间帧时角色好像被重击,甚至有头会被折断的感觉;有一张中间帧角色好像被长柄锅等实物击中;有三张中间帧角色好像在躲避一个飞来的东西。

量感是赋予角色生命力与说服力的关键,应该表现出物体应有的质感,动作的节奏会影响量感,如果物体的动作和预期上的视觉经验有出入时,将会产生不协调的感觉,如图5-19所示。

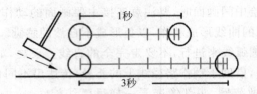

图 5-19　时间控制与量感表现

10）动作表现力（Staging）

角色在场景中所要叙述的故事情节，都需要以清楚的表演来完成，把场景或高潮的气氛与强度，带进画面中角色的位置与行动里去。一个情绪可能需要十多个小动作来表达。每一个小动作都必须清楚地表达，做到简单完整、干净利落，太过复杂的动作在同一时间内发生，会让观众失去观赏的焦点。

动作表现力的核心就是要清晰地表现动作的意图使之容易理解。一般情况下，动作是一次性呈现给观众的，但如果同时太多东西展示给观众的话，观众就不知道该把注意力放到哪里了，而动作就没有达到目的。而动作表现力重要的检测方法是"动作剪影"。物体或者角色的动作应该富有表现力，甚至只需要通过黑白影响对比就可以表达动作意图，如图 5-20 所示。如果不能通过动作剪影来理解某一个动作的意图，那这个动作的幅度就不够，或者说意图就不够明显，可以考虑修改它了。

图 5-20　动作剪影

对于角色动画，很重要的一点就是要确认角色所做的每一个动作强度是否足够清晰地传达出所要表现的动作意图，观众是否能从中领会得到。而且动画师也要避免同一角色的表演里有互相矛盾的地方。譬如如果想表现一个人很沮丧很悲伤的状况，可以设计角色做出弓着背、双手垂在身体两侧前方、镜头采用俯视的角度等。但如果同时让角色脸上出现灿烂的笑容就完全不符合其他动作所表现的意图了，会很矛盾，因此彼此应该配合好。

角色的动作表现程度在同一场景中多个角色之间的互相配合也很重要。一般来说应该清楚观众是从哪个方向或者方位看这个场景的，处于相对于观众来说靠后一些的背景角色的动作虽然仍需要活动，但绝不能超过前景角色的主体动作而把观众的视线吸引过去。而角色的动作表现控制对于导演或者编辑也同样很重要。

11）立体绘画（Solid Drawing）

立体绘画就是给动画以重量、体积和平衡。立体绘画是动画绘画的特殊技法。这种绘画技法可以让观众感觉到体积、重量和平衡感。用线条给予角色生命。这种感觉只靠脚下的阴影和其他方式是做不出来的。尽可能地让角色清楚、简明，以致观众都可以想明白；尽可能地让角色直白，以致观众都可以感受到；尽可能地让角色丰富，以致观众都不会看的时候昏睡过去；尽可能地让角色具有个性，以致观众都侧目以待；尽可能地让角色欢快，以致观众在日后都会时时想起。

例如,仅有两条平行线的钢管或者软管是没有什么固定形态或者纬度可言的。但是当把它弯折,使其具有重量感或者力度的时候它就成为具有设计感的线条。给这种软管增加能表现柔度的线条可以营造出体量感,会产生一种运动的趋势。在自然界中可以看到很多处于平衡状态的物体,它们随时有向任何方向运动的趋势。流体的形态是不完全对称的,一般使用形态和形式的对照关系营造出相对的动态平衡。避免画成"孪生线"也很重要。无论是胳膊还是腿,在具有同样的运动的时候,都不会是平行的。自然状态下身体的每个部件在相应的位置都具有变化,要让形象成为有生命力的活动形象,如图 5-21 所示。

12) 吸引力(Appeal)

精彩的动作应该是能够吸引观众的。具体表现在动作具有魅力、采用花样设计、简洁性设计和观众有互动等方面。综合运用动画创作的技法可以有助于表现动画的精彩程度,如通过夸张的设计、适当使用动作叠加处理等。动画创作人员应该尽量避免平庸无趣的动作设计,包括姿势和运动形态。

吸引力就是个性化的细节设计和表演,设计出使观众感兴趣的角色表演。吸引力并不是角色多么的讨人喜欢,而是指要创造出观众想看的角色。吸引力是让角色动起来、活起来,具有演员的感染力。一个具有吸引力的角色需要有很迷人的外表,有良好的设计感,可以沟通甚至是有磁性的。英雄的形象需要有号召力,一个没有什么故事的小人物,也需要感染力。如果这些角色都没有吸引力,那么没有人想看。聪明可爱的或者丑陋讨厌的都是可以抓住观众眼球的,拥有一个个在观众心目中可以站住脚跟的、个性分明的角色。否则,就会失去故事的力度。例如,迪士尼的经典动画《小飞侠》中,Hook 船长是个邪恶的角色,但绝大多数人对这个角色本身都印象很深刻,说明他的角色设计非常有吸引力,如图 5-22 所示。《虫虫特工队》里的 Hooper 角色也同样非常突出,尽管这个角色比较卑鄙和令人讨厌,但他的动作设计以及表现出来的角色性格特点不得不说非常精彩。

图 5-21　立体绘画

图 5-22　Hook 船长

2. 关于动画运动规律的一些基本概念

动画的运动需要符合每秒钟连续播放 24 帧画面。一张张地画出来,一格格地拍出来,然后连续放映，使之在银幕上活动起来的。动画所表现的运动形态必须动作连贯，时间、速度的节奏快慢必须合理。所以一定要了解影响动画运动形态的基本因素，以及它们之间的相互关系。从而掌握规律，处理好动画中动作的节奏。

1）格

格是组成动画的一帧一帧的连续画面，是动画中最基本的时间单位，代表 1/24 秒的时间长度。动画中的运动时间长度一般都要精确到格来计算。

2）拍数

拍数是指动画中绘制的每张画面所拍摄的格数。在动画的制作中，单帧画面拍摄的格数就是拍数，迪士尼的很多大型动画以一格一帧画面的方式逐帧拍摄出来的，被称为一拍一。而大部分动画片是一格画面拍摄两帧，也就是每秒钟 12 格画面逐帧拍摄的，被称为一拍二。

在实际动画制作中选用拍数的原则是，正常的动作使用一拍二，快速的或者很流畅的动作使用一拍一。例如，跑的动作通常应该用一拍一，而正常的表演应该使用一拍二。正常的空间幅度使用一拍二，相隔较远的空间幅度使用一拍一。有生命的东西一般都是一拍一，但大多数动作用一拍二效果更好，而且与一拍一相比，一拍二有事半功倍、省时省力的特点。用一拍一的方式工作相当于耗费双倍的制作时间和财力。

3）时间

时间是指动画片中的物体在完成某一个特定动作时所需的时间长度，这一动作所占胶片的长度。这个动作所需的时间长，其所占格数就多，动作所需的时间短，其所占的格数就少。

4）距离

广义的距离是指运动所跨越的空间幅度，狭义的距离是指动画中连续两张相邻画面之间位置移动的跨度。动画设计人员在设计动作时，往往把动作的幅度处理得比真人动作的幅度要夸张一些，以取得更鲜明更强烈的效果。

5）张数

张数是动画中所绘制的动画画面的数量，也就是说画了多少张连贯的画面来表现运动和动作。动画制作者根据不同的时间节奏画不同的张数来表现运动形态。

6）速度

速度是指物体在运动过程中的快慢。按物理学的解释，是指路程与通过这段路程所用时间的比值。在通过相同的距离时，运动越快的物体所用的时间越短，运动越慢的物体所用的时间就越长。在动画中，物体运动的速度越快，所拍摄的格数就越少；物体运动的速度越慢，所拍摄的格数就越多。

7）时间、距离、张数之间的关系

如前所述的时间、距离、张数等因素是相互影响的，都不能孤立看待。动画运动的时间节奏是由各项因素之间的相互关系及相互作用所决定的。在画面之间距离相同、拍数相同的情况下，所画的张数越少，该运动所用的格数就越少，速度也就越快；在画面之间距离相同、所画的张数也相同的情况下，拍数越少，该运动所用的格数也就越少，速度也就越快；在拍数相同、张数也相同的情况下，运动的总体格数也是确定的，这时画面之间所跨越的距离越大，速度也就越快。

3. 人物的运动规律

在动画片的角色中，表现得最多的是人物或拟人化角色的动作。因此必须要研究人物走动动作的一些基本知识、动态线、运动轨迹、肢体语言等。

动画片中的人物性格塑造是通过角色的运动来完成的。尽管每部影片中人物的造型和影片的内容都不尽相同，但是都遵循着基本的运动规律。

由于人的活动受到人体骨骼、肌肉、关节的限制，日常生活中的一些动作，虽然有年龄、性别、形体、肢体语言等方面的差异，但基本规律是相似的。

例如，人的行走、跑步、跳跃等，只要懂得了它的基本规律，再按照剧情的要求和角色造型的特点加以发挥和变化，也就不难了。

1) 行走

通常人体站立时，身体重心垂直于地面，所以才能保持稳定的姿态。如果人体要向前运动，首先要使身躯向前倾斜，重心前移到当人体将失去刚才的平衡状态，为了保持身体的平衡，必须向前跨出一条腿，支撑倾斜的身体，转移重心的力量，直到令一条腿来接替，从而形成走路时左脚与右脚来回替换的规律。两步一个循环。

在行走过程中，身体的各个部位都按照一定的规律运动，为了保持身体平衡，不断转移重心两脚交替前行，上肢双臂前后摆动以平衡走路的力度，手臂动作就像一个来回摇摆的钟摆，手臂保持弧线运动，并与足部运动呈现相反的交叉状态。手臂摆动幅度和迈步幅度成正比。正常走路时身体下降时胳膊摆动幅度最大。

人在走路的过程中身体头部的高低是有变化的，当迈出步子时，头部略低于直立形态，脚一着地，另一只脚提起朝前弯曲迈出之前，头就略高，然后再恢复至刚才略低的状态。由此，头部在空间中自然形成波形曲线运动的轨迹。此外，人在走路的过程中脚踝与地面呈弧线形运动轨迹，如图 5-23 所示。

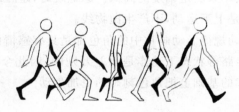

图 5-23　人物行走

我们基本了解了人走路的基本运动规律，但是动画片中人的走路动作会受环境和情绪的影响，具体形式会有所不同。动画片中角色的行走一般都是稍带夸张的走法，动画角色相当于电影中的演员，只有具有一定的特点才会更加吸引观众，有时为了剧情的需要会出现各种各样的走法。

在动画中绘制走路动作时还应该正确理解人物走路各个角度的透视变化，注意掌握身体的上肢肩、肘、腕及下肢股、膝、踝等关节部位在运动中的结构关系，尽量做到准确合理。准确的透视动画需要复杂的制图技术。特别是当角色以透视角度走路时，应首先画好正确的透视格子，以求得角色身体高度和步伐长度的合理变化。步伐增大或缩小的长度，必须先按应有的间隔计算好，定出标记。在动画片中出现的走路一般都是具有透视关系的，这就需要仔细观察、学习和揣摩，如图 5-24 所示。

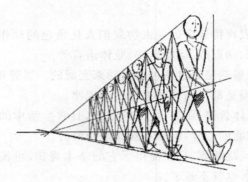

图 5-24　透视变化

2）跑步

人物跑步时身体的重心向前倾，两手自然握拳，手臂略成弯曲状。跑步时两臂配合双脚的跨步前后摆动。双脚跨步的幅度较大，膝关节屈伸的角度大于走路动作，脚抬得较高，跨步时，头顶的高低的波形运动线也比走路时的运动线明显。在奔跑时，双脚几乎没有同时着地的过程，而是完全依靠单脚支撑躯干的重量。表现跑步的动作一定要有身体腾空的动作。有些跨大步的奔跑动作，双脚腾空的动作在时间上要停的更长一点。

3）跳跃

人的跳跃运动，是由身体屈缩、蹬腿、腾空、着地、还原等几个动作姿态所组成的。人在跳起之前身体的屈缩，表示动作的准备和力量的积蓄，属于预备动作。接着，一股爆发力单腿或双腿蹦起，使整个身体腾空向前，落下时，双脚先后或同时落地，由于自身的重量和调整身体的平衡，必然产生动作的缓冲，之后恢复原状。跳跃时的运动曲线呈抛物线状，这个抛物线的幅度，根据用力的大小来决定幅度的高低。原地跳时，蹬腿跳起腾空，然后原地缓冲、落下，人的身体和双脚，只是上下运动，不产生抛物线。

以上是人的基本的运动规律。动画片中的角色都是具有感情色彩的，趾高气扬的走路、垂头丧气的走路、欢快的走路等状态下动作是千差万别的，因此今后要多观察生活，多体验动作，在角色基本运动规律的基础上把角色刻画的更加生动。

4. 动物的运动规律

1）兽类

在动画艺术中以动物作为题材的作品有很多，无论是拟人化的角色，还是原生态的配角。动画片中有米老鼠、唐老鸭、小熊维尼等耳熟能详的动物形象。动画作品《小鸡快跑》、《海底总动员》、《冰河世纪》等都以动物为题材，从动画的诞生到现在，动物在动画片中占很大的比重。所以制作者必须掌握动物的运动规律。

在动物的世界中，由于环境、生活方式的不同，把兽类动物分为爪类和蹄类两大类。

爪类动物一般是食肉类的动物。兽毛发较长，爪子尖利，善长跑跳，动作灵活、姿态多变，如狮子、老虎、豹子、狼、狐狸、熊、狗、猫等。

蹄类动物一般是食草类的动物。脚上有坚硬的蹄，有的头上有角。性情温顺，肌肉结实，骨节较长，动作刚健、身体竖直，形体变化较小，如马、牛、羊、鹿、羚羊、骆驼、河马等。

兽类动物的运动通常表现为走路、奔跑和跳跃。这 3 种状态都遵循各自的运动规律。

因此需要对这些规律分别进行研究。

（1）走路的兽类动物应该遵循的动作要领如下。

① 四条腿两分两合，呈对角线移动的轨迹，左右交替成一个完步，后腿踢前腿。一般走动时三脚落地，一脚抬起，地上的足印呈现为一个钝角三角形。

② 抬前腿时，腕关节向后弯曲，抬后腿时，踝关节朝前弯曲。

③ 身体稍有高低起伏。

④ 头部有点动，即前脚将落地时，头开始朝下点动。

⑤ 爪类动物关节运动的轮廓不明显，蹄类动物关节较明显。

⑥ 脚趾落地、离地产生弧度。

四足兽类动物走路示意图如图 5-25 所示。

图 5-25　四足兽类动物走路

（2）奔跑的兽类动物分为小跑、快跑和跃跑，各种步法都具有各自的运动规律。

① 兽类动物的小跑也称为快走，四条腿交替分合与走路相似，但比走的频率要快，踏步有弹跳感。

② 兽类动物快跑时四腿交替分合迅速，身体伸展和收缩明显，一般依靠前腿发力，前腿蹬地后身体会稍稍离开地面，身体前后上下起伏较大。

③ 兽类动物的跃跑比快跑速度更快，身体拉伸和收缩也更为明显。跃跑时依靠后腿发力，后腿蹬地后，身体腾空跃过一段距离，前腿落地后再次依靠后腿蹬地跃起。若奔跑速度很快时，身体上下起伏幅度反而比快跑小。

四足兽类动物奔跑示意图如图 5-26 所示。

图 5-26　四足兽类动物奔跑

（3）跳跃的兽类动物应该遵循的运动规律如下。

爪类动物跳跃的动作与跃跑相似，先收紧身体和四肢，头颈部贴近地面，依靠后腿发力起跳，跃起时爆发力强，速度快，身体猛然伸展，身体尽可能向上伸展腾空，呈弧形抛物线扑出，然后前足先落地，身体蜷缩，后足落地时，常常会超过前足位置，如图 5-27 所示。

图 5-27　四足兽类动物跳跃

蹄类动物跳跃时,先是身体后部降低,重心后倾,后腿弯曲,身体迅速前倾起跳,前腿弯曲上抬,后腿发力弹起,身体尽可能伸展腾空,呈弧形抛物线跃出。落地时前足伸直先落地,后足弯曲,然后向前伸直落地,如图 5-28 所示。

图 5-28 蹄类动物跳跃

2) 禽类

研究禽类动物的动画运动规律,可以将禽类划分为家禽和飞禽两种类别,家禽一般指鸡、鸭、鹅等,飞禽一般指鸟类,鸟类又细分为阔翅类和短翅类。

(1) 鸡的走路遵循的运动规律如下。

双脚前后交替运动,走路时身体会左右摇摆。走步时,为了保持身体的平衡,头和脚互相配合运动。当一只脚抬起时,头开始向后收,抬起的那只脚向前至中间位置时,头收到最后面,当脚向前落地时,头也随之朝前伸到顶点。在走路过程中要注意腿部关节的弯曲方向是向后弯曲。

(2) 鸭、鹅划水遵循的运动规律如下。

双脚前后交替划水,动作柔和。左脚逆水向后划水时,脚蹼张开,形成外弧线运动,动作有力。右脚与此同时向上收回,脚蹼紧缩,成内弧线运动,动作柔和,以减小水的阻力。身体的尾部,随着脚在水中后划和前收的运动,会略向左右摆动。

(3) 鸟类中的阔翼类,如鹰、大雁、天鹅、海鸥、鹤等。这类飞禽,一般是翅膀长而宽,颈部较长而灵活。它们遵循的运动规律如下。

阔翅类以飞翔为主,飞行时翅膀上下扇动变化较多,动作柔和优美。由于翅膀宽大,飞行时空气对翅膀产生升力和推力,托起身体上升和前进。翅膀扇动的动作一般比较缓慢,翅膀向下扇时展得略开,动作有力,抬起时比较收拢,动作柔和。飞行过程中,当飞到一定高度后,用力扇动几下翅膀,就可以利用上升的气流展翅滑翔。大鸟翅膀上下扇动的中间过程,要遵循曲线运动的要求来完成,如图 5-29 所示。

图 5-29 阔翅飞鸟

鸟类中的短翅类,如麻雀、画眉、山雀、蜂鸟等小鸟,它们的身体一般短小,翅翼短小,动作轻盈灵活,飞行速度快。它们遵循的运动规律如下。

动作快而急促,常伴有短暂的停顿,琐碎而不稳定。飞行速度快,翅膀扇动的频率较高,往往不容易看清翅膀的动作过程,飞行中形体变化比较少。小鸟的身体有时还可以短时间停在空中,会急速地扇动双翅。短翅类很少用双脚交替行走,常常是用双脚跳跃前进,如图 5-30 所示。

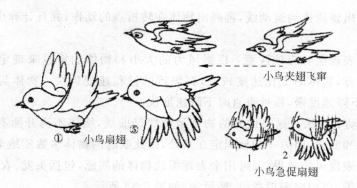

图 5-30　短翅飞鸟

3) 鱼类

鱼类生活在水中,它们的动作主要是运用鱼鳍推动流线型的身体,在水中向前游动。鱼身摆动时的各种变化成曲线运动状态,因此鱼类的运动必须遵循曲线运动的规律。

人们通常把鱼分为大鱼、小鱼和长尾鱼三类,根据各自体型的不同分别研究运动的规律。

(1) 大鱼,如鲸鱼,身体较庞大,体型较长,鱼鳍相对较小,它们在游动时,身体摆动的曲线弧度较大,缓慢而稳定。停留原地时,鱼鳍慢慢划动,鱼尾轻摆。

(2) 小鱼,身体小而狭长。它们在游动时快而灵活,变化较多;动作节奏短促,常有停顿或突然窜游,游动时曲线弧度不大,如图 5-31 所示。

(3) 长尾鱼,如金鱼,鱼尾宽大,质地轻柔。它们游动的时候柔和缓慢,在水中身体的形态变化不大,随着身体的摆动,宽大的鱼鳍和长长的鱼尾随着鱼的身体做跟随运动。

5. 自然现象的运动规律

1) 风

风是由于空气的流动形成的,是看不见的气流,在动画中主要通过风吹动的各种物体表现出来。在动画制作中,通常使用 3 种方法表现风的形态,即运动线表现法、曲线运动表现法、流线表现法。

(1) 运动线表现法。被风吹起质地比较轻薄的物体,脱离了它原来的位置,便会在空中随风飘扬。例如,被风吹落的树叶、羽毛、吹起的纸张等在表现这类动作时,必须用运动线表现法来表现,如图 5-32 所示。

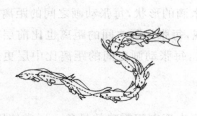

图 5-31　鱼类

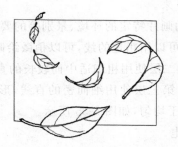

图 5-32　运动线表现法

通常要先画出该物体的运动线,再画出物体在转折点的动作,并且计算出这组动作的运动时间。

运用运动线表现法时应该注意:根据风力的大小和物体的重量来确定物体运动的速度。在转折的地方,物体的变化速度较慢,在飘行的过程速度较快。物体与地面角度的变化,接近平行时下降速度慢,接近垂直时下降速度快。

(2) 曲线运动表现法。这类运动的物体运动线是曲线,物体不离开原有位置。一端被吹起后发生运动和变化,而另一端被固定在某处,因此吹起的物体多数质地柔软、轻薄,这种表现方法既可以表现风的效果,又可用来表现柔软物体的质感,包括头发、衣襟、旗帜、绸带、窗帘、纸张、树叶等,多用来表现微风、清风等,如图 5-33 所示。

(3) 流线表现法。就是用铅笔按照气流的运动方向画成疏密不等、虚实结合的流线。有时根据需要,在流线范围内,再画上被风卷起跟着气流一起运动的沙石、树叶等物体,随着气流运动,如图 5-34 所示。一般来说,用流线表现的风,风势的走向和旋转的方向应当一致。在动画片中,常用来表现大风、旋风、狂风、飓风、夹沙走石、空中飞舞的雪花等。

图 5-33　曲线运动表现法

图 5-34　流线表现法

2)雨

下雨的镜头是常见的自然现象,雨的体积很小,降落的速度较快,因此只有当雨滴比较大或是距离我们眼睛比较近的时候,才能大致看清它的形态。在较多的情况下,人眼中看到的雨,往往是由视觉的暂留作用而形成的一条条细长的半透明的直线。所以,动画片中表现下雨的镜头,一般都是画一些长短不同的直线掠过画面。又由于经常有风的伴随,因此雨通常斜着落下来。

根据动画片特定的环境、景别等的要求,一般将雨划分为三层绘制,第一层是离我们最近的雨点,可以用粗短的线,可以稍微绘制出带水滴的形状,每张动画之间的距离较大,运动速度快;第二层使用粗细适中而较长的直线表现,每张动画之间的距离也比前层稍近一些,速度中等;第三层使用细而密的直线,形成片状,每张动画之间的距离比中层更近,速度较慢,不能过于均匀,如图 5-35 所示。

3)雷电

动画片中根据剧情的需要,为了渲染气氛,要表现电闪雷鸣的景象。通常使用树根型闪光带和图案型闪光带来表现雷电,如图 5-36 所示。

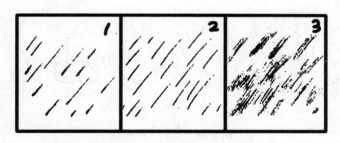

图 5-35　分层表现雨

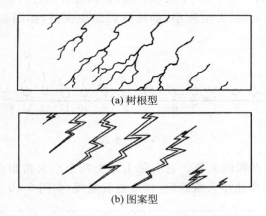

(a) 树根型

(b) 图案型

图 5-36　雷电

动画片表现闪电时,除了直接描绘闪电时天空中出现的光带以外,往往通过闪电的瞬间强烈闪光对周围景物的影响,加以强调。发生闪电前的天空,往往是乌云密布,环境整体比较灰暗。当闪电突然出现时,人们的眼睛受到强光的刺激,感到眼前一片白,闪电过后的一刹那,眼前似乎一片黑,闪电过程结束后,眼前又出现闪电前的漆黑景象。因此,闪电发生的过程中周围环境变化的基本规律是先灰色,再变为黑白闪烁,然后再恢复到灰色。因此,表现闪电的镜头,一般要画 3 张景物完全相同而明暗差别很大的背景,也就是灰色场景、暗场景和高亮场景,如图 5-37 所示。

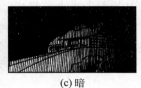

(a) 灰色　　　　　　　(b) 高亮　　　　　　　(c) 暗

图 5-37　闪电场景

4) 火

在动画片中,通过描绘火焰的运动来表现火。火焰运动形态随着燃烧的过程发生变化,由于受到强弱不断变化的气流的影响,出现不规则的曲线运动。这种运动变化是不规则的,通常火焰的运动可归纳为 7 种基本形态:扩张、收缩、摇晃、上升、下收、分离、消失,如图 5-38 所示。

图 5-38 火的 7 种形态

动画片中通常将火划分为小火、中火和大火,根据各自的特点使用不同的线条去表现。

(1) 小火运动,单个火头,火苗较小,如油灯和蜡烛火苗,如图 5-39 所示。小火苗动作特点是跳跃、多变。

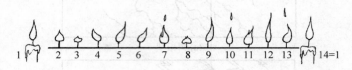

图 5-39 小火

(2) 中火运动,如柴火和炉火等。它实际上是由几个小火苗组合而成的。表现方法与小火苗基本相同,只是动作比小火苗稳定,速度也就略慢,如图 5-40 所示。

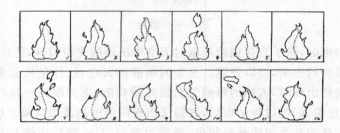

图 5-40 中火

(3) 大火运动,在表现大火时,要处理好整体与局部的关系,要体现出大火的层次和立体感。大火由若干个小火苗组成,大火中小火苗的变化要比总体形态的变化多。整体的动作速度要略慢一些,局部的动作速度要略快一些。又要注意每一组小火苗的动作变化,要体现出扩张、收缩、摇晃、上升、下收、分离、消失等的运动规律。同时,表现大火时,每一张原画和动画都应当符合曲线运动规律,不能只做简单的循环,如图 5-41 所示。

图 5-41 大火

火的熄灭动作表现为:由于气流的作用,火焰倾斜,然后一部分火焰向上分离、上升、消失,一部分火焰向下收缩、消失、接着冒烟,如图 5-42 所示。

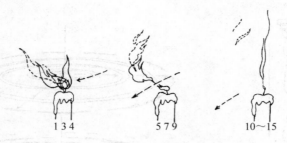

图 5-42　火的熄灭过程

5）水

在动画片中，水是经常出现的。水是稀薄透明的液体。一般来说，液体总是由高处往低处流动的。但是，当它受到较强的力的作用时，也会向上喷射或是往高处涌去。水的动态很丰富，从一滴水珠的滚动到大海的波涛汹涌，形状各异，种类繁多，变化无穷。

通常将水的运动规律归纳为 7 种动态，分别为聚合、分离、推进、S 形变化、曲线形变化、扩散性变化和波浪形变化，如图 5-43 所示。

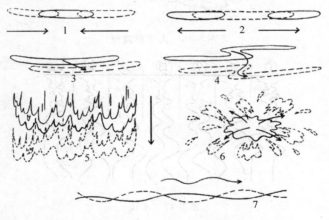

图 5-43　水的 7 种动态

通常将水常见形态与表现归纳为水滴、水圈、水纹、水流、水花和水浪。

（1）水滴。水有表面张力，因此一滴水必须积聚到一定的量，才会滴下来。它的运动规律遵循积聚、分离、变形、扩散，然后再积聚，再分离，再变形，再扩散。一般来说，积聚的速度比较慢，动作小，画的张数比较多，而分离和变形的速度快，动作大，画的张数应比较少。水滴下落时呈头大尾细的流线型，拉长，落地迅速变扁并分裂，向四面飞溅，如图 5-44所示。

（2）水圈。水圈产生的过程一般是一件物体落入平静的水中，圈形波纹围绕物体落点向外扩散。然后圆圈逐渐扩大至最后消失，如图 5-45 所示。

（3）水纹。水面物体游动，船只行驶，会冲击水面形成人字形的波纹，波纹由物体两侧向外扩散，向远方拉长至消失，如图 5-46 所示。

第二种情况是微风吹来，掠过静止的水面，风与平静的水面摩擦会形成美丽的涟漪。如果风再吹向涟漪的斜面，就成为小的波浪，如图 5-47 所示。

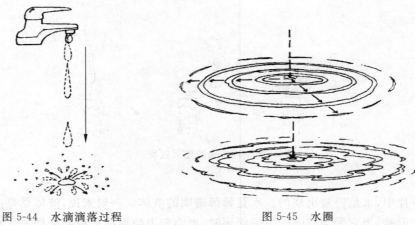

图 5-44　水滴滴落过程　　　　　　图 5-45　水圈

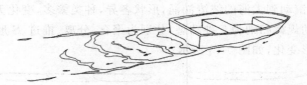

图 5-46　人字形波纹

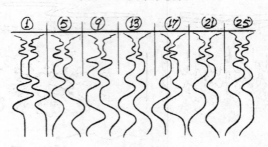

图 5-47　水纹

（4）水流。水流就是不断从一地向另一地流动的水,如小溪、水渠、河流、瀑布等。水流要用不规则的曲线形水纹表现。曲线水纹形态应有变化,避免动作呆板。为了加强其运动感,可在每一组平行波纹线的前端加一些浪花和溅起的小水珠。同时,中间画必须找准位置,画出变化过程,一般以匀速表现,不能忽快忽慢,如图 5-48 所示。用弧线及曲线形水纹的运动,表现湍急的流水,如瀑布、漩涡等。

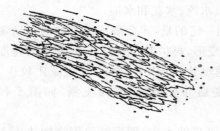

图 5-48　水流

（5）水花。当水遇到撞击时,会溅起水花。水花溅起后,向四周扩散、降落。水花溅起时,速度较快,升至最高点时,速度逐渐减慢,分散落下时,速度又逐渐加快,如图 5-49 所示。

物体落入水中溅起的水花的大小、高低、快慢,与物体的体积、重量以及下降的速度有密切的关系,在设计动画时应予以区分。另外,水中形成水花时通常伴有水圈,如图 5-50 所示。

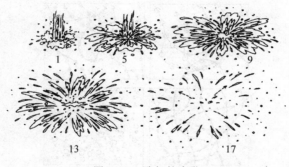

图 5-49　溅起的水花

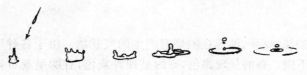

图 5-50　水花

（6）水浪。水在流动时，遇到阻力就会形成浪。根据水的运动速度与阻力大小不同，会分别形成大浪、中浪或小浪。在风速和风向多变的情况下，大大小小的波浪，有时合并，有时掺杂，有时冲突。冲突后，有的消失，有的继续存在，乘风推进，原有的波浪消失了，又不断涌现出新的波浪，此起彼伏，千变万化。表现宽阔水面上的水浪，为了加强远近透视的纵深感，往往将水浪分为多层，上层画大浪，大浪距离近，动作大，速度快；中层画中浪；下层画小浪，速度较慢。三层浪的速度依次减慢，如图 5-51 所示。

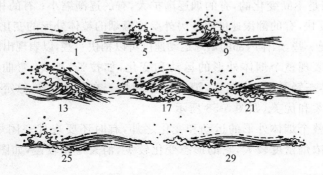

图 5-51　水浪

6）雪

雪的特点通常是体积大，分量轻，在空中飘落的过程中，受到气流的影响，会随风飘舞。一般情况下，结合雪的特点，分为三层绘制雪的飘落以表现出雪景的远近透视的纵深感，前层画大雪花，中层画中雪花，后层画小雪花。画稿上的雪花要画出不规则的 S 形运动路线，期间雪的整体运动趋势是向下飘落，没有固定方向。前层大雪花每张之间的运动距离大一些，速度稍快，中层次之，后层距离小一些，速度慢。在飘落过程中，可以出现些许的上扬动作，然后再往下飘，画面中整体的飘落速度不宜太快，以体现出雪的轻柔，雪花运动的飘舞姿态，如图 5-52 所示。

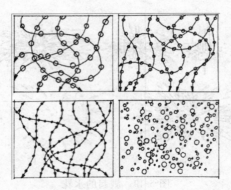

图 5-52　分层绘制雪花

7）烟

烟是可燃物质，如柴、煤炭、油等在燃烧时产生的气状物。由于各种可燃物质的成分不一样，因此烟的颜色也不同。有的呈现黑色，有的呈现青灰色，有的呈现黄褐色等。烟燃烧的程度也不相同，相应的烟的浓度也不一样，燃烧不完全时，生成的烟气比较浓烈，燃烧完全时，生成的烟气比较清淡。产生烟气的形状以及烟气扩散的形式与下层大气的稳定程度密切相关。

从烟囱中排出的烟一般呈现出波浪形、锥形、扇形、屋脊形、熏烟形等。由此可见，气流对烟的形状和运动影响非常大。因此，在动画片中具体运用烟的运动规律时，应该根据剧情场景的需要，选用合适的表现形式。

在动画片中表现烟，一般分为浓烟和轻烟两类。浓烟造型多为团状或者乌云状，用深色或黑色表现。轻烟的造型多为带状或者线条状，用透明色或比较浅的颜色表现。在实际表现烟的过程中，要注意烟是不断变化的，有的烟逐渐扩大，有的逐渐缩小；有的相互合并，有的相互分离；有的翻滚速度快，有的翻滚速度慢。另外要注意烟的整体外形的变化，一般来说，整个烟体的运动速度可以慢一些，烟体内部的烟球运动速度可以稍快一些，以表现出浓烟滚滚的气势。

轻烟一般需要表现整个烟体外形的运动和变化，如拉长、摇曳、弯曲、分离、变细、消失等。轻烟密度小，体态轻盈，变化较多，消失得比较快。在气流比较稳定的情况下，轻烟缭绕，冉冉上升，动作柔和优美，如图 5-53 所示。

浓烟除了表现整个烟体外形的运动和变化之外，有时还要表现一团烟球在整个烟体内上下翻滚的运动。浓烟密度较大，它的形态变化较少，消失得比较慢，如图 5-54 所示。

图 5-53　轻烟　　　　　　　　　　　　　　图 5-54　浓烟

8)爆炸

易爆品在受热或燃烧时,体积突然增大千倍以上,这时,就会发生爆炸。爆炸是突发性的,动作猛烈,速度很快。动画片中通过对 3 种元素的描绘来表现爆炸的场景,第一种是通过爆炸处产生的强烈的闪光,第二种是爆炸过程中被炸起来的各种物体,第三种是爆炸时产生的烟雾,如图 5-55 所示。

图 5-55 爆炸

5.5 数字动画创作工具

数字动画是计算机图形学和动画艺术相结合的产物,拓展了传统动画的制作方法,提高了制作动画的效率,同时也产生了巨大的社会效益与经济效益。计算机的介入不仅替代了传统动画制作中的手工劳动,而且产生了传统动画不可比拟的视觉效果。提高了数字动画的制作速度、缩短了制作周期。数字动画是艺术与技术的结合。新的技术发展也为动画艺术开拓了新的发展方向,数字动画艺术有了新的探索和追求目标。数字动画一般分为二维动画与三维动画,随着技术的发展也产生了非常多的二维和三维动画创作工具。

5.5.1 二维动画创作工具

计算机二维动画的制作方法与传统手工动画相似,它是对传统手绘动画制作技术的改进。传统手绘动画采用赛璐珞分层形式制作,工序比较复杂,其中包含了创造性劳动和非创造性劳动。计算机二维动画制作技术主要代替传统动画制作中非创造性劳动,如描写、上色、拍摄等。这就发挥出了计算机的优势,为动画制作技术带来明显的改进。

计算机动画的制作系统一般由输入系统、上色系统、特技制作、合成输出系统几个部分组成。输入系统是将手绘的原画与中间画使用扫描仪输入到计算机中。上色系统是整个生产线的关键,为线稿赋予颜色。特技制作系统是将已经完成的动画描线上色画面与背景合成总校,加入各种特技并进行最后的创作调整,以达到良好的效果。合成输出是将图像送入存储器,然后实时一次输出到需要的载体上。

计算机动画制作系统的制作效率与所使用的制作软件有很大的关系,软件系统的好坏直接影响到整个生产系统的产量和质量。软件中都采用了传统手绘动画的制作流程,最大限度地替代动画制作中的非创造性劳动。常用的计算机二维动画制作软件有 Animo、TOONS、USAnimation、Toon Boom Harmony、RETAS PRO、Adobe Flash。

1. Animo

Animo 是英国 Cambridge Animation 公司开发的运行于 SGI O2 工作站和 Windows

NT 平台上的二维卡通动画制作系统,可以处理传统手绘动画中的描线上色、特效和合成拍摄,它是世界上最受欢迎、使用最广泛的系统之一。《空中大灌篮》、《埃及王子》与《国王与我》等众所周知的动画片都是应用 Animo 制作完成的。它具有面向动画师设计的工作界面,扫描后的画稿保持了艺术家原始的线条,它的快速上色工具提供了自动上色和自动线条封闭功能,并和颜色模型编辑器集成在一起提供了不受数目限制的颜色和调色板,一个颜色模型可设置多个"色指定"。它具有多种特技效果包括灯光、阴影、镜头的推拉、背景虚化、水波等并可以与二维、三维和实拍镜头进行合成。

Animo 是一个模块化的软件,共分为 11 个独立的工作模块,用于完成前景和背景的输入、线条处理、上色、后期合成、输出等工作。该软件的画面输入、上色与后期合成功能都非常突出,软件中各元素之间都以节点方式连接,使得上色图层与二维、三维和实拍镜头的合成操作非常便捷。还可以非常方便地编辑关键帧、控制动画的运动方式,具有灯光、阴影、色度、抠像和 Alpha 通道等多种特技。Animo 动画制作软件使用非常广泛,在亚洲许多国家,包括中国、韩国和印度等,都建有网络连接的 Animo 系统,与欧美的许多动画工作室协同工作。这样,导演、制片人的审片就变得方便快捷,从而节约了成本,缩短了制作周期。

2. TOONS

TOONS 是一款运行于 SGI 工作站和 PC 平台上的优秀二维动画制作软件,可以对扫描的画稿进行画面处理、检测画稿、拼接背景图、上色、背景合成、特效、最终图像生成,最后将结果输出到录像带、电影胶片、高清电视或网络等媒介上。

TOONS 是一个模块化的软件系统,有 16 个模块可以独立运行,每个模块负责一项工作,系统化的设计提高了工作效率。主要包括 Scanning 扫描模块、Ink&Paint 上色模块、Xsheet 设置表、Render 渲染 4 个模块。

3. USAnimation

USAnimation 是基于矢量图形的二维动画制作软件,广泛应用于动画片、电视系列片、商业广告片、游戏、多媒体、网站等领域,其代表作品有《美女与野兽》等。

USAnimation 有专门的扫描模块,可以将手绘稿扫描到计算机,然后会自动将画稿转换成矢量图形,其上色模块被认为是最快最高效的系统,阴影、特效和高光都可以自动着色。软件还可以轻松合成二维动画、三维图像和实拍镜头等,可以自动生成动作和三维动画软件的三维动画接口。可以输出不同的格式文件应用各种介质,如电影胶片、HDTV、Flash 格式等。

4. Toon Boom Harmony

Toon Boom Harmony 是一套全新概念的数字无纸卡通动画的专业制作软件,它将数字技术与传统的动画制作方式相融合,在保持了传统的制作环节的同时,又具有目前在世界上二维动画制作软件中全新的技术,如精确的变形、无缝拼合、反向动力学、口型同步、三维路径运动等,以及全新的大型动画项目设计的生产流程。

无论采用传统动画生产流程、无纸动画生产流程,还是 Toon Boom Harmony 独有的切分动画生产流程创作二维动画片,该软件都可以保质保量的完成任务。

Toon Boom Harmony 提供的无纸动画生产方式、集成式工作流程和资产管理工具,有效提升了动画生产的整体生产效率,进入到一个全新的领域。

Toon Boom Harmony 是一款二维无纸动画制作系统,在二维无纸动画软件中,它是一款杰出的软件,参与制作了迪士尼的《狮子王》、《小飞侠》、《人猿泰山》、《幻想曲 2000》、《失落的帝国》、《公主与青蛙》等动画作品。

数字无纸动画生产方式相对比传统手绘生产方式,具有高质量、高效率、低成本、实时查看制作进度、实时管理资料文件、资料传递方便、制作流程清晰、制作人员分工明确等诸多明显优势。

5. RETAS PRO

RETAS PRO 是日本 Celsys 株式会社开发的应用于 PC 和 MAC 的专业二维动画制作系统,其制作过程与传统的动画制作过程十分相似,软件由多个模块组成,分别负责绘图、扫描和线条处理、上色、画面合成与拍摄、渲染输出。RETAS PRO 被广泛应用于电影、电视、游戏、新媒体等多种领域。

6. Adobe Flash

Adobe Flash 是一种集动画创作与应用程序开发于一身的创作软件。Adobe Flash Professional CS6 为创建数字动画、交互式 Web 站点、桌面应用程序以及手机应用程序开发提供了功能全面的创作和编辑环境。Flash 广泛用于创建吸引人的应用程序,它们包含丰富的视频、声音、图形和动画。可以在 Flash 中创建原始内容或者从其他 Adobe 应用程序导入它们,快速设计简单的动画,以及使用 Adobe AcitonScript 3.0 开发高级的交互式项目。设计人员和开发人员可使用它来创建演示文稿、应用程序和其他允许用户交互的内容。Flash 的主要优点是动画作品体积小,制作效果非常精致。Flash 可以包含简单的动画、视频内容、复杂演示文稿和应用程序以及介于它们之间的任何内容。

5.5.2 三维动画创作工具

数字动画三维技术从 20 世纪 90 年代得到飞速的发展,在动画领域三维动画的创作所占的分量越来越重。早起在 SGI 工作站平台上的 Alias 和 Softimage 3D 标志着三维动画和虚拟现实应用技术的普及,随后 3D Studio 又转移到 PC 平台,使得三维动画技术更加普遍化,使三维动画不再是高不可攀的尖端技术,只要有好的想法,一般人也可以在 PC 上制作出优秀的三维作品。动画艺术的发展需要更新的技术来实现,计算机技术的发展又进一步激发了动画艺术的创新活力。目前世界上有多个大型的三维动画制作工具统治着三维动画制作领域,如 Autodesk Maya、3Ds Max、ZBrush、Motion Builder 等。

1. Autodesk Maya

Maya 是美国 Autodesk 公司出品的世界顶级的三维动画软件,应用对象是专业的影视广告、角色动画、电影特技等。它是一款开放的、逻辑性强的、高稳定性的三维动画创作工具。Maya 功能完善,工作灵活,易学易用,制作效率极高,渲染真实感极强,是电影级别的高端制作软件。

Maya 具有完整的建模系统,具有强大的程序纹理材质和粒子系统,具有出色的角色动画系统,具有开放的 MEL 语言等。Maya 的先进技术,为制作出复杂的、逼真的、高品质的3D 影片奠定了基础,为电影制作、三维动画片、三维游戏、电视片头、广告、多媒体视频等,提供了更优秀、更便捷的手段,满足了三维创作人员专业化的需求。随着技术的进步,Maya 软件更加实用、更加方便,为用户带来了极大地使用价值和经济利益。

2. 3Ds Max

3Ds Max 是 Autodesk 公司开发的基于 PC 系统的三维动画渲染和制作软件。其前身是基于 DOS 操作系统的 3D Studio 系列软件。在 Windows NT 出现以前，工业级的 CG 制作被 SGI 图形工作站所垄断。3D Studio Max 在 Windows NT 平台的出现降低了 CG 制作的门槛，首先开始运用在计算机游戏中的动画制作，而后更进一步开始参与影视片的特效制作。

3Ds Max 是世界运行在 PC 上应用最广泛的三维建模、动画、渲染软件之一，广泛应用于角色动画、游戏开发、电影特效、工业设计、室内设计等领域。3Ds Max 易学易用、操作简单、功能强大，所以拥有最大的用户群体。它具有 1000 多种特性，为动画、影视制作人员提供了强大的功能。由于运行在开放式的平台上，它可以集成多个插件工具，使功能得到了扩展，最终成为具有强大三维动画、非线性编辑以及特效制作能力的系统。

3. ZBrush

ZBrush 是一款数字雕刻和绘画建模软件，它以强大的功能和直观的工作流程彻底改变了整个三维行业。ZBrush 界面简洁，工具先进，操作方便。以实用的思路开发出的功能组合，在激发艺术家创作力的同时，产生了一种良好的用户体验，在操作时会感到非常的顺畅。

ZBrush 在动画、电影、游戏等领域都有良好的表现，并在世界知名影视制作公司如 ILM、Weta、Sony 等的生产线上得到广泛应用，内容涉及雕刻影视级别模型、为模型绘制纹理、绘制数字背景灯。ZBrush 在很多经典电影大片中《黄金罗盘》、《钢铁侠》、《阿凡达》、《加勒比海盗》等作品中创作出了很多的角色和怪兽形象。在次世代游戏中，如《刺客信条》、《战争机器》、《杀戮地带 3》等，都大量使用了 ZBrush 技术。

使用 ZBrush 不仅可以充分调动用户的主动性，更容易发挥出创造能力，而且由于其近似黏土的雕刻特性，使得在创建任何模型的时候都可以让思想得到充分地表达。无论是动画角色设计还是环境设计，都可以使用 ZBrush 以直观的操作方法，制作出高密度的模型，展现出模型更多的细节。

ZBrush 提供了上百种用于雕刻的笔刷，用户使用这些笔刷雕刻数十亿多边形模型时，感觉像在黏土、石头的表面上雕刻一样。ZBrush 已经具备了真实世界中的雕刻技术。

4. Motion Builder

Autodesk Motion Builder 是用于动画、游戏、电影和电视制作的业界领先的实时三维动画软件。它集成了众多优秀的工具，为制作高质量的动画作品提供了保证。其核心重点是交互式的实时工作流程，使创意和技术相融合，使艺术家能够完成苛刻的动画密集型项目。Motion Builder 可以获取、操纵和可视化三维数据的软件，不仅是一个动画生产力解决方案，而且也是一个推动创造迭代过程的工具。Motion Builder 中包括独特的实时架构，无损的动画层，非线性的故事板编辑环境和平滑的工作流程。

Autodesk Motion Builder 可以在 Windows 操作系统下运行，完美地支持不受平台限制的 Autodesk FBX 三维数据交换解决方案，可以补充 Autodesk Maya 和 Autodesk 3Ds Max，同时也支持 Autodesk FBX 文件格式的其他 DCC 软件。它的固有文件格式（FBX）使在创建三维内容的应用软件之间具有无与伦比的互用性，这就使 Motion Builder 成为可以增强任何现有制作生产线的补充软件包。Motion Builder 为动画师和技术总监提供实时的动画显示和编辑、非线性三维剪辑环境以及定制和扩展该软件的工具。作为领先的实时

CG 技术之一,Motion Builder 支持虚拟电影制作过程,允许导演和摄像以与实拍相同的自由性交互方式指导虚拟相机。

5.6 本章小结

(1) 本章介绍了矢量图形和点阵图像。

(2) 常用的图形处理软件,Adobe Illustrator 已经成为数字图形制作、设计和创意的利器。对于设计人员或动画制作人员,Illustrator 是一个必须掌握的图形制作软件。

(3) 探索动画发展历程,梳理动画制作流程,熟练掌握动画运动规律是动画从业人员最基本的素质。

(4) 工欲善其事,必先利其器。熟练掌握动画创作工具,是动画制作人员创作出好作品的基础。动画的艺术创意和动画创作工具共同组成了动画创作人员的左膀右臂,缺一不可。

习题 5

1. 简述矢量图与位图的区别。
2. 简述三维数字动画的制作流程。
3. 简述角色行走的运动规律。
4. 简述兽类四足动物走和跑动作之间的差异。
5. 尝试使用 Flash 软件完成一段人物走路逐帧动画。

第 6 章

流媒体技术及其应用

本章学习目标

- 熟练掌握流式传输的两种方式以及工作原理。
- 了解流媒体播放方式以及流媒体传输协议。
- 了解流媒体应用领域和流媒体文件格式。

本章先向读者介绍流媒体、流媒体技术原理,其中重点介绍两种流式传输方式。其次介绍流媒体传播方式和流媒体传输所遵循的协议。进而介绍流媒体文件格式及其应用领域。

6.1 流媒体与流媒体技术

目前,在网络上传输下载音/视频等多媒体信息主要有两种方案:下载和流式传输。音/视频等多媒体文件一般都较大,由于网络带宽的限制,完全下载到客户端常常要花数分钟甚至数小时,所以这种处理方法延迟很大。

所谓流媒体,也称为流式媒体,它不是一种新的媒体,而是媒体在网络上一种新的流式传输方式。流式传输方式是将整个音频/视频等多媒体文件经过特殊的压缩方式分成一个个压缩包,由服务器向用户计算机连续、实时传送。在采用流式传输方式的系统中,用户不必像采用下载方式那样等到整个文件全部下载完毕,而是只需经过几秒或几十秒的启动延时,将开始部分内容下载到客户端,多媒体文件的剩余部分将在后台的服务器内继续下载,因此用户可以边下载边观看。为了支持边下载边播放,首先需要在客户端的计算机上创建一个缓冲区,在播放前预先下载一段数据作为缓冲,在网络实际连线速度小于播放速度时,播放程序就会取用缓冲区内的数据,这样可以避免播放的中断,也使得播放品质得以保证。

流媒体技术不是一种单一的技术,它是网络技术及视/音频技术的有机结合。在网络上实现流媒体技术,需要解决流媒体的制作、发布、传输及播放等方面的问题。

6.1.1 流媒体技术原理

流式传输过程需要缓存。因为在流式传输过程中,媒体内容在传输过程中首先被分解为许多包,每个包传输是断续的异步传输,由于网络是动态变化的,各个包选择的路由可能不尽相同,故到达客户端的时间延迟也就不等,那么先发的数据包可能后到,后发的数据包先到。因此,在客户端需要通过缓存系统来弥补延迟和抖动的影响,在客户端对数据包进行重组,从而保证数据包的顺序正确,使媒体数据能连续输出,而不会因为网络暂时拥塞使播放出现停顿。因为高速缓存使用环形链表结构来存储数据,从而已经播放的内容可以被丢弃,空出的缓存空间可以重新被用来缓存后续尚未播放的内容。因此需要的缓存空间不需要太大。

由于传统网络数据传输使用的 TCP 协议需要较大的开销,因此不太适合实时数据的传输。所以在流式传输技术中,需要专门的协议来实现实时数据传输。在实现流式传输的实现方案中,一般采用 HTTP 与 TCP 协议来传输控制信息,用实时传输协议 RTP 以及用户数据报协议 UDP 来传输实时数据。

流式传输的基本过程如图 6-1 所示。

① 用户在客户端 Web 浏览器上选择某一流媒体服务后,Web 浏览器与 Web 服务器之间使用 HTTP/TCP 交换控制信息。

② 通过这些控制信息把需要传输的实时数据从原始信息中检索出来。

③ 客户机上的 Web 浏览器启动音/视频 Helper 程序,并使用 HTTP 从 Web 服务器检索相关参数对音/视频 Helper 程序进行初始化。这些参数可能包括目录信息、音/视频数据的编码类型或与音/视频相关的服务器地址。

④ 音/视频播放器程序与音/视频服务器运行实时流控制协议(RTSP),以交换音/视频传输所需的控制信息。与 CD 播放机的功能相似,RTSP 提供了播放、快进、快倒、暂停及录制等命令的方法。

⑤ 最后,音/视频服务器使用 RTP/UDP 协议将音/视频数据传输给客户程序,一旦音/视频数据到达客户端,音/视频客户程序即可播放输出。

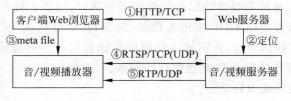

图 6-1　流式传输基本过程

在流式传输中,使用 RTP/UDP 和 RTSP/TCP 两种不同的通信协议与音/视频服务器建立联系,是为了能够把服务器的输出重定向到一个不同于运行音/视频 Helper 程序所在客户机的目的地址。实现流式传输一般都需要专用服务器和播放器。

实现流式传输有两种方法:顺序流式传输(Progressive Streaming Transport)和实时流式传输(Realtime Streaming Transport)。

1. 顺序流式传输

顺序流式传输是顺序下载,在下载文件的同时用户可以观看在线内容,但是在给定时刻,用户只能观看已经下载的部分,而不能跳到还未下载的前头部分,顺序流式传输不像实时流式传输在传输期间根据用户连接的速度做调整。由于 HTTP 服务器本身可以支持顺序下载,因此不需要其他特殊协议,所以顺序流式传输也经常被称为 HTTP 流式传输。由于顺序流式传输的这些特点,因此它不适合长片段和有随机访问需要的情况。顺序流式文件是放在标准 HTTP 或 FTP 服务器上,易于管理,基本上与防火墙无关。

2. 实时流式传输

实时流式传输与 HTTP 流式传输不同,需要专用的流式传输媒体服务器并且应用实时传输协议(如 RTSP 等),实时流式传输必须保证媒体信号带宽与网络连接匹配,从而便于传输的媒体可被实时观看到。实时流式传输适合现场事件播发,也支持随机访问,用户可快进或后退以观看前面或后面的内容。理论上,实时流一经播放就可不停止,但实际上,可能发生周期暂停。实时流式传输必须配匹连接带宽,这意味着在以调制解调器速度连接时图像质量较差。而且,由于出错丢失的信息被忽略掉,网络拥挤或出现问题时,视频质量很差。实时流式传输需要特定服务器,如 QuickTime Streaming Server、RealServer 与 Windows Media Server。以上服务器允许对流媒体信息的发送实现多级别的控制,其系统设置、管理等要比 HTTP 服务器复杂得多。实时流式传输需要专门的实时流传输网络协议,如 RTSP(Realtime Streaming Protocol)或 MMS(Microsoft Media Server)。实时流式传输所需协议在存在防火墙的情况下容易出现问题,往往会导致客户端不能正常视听。

6.1.2　流媒体传输协议

由于 TCP 协议传输需要较多的开销,因此不适合传输实时数据。通常,在流式传输方式中,实现实时数据的传输需要合适的协议,支持流媒体传输的网络协议主要有实时传输协议 RTP、实时传输控制协议 RTCP、实时流协议 RTSP 以及资源预订协议 RSVP 等。

1. 实时传输协议 RTP

实时传输协议 RTP(Real-time Transport Protocol)是用于 Internet 上针对多媒体数据流的一种实时传输协议,由 IETF 的多媒体传输工作小组于 1996 年制定的。RTP 协议规定了在网络上传输音/视频等媒体数据的标准数据包格式,用于支持在单播和广播传输中传输实时数据。RTP 通常使用 UDP 来传送数据,但 RTP 也可以在 TCP 等其他协议之上工作。RTP 只保证实时数据传输,并不能为按顺序传输数据提供可靠传输机制,也不提供流量控制或拥塞控制,而是依靠 RTCP 提供这些服务。

2. 实时传输控制协议 RTCP

实时传输控制协议 RTCP(Real-time Transport Control Protocol)是实时传输协议 RTP 的姊妹协议,通常和 RTP 一起提供流量控制和拥塞控制服务,RTCP 本身并不传输数据,只是为 RTP 传输提供服务质量保障。RTCP 包中收集媒体传输相关的统计信息。例如,已传输的数据包的数量、丢失的数据包的数量、单向和双向网络延迟等统计资料,因此网络应用程序可利用 RTCP 的这些统计信息动态地改变传输速率,甚至改变有效载荷类型。

3. 实时流协议 RTSP

实时流协议 RTSP(Real-Time Streaming Protocol)是由 Realnetworks 和 Netscape 共同提出的。RTSP 协议以客户服务器方式工作,它定义了如何有效地通过 IP 网络一对多传送多媒体数据的媒体播放控制协议。用来使用户在播放从因特网下载的实时数据时能够进行控制,如暂停/继续、后退、前进等。因此 RTSP 又称为"因特网录像机遥控协议"。RTSP

在体系结构上位于 RTP 和 RTCP 之上,它使用 TCP 或 RTP 完成数据传输。HTTP 与 RTSP 相比,HTTP 传送 HTML,而 RTP 传送的是多媒体数据。HTTP 请求由客户机发出,服务器做出响应;使用 RTSP 时,客户机和服务器都可以发出请求,即 RTSP 可以是双向的。RTSP 的控制功能,不仅要有协议,而且要有专门的媒体播放器和媒体服务器。

4. 资源预订协议 RSVP

资源预订协议 RSVP(Resource Reserve Protocol)是网络控制协议,使用 RSVP 可在 Internet 网上预留一部分网络资源(即带宽),能在一定程度上为流媒体的传输提供特殊服务质量 QoS。

6.1.3 流媒体系统的组成

一个完整的流媒体系统应包括编码工具、流媒体服务器、通信网络和播放器 4 个组成部分。编码工具用于创建、捕捉和编辑多媒体数据,形成流媒体格式,可以由带视/音频硬件接口的计算机和运行其上的制作软件共同完成。流媒体服务器用于存放和控制流媒体的数据。搭建适合多媒体传输协议或实时传输协议的网络,通过播放器供客户端浏览流媒体文件。

1. 媒体服务器硬件平台

视频服务器把存储在存储系统中的视频信息以视频流的形式通过网络接口发送给相应的客户,响应客户的交互请求,保证视频流的连续输出。视频信息具有同步性要求,一方面必须以恒定的速率播放,否则引起画面的抖动,如 MPEG-1 视频标准要求以 1.5Mbps 左右的速度播放视频流。另一方面,在视频流中包含的多种信号必须保持同步,如画面的配音必须和口型相一致。另外,视频具有数据量大的特点,它在存储系统上的存放方式,直接影响视频服务器提供的交互服务,如快进和快倒等功能的实现。因此视频服务器必须解决视频流特性提出的各种要求。

视频服务器响应客户的视频流后,从存储系统读入一部分视频数据到对应于这个视频流的特定的缓存中,然后此缓存中的内容送入网络接口发送到客户。当一个新的客户请求视频服务时,服务器根据系统资源的使用情况,决定是否响应此请求。其中,系统资源包括存储 I/O 的带宽、网络带宽、内存大小和 CPU 的使用率等。

2. 媒体服务器软件平台

网络视频软件平台包括媒体内容制作、发行与管理模块、用户管理模块、视频服务器。内容制作涉及视频采集、编码。发行模块负责将节目提交到网页,或将视频流地址邮寄给用户。内容管理主要完成视频存储、查询;节目不多时可使用文件系统,当节目量大时,就必须编制数据库管理系统。用户管理可能包括用户的登记和授权。视频服务器将内容通过点播或直播的方式播放,对于范围广、用户多的情形,可在不同的区域中心建立相应的分发中心。

6.2 流媒体播放方式

流媒体播放按照播放方式,流媒体可分为点播方式和广播方式;按照通信方式,可将流媒体分为单播方式和组播方式。

1. 单播方式和组播方式

单播方式是指在媒体服务器与客户端之间需要建立一个单独的数据通道,从一个媒体服务器送出的每个数据包只能传送给一个客户端。每个客户端必须分别对媒体服务器发送单独的查询,而媒体服务器必须向每个客户端发送数据包的复制。这样会给服务器造成沉重的负担,响应需要很长时间。

组播方式是指需要在组播技术构建的具有组播能力的网络中,媒体服务器只需要发送一个数据包,然后由路由器一次将数据包复制到多个通道上,从而使发出申请的客户端都共享同一个信息包。信息可以发送到任意地址的客户端,减少网络上传输的信息包的总量。网络利用效率大大提高,成本大大下降。

2. 点播方式与广播方式

点播方式是指客户端与服务器主动连接,在点播连接中,用户通过选择内容项目来初始化客户端连接。连接后,用户可以开始、停止、后退、快进或暂停流的播放。点播连接提供了对流的最大控制,但这种方式由于每个客户端各自连接服务器,却会迅速用完网络带宽。

广播方式是指用户被动接收数据流。在广播连接中,客户端被动接收流,但不能控制流。连接后,用户不能暂停、快进或后退该流的播放。广播方式中数据包的单独一个复制将发送给网络上的所有用户,不管用户是否需要。

使用单播传输方式时,数据包被复制多次,然后以多个点对点的方式分别发送到需要它的那些客户端。而使用广播传输方式时,数据包的单独一个复制将发送给网络上的所有客户端,而不管用户是否需要,上述两种传输方式会非常浪费网络带宽。因此,组播方式结合了上述两种传输方式的长处,克服了它们的弱点,将数据包的单独一个复制发送给需要的那些客户端。组播不会将复制数据包的多个副本传输到网络上,也不会将数据包发送给不需要那些客户端,保证了网络上多媒体应用占用网络的最小带宽。

6.3 流媒体的文件格式

ASF(Advanced Stream Format)格式是由微软公司开发的,这类文件的扩展名是.asf和.wmv,对应的播放器是微软公司的 Media Player。ASF 格式是专为在 IP 网上传送有同步关系的多媒体数据而设计的,ASF 格式文件体积小,因此特别适合在 IP 网上传输。ASF是一个开放标准,它能依靠多种协议在多种网络环境下支持数据的传送。用户可以将其他格式的音频/视频转换为 ASF 格式,而且用户也可以通过声卡和视频捕获卡将诸如麦克风、录像机等外设的数据保存为 ASF 格式。目前,最新的 Windows Media Encode 不仅压缩比率又有新的突破,而且可以支持更多不同的网络数据传输速率和压缩比率,如可以用64Kbps 速率播放 CD 音质的音频数据流;最新发布的视频编码则明显优化了动态效果的处理。WMV8 是目前唯一能够提供 TrueMotion-Picture-ReadyVideoCodec 的视频格式,用连接速率为 250Kbps 的 DSL/Cable 能够达到近乎家用录像系统(VHS)的视频品质;用连接速率为 500Kbps 的 DSL/Cable 能够达到与 DVD 差不多的视频品质。

RM(RealMedia)格式是由 RealNetworks 公司开发的流媒体文件格式,这类文件的扩展名是.rm,文件对应的播放器是 RealPlayer。它主要包括 RealAudio、RealVideo 和RealFlash 三类文件,其中 RealAudio 用来传输接近 CD 音质的音频数据,RealVideo 用来传输不间断的视频数据，RealFlash 则是 RealNetworks 公司与 Macromedia 公司联合推出的一种高压缩比的动画格式。Real Media 可以根据网络数据传输的不同速率制定不同的压缩比率，从而实现低速率的 Internet 上进行视频文件的实时传送和播放。

最新的 Real Audio Encode 8 大大增强了 Real 对音频的压缩处理能力。在服务器端，iPoint-Princeton VideoImage 为 RealSystem 8 提供了广告插播 PVI 技术，iPoint 可以在 RealSystem8 中无缝插入预先定制的广告节目。RichFX-RealPlayer8 可以以较小的传输速率显示出三维效果。RealNetworks 还推出 RealSystemiQ 建立新一代网上广播神经中枢系统，为数码媒体的传播奠定了新的基础，从而可以提升网上广播的稳定性与可靠性，令广播信息传播至更多观众的同时，也为媒体传播带来了更佳的成本效益。

QuickTime 格式是由 Apple 公司开发的流媒体文件格式，这类文件扩展名是. mov，对应的播放器是 QuickTimePlayer。QuickTime 格式具有较高的压缩比率和较完美的视频清晰度等特点，最大的特点是跨平台性，既能支持 MacOS 系统，同样也能支持 Windows 系统。

6.4　流媒体技术的应用

最近几年随着互联网的发展，流媒体技术在一定程度上突破了网络带宽对多媒体信息传输的限制，因此被广泛运用于互联网直播、网络电台、音/视频点播、远程教育、广告、音/视频会议、远程医疗等互联网信息服务的方方面面。对人们的工作和生活将产生深远的影响。

1. 广告及其销售

用内容丰富、图文声像并茂的流媒体效果制作广告，其效果远远超过静态网页广告。基于流媒体服务平台，在节目播出中插入适当的动态画面、动态文本滚动广告、音视频广告，具有广泛的社会效益和经济效益。流媒体广告可以分为三类：音视频广告、包括加配音的图片广告、包括实时文字插播的文字广告。

2. 视频点播

VOD(Video on Demand)是视频点播技术的简称，也称为交互式电视点播系统，即根据用户的需要播放相应的视频节目。视频点播系统中，将影视节目、音乐等节目以特殊的压缩编码形式存储在服务器的节目库中，从而使其适合在网络上传输。用户可以在网络上欣赏节目库中自己喜爱的任意节目，或者任意节目中的任何一段，并随心所欲地进行控制。节目内容除了影视节目、音乐外，还可以提供文本、图像等各种文件的共享，并有方便的检索功能，让用户可以快捷地找到点播的内容。就当前而言，很多大型的新闻娱乐媒体都在 Internet 上提供基于流技术的音视频节目，如我国的中央电视台等。

3. 音/视频会议

用摄像机或投影仪获得现场音视频信号后，通过 Web 站点进行基于 Internet 的现场直播，或者保存为流格式文件后，必要时播放。

基于流媒体平台的网上音/视频会议系统，并且将其划分为多个虚拟会议室通过传输介质传送给各个用户。只要客户端具备音视频采集等网上会议系统的条件，申请获得账号后，就可以利用租用的网上视频会议系统进行会议。网上音/视频会议可以极大地提高办公效率，而且较之传统的模拟视频会议系统更加灵活方便和节约成本。这种先进、实用、低廉的信息交流平台一经问世便得到社会各界的关注，一些机关、企业、高校纷纷建立视频会议系统,为信息的快速交流提供了可靠的保障。

4. 远程教育与培训

网络在线教育突破了传统的教学局限,使学者不拘于时间和地点方便地享用交互式教学新方式。流媒体在远程教育方面的应用包括实时授课、教学课件点播、网上音视频会议等。

学生可以通过网上实时授课进行在线视听。这种视听可以在专用教室进行,也可以单机通过互联网进行。如南开大学远程教育学院,主讲教师在南开大学本部主讲教室授课,本部学生在主讲教室接受教师的面授,而其他站点的学生则通过宽带网在教学站点提供的直播教室中通过大屏幕投影和音响设备视听。这种方式,要求主讲方必须安装实时视频采集压缩编码卡,而接收方必须安装实时视频解码卡,同时网络带宽要足以满足实时直播的要求。网络带宽与图像分辨率和编解码算法相关。如果不需要实时音视频交互,这种方式主要是单向音视频的传输;如果需要实时音视频交互,如课上音视频答疑、课上音视频讨论,则要求发送与接收方都必须同时具备编解码功能。至于双向音视频流的数据量则视对音视频质量的要求而定。可以双向对称,也可以不对称。

此外,学生可以通过教学课件点播,将教师授课的音视频画面和电子讲稿以流文件格式记录下来,然后将记录下来的流格式文件发布;学生可以随时登录该站点,根据需要点播并且视听已经发布的流媒体网上课件。一般提供这种课件的站点,也允许客户全部下载该课件后离线浏览。这种流媒体课件的制作也可以离线进行,例如将已经采集的讲课音视频文件,利用软件工具转换成要求的流格式文件等。

5. 网络服务商的业务扩展

(1) 远程监控服务。对于非关键机构,而且经费相对紧张,在必须进行监控的情况下,可以应用网络服务商提供的远程监控服务。这一服务由网络服务商建立、提供、维护一套大型的基于流媒体技术的远程监控系统,而客户只需租用监控服务提供商提供的服务即可。客户向服务商提出服务请求,说明监控的对象,配合服务商安装好监控端和客户端软硬件,就可以随时查看被监控的对象了。这些软硬件包括客户端的摄像头、采集卡或网络视频服务器、采集编码上传的软件、必要的计算机及其用户端软件等。

(2) 流媒体主机租用服务。流媒体主机服务提供商与网络运营商合作,能够为客户提供宽带流媒体服务。客户共享他们所提供的共享服务器硬件、网络带宽和机房设施,能够大大提高设备的利用率和降低运营成本,从而极大地降低用户的开销。

流媒体主机租用服务的客户应该是中小企业、公司和那些没有足够的经费建立自己独立流媒体服务器的各种机构,而这些机构又需要在自己的业务范围内应用流媒体技术和节目来提高自己的诸如广告质量、进行网上在线培训或在线服务、需要音视频会议等。这些机构共享流媒体主机租用服务商提供的流媒体服务器和其他设施,而网络运营商则与主机租用服务商合作提供流媒体带宽和必要的保障。

(3) 流媒体的内容分发网络服务。流媒体的内容分发网络服务是在客户与数据源之间,由网络缓存或网络代理 CDN(Contents Delivery Network)提供一个服务层,使客户端请求的网络内容能够以最佳方式被就近的 CDN 设备所响应,而不是直接按照网络地址由数据源服务器响应。这样可以节约 Internet 带宽,可以提升用户访问的响应速度和提高用户访问的服务质量。其工作方式是将网站的内容发布到最接近客户的网络"边缘",使客户能够就近取得所需的内容,从而提高用户访问网站的响应速度。这种服务适合处理访问量大的网站的日常流量,也适合处理由于突发事件所引起的爆发流量。

目前还有很多公司在开发流媒体的新技术,挖掘流媒体的新应用。例如,三大流媒体平台开发新的压缩编码技术,提高流媒体传输质量。此外,有些公司尝试流媒体在电子商务方面的应用等。随着流式媒体技术的趋向成熟,流媒体技术的不断发展和完善,以及用户对流媒体需求的增加,流媒体技术定会更上层楼,流媒体市场将会越来越广阔,业务内容将更加丰富。

6.5 本章小结

随着互联网的普及,利用网络传输音频、视频、动画等多媒体数据的需求越来越大。而传统的是先将多媒体信息全部下载到客户端,然后使用相应的播放器进行播放。由于多媒体信息量大,因此这种方式需要用户等待时间过长。流媒体技术的出现,在一定程度上使互联网传输音视频难的局面得到了改善。

流媒体技术不是一种单一的技术,它是网络技术及视/音频技术的有机结合。在网络上实现流媒体技术,需要解决流媒体的制作、发布、传输及播放等方面的问题。本章详细介绍了流媒体的基本原理、流媒体系统的基本工作过程,流媒体传输所需要遵循的协议。其次,介绍了流媒体平台、应用及文件格式。

习题 6

1. 简要描述流式传输的基本原理以及基本工作过程。
2. 实现流式传输的两种方法是什么?
3. 流媒体的播放模式有哪几种?
4. 支持流媒体传输的主要网络协议有哪些?
5. 试着列举日常网络上使用过的流媒体文件格式?
6. 试着通过网络搜索关于流媒体最新发展技术有哪些?

第 7 章

网页设计制作基础

本章学习目标
- 熟练掌握网页基础知识,如网页概念、网站开发流程等。
- 熟练掌握 HTML 语言中主要标记的含义、用法以及属性设置。
- 了解 CSS 样式表对页面进行布局。
- 熟练掌握使用 Dreamweaver 开发和制作网站并发布网站。

本章首先介绍网站网页基础知识,包括网页概念、网站开发流程及工具。其次,重点介绍 HTML 在网页制作中的重要作用和意义,掌握一些主要标记的含义、用法及属性设置,能够灵活地配合 CSS 有效地对页面的布局、字体、颜色、背景和其他效果实现更加精确的控制。最后,着重介绍在 Dreamweaver 开发环境中怎样来开发和制作网站并发布网站。

7.1 网页基础知识

随着 Internet/Intranet 的不断普及和发展,越来越多的公司、企业和个人正在开始建设自己的 Web 站点、编写 Web 网页,以一种新的方式向外界发布信息,供人们去浏览、阅读和应用。因此,网页制作已经受到越来越多的专业人员的重视。

7.1.1 网页

网页实际上就是 HTML 文件,它存放在与互联网相连的某台计算机上,是一种可以在 WWW 网上传输,并能被浏览器认识和翻译成页面的文件。当用户在浏览器中输入 URL (即网址)后,经过一段快速而又复杂的程序处理后,网页文件会被传送到用户的计算机中,再通过浏览器解释网页文件的内容,最后展现给用户图文并茂、精彩纷呈的网页。

1. 网页的工作过程

静态网页的工作流程:Web 浏览器向 Web 服务器发送一个页面请求,Web 服务器获取适当的 HTML 文件,并将 HTML 文件发送到客户端的浏览器。

动态网页的工作流程:Web 浏览器向 Web 服务器发送一个页面请求,Web 服务器将该页面传递给相应的应用程序服务器；应用程序服务器通过查询数据库返回记录集，并将所生产的页面传递回 Web 服务器，Web 服务器将该页面发送到浏览器。其工作过程如图 7-1 所示。

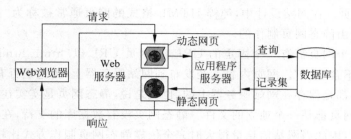

图 7-1　网页基本工作过程

2. 网页构成的常见元素

构成一个网页的最基本的元素是文本、图像和动画。此外网页的元素还可以包括视频、音乐等。可以简单地理解为：网页是一页书，网页是一张报；与书和报不同的是上面有一些特殊的字和特殊的区，当用鼠标单击这些字或区时，就可以快捷方便地跳转到另外一个网页。

（1）文本。文本是最重要的信息载体与交流工具，是网页发布信息所用的主要形式。用文本制作的网页占用空间小，浏览时可以很快地展现在用户面前。

（2）图像。网页上的图形一般使用 JPEG、GIF 和 PNG 3 种格式，其中使用最广泛的是 JPEG 和 GIF 格式，这两种格式具有跨平台的特性，可以在不同操作系统支持的浏览器上显示。

（3）音频和视频。声音是多媒体网页的一个重要组成部分。网页的声音文件格式很多，常用的有 MIDI、WAV、MP3 和 AIF 等。很多浏览器不用插件就可以支持 MIDI、WAV 和 AIF 格式的文件，而 MP3 和 RM 格式的声音文件则需要专门的播放器播放。视频文件的格式也非常多，常见的有 RM、MPEG、AVI 等。采用视频文件可以使网页变得精彩而生动。

3. 网页文件的实质

网页文件的扩展名为 .htm、.html、.asp、.php 等。当在浏览器中观看一个 .html 或 .htm 网页文件的时候，只要在网页上单击右键，然后选择快捷菜单中的"查看源文件"，就可以通过记事本看到网页源程序的内容。这时网页实际上是一个纯文本文件，在这个文本文件中通过各种各样的标记对页面上的文字、图像、表格、声音、动画等元素进行描述，如对文字的字体、字号、颜色等描述，而浏览器则对这些标记进行解释并生成相应的页面，于是就得到了所看见的画面。这种使用各种标记的文本描述语言就是 HTML。学习者也许会问：在网页的源文件中为什么看不到任何图像呢？这是因为在网页源程序文件中存放的仅仅是图片的链接位置，而图像文件与网页文件又是相互独立存放的，甚至可以在不同的计算机上，所以在源程序中只能看到图像文件的路径，而不是图像本身，至于声音、视频、动画也都是如此。如果浏览的网页不是 HTML 文件，而是 ASP 或 PHP 等文件，则用户看不到源程序，原因是这些文件没有传到本地，而是在某个服务器上。

4. 网页的类型

不同的后缀,分别代表不同类型的网页文件,如 HTML、CGI、ASP、PHP、JSP 等。大致将网页分为以下两种类型。

(1) 静态网页。在网站设计中,纯粹 HTML 格式的网页通常被称为"静态网页",早期的网站一般都是由静态网页制作的。

静态网页每个网页都有一个固定的 URL,且网页 URL 以. htm、. html、. shtml 等常见形式为后缀,而不含有"?"。网页内容一经发布到网站服务器上,无论是否有用户访问,每个静态网页的内容都是保存在网站服务器上的,也就是说,静态网页是实实在在保存在服务器上的文件,每个网页都是一个独立的文件。静态网页没有数据库的支持,在网站制作和维护方面工作量较大,因此当网站信息量很大时完全依靠静态网页制作方式比较困难。

(2) 动态网页。动态网页是与静态网页相对应的,也就是说,网页 URL 的后缀不是以. htm、. html、. shtml、. xml 等静态网页的常见形式,而是以. aspx、. asp、. php、. perl、. cgi 等形式为后缀,并且在动态网页网址中有一个标志性的符号"?"。

7.1.2　网站与 Web 服务器

网站是指存放在 Web 服务器上,根据一定的规则,使用 HTML 等工具制作的用于展示特定内容的相关网页的集合。它由域名(Domain Name,网址)、网站源程序和网站空间 3 部分构成。建设网站就是在自己的计算机上安装 Web 服务器,设计制作自己的网页并且发布出去。

Web 服务器是一个软件,用于管理 Web 页面,并使这些页面通过本地网络或 Internet 供客户浏览器使用。在 Internet 中,Web 服务器和浏览器通常位于两台不同的机器上。

1. 网站的分类

根据网站的用途分类,可分为门户网站、行业网站、娱乐网站等;根据网站的持有者分类,可分为个人网站、商业网站、政府网站等;根据网站所用编程语言分类,可分为 PHP 网站、JSP 网站、ASP. net 网站等;根据网站的内容分类,可分为搜索网站(如百度、google)、资讯网站(如新华网)、下载网站(如华军软件园)、图片网站(如图片天下)等。

2. 网站与网页的关系

网站其实就是由网页集合而成的,它包含一个或多个网页,用户通过浏览器所看到的画面就是网页,具体来说网页实质上就是一个 HTML 文件。

3. 网站与 Web 服务器

Web 服务器以网站形式提供服务,客户端运行 Web 浏览器程序,服务器端运行 Web 服务程序。Web 服务器的工作原理一般分为 4 个步骤:连接过程、请求过程、应答过程及关闭连接。其具体的工作原理如图 7-2 所示。

连接过程就是 Web 服务器和其浏览器之间所建立起来的一种连接。查看连接过程是否实现,用户可以找到和打开 Socket 这个虚拟文件,这个文件的建立意味着连接过程这一步骤已经成功建立。请求过程就是 Web 浏览器运用 Socket 这个文件向其服务器而提出各种请求。应答过程就是运用 HTTP 协议把在请求过程中所提出来的请求传输到 Web 服务器,进而实施任务处理,然后运用 HTTP 协议把任务处理的结果传输到 Web 浏览器,同时在 Web 浏览器上面展示上述所请求的界面。关闭连接就是当上一个步骤(应答过程)完成以后,Web 服务器和其浏览器之间断开连接的过程。

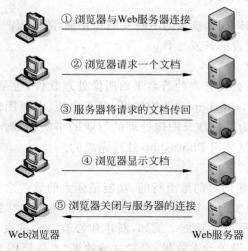

图 7-2 Web 服务器工作原理

7.1.3 网站开发流程

为了加快网站建设的速度和减少失误,应该采用一定的制作流程来策划、设计、制作和发布网站。通过使用制作流程确定制作步骤,以确保每一步顺利完成。好的制作流程能帮助设计者解决策划网站的烦琐性,减小项目失败的风险。制作流程的第一阶段是规划项目和采集信息,接着是网站规划和设计网页,最后是上传和维护网站阶段。每个阶段都有独特的步骤,但相连的各阶段之间的边界并不明显。每一阶段并不总是有一个固定的目标,有时某一阶段可能会因为项目中未曾预料的改变而更改。步骤的实际数目和名称因人而异,但是总体制作流程如图 7-3 所示。

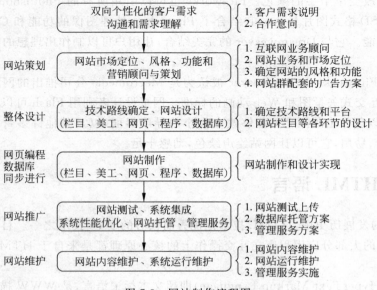

图 7-3 网站制作流程图

7.1.4　网站开发工具

随着互联网的普及,HTML 技术的不断发展和完善,随之而产生了众多网站制作工具。下面将介绍最常见网站建设的开发工具。

1. Photoshop

Photoshop 是 Adobe 公司开发的著名平面图像处理软件,也是迄今为止世界上最畅销的图像编辑软件。由于 Photoshop 在图像编辑、桌面出版、网页图像编辑、广告设计等各行各业中广泛应用,它已成为许多涉及图像处理的行业的事实标准。而在网页制作中离不开图片,而图片的许多效果就是用 Photoshop 处理完成的。

2. FrontPage

FrontPage 是用来制作网页的最流行的、功能最强大的软件之一。它是 Microsoft 公司专门开发的网页制作专业工具。FrontPage 的网页编辑功能非常强大,它可以非常简单而直观地实现 HTML 几乎所有的功能。例如,新建和修改一个网页,新建一个 Web 站点,在网页中插入图片、多媒体、设置动态效果、设置过滤效果,直接调用 ODBC 数据库等。

3. Dreamweaver

Dreamweaver 是 Macromedia 公司开发的集网页制作和管理网站于一身的所见即所得网页编辑器。它内置多项强大功能,可轻松做出各种动态网页和交互式网页。Dreamweaver 最大的优点是开放式的插件功能,用户可以使用各种外挂的插件来增强 Dreamweaver。它可以以快速的方式将 Fireworks、FreeHand 或 Photoshop 等文件转移到网页上。

4. Fireworks

Fireworks 是 Macromedia 公司的又一杰作。它是真正的网页作图软件。Fireworks 与 Dreamweaver 结合得很紧密,只要将 Dreamweaver 的默认图像编辑器设为 Fireworks,在 Fireworks 里修改的文件就将立即在 Dreamweaver 里得到更新。它的另一个功能是可以在同一文本框里改变单个字的颜色。Fireworks 也可以引用所有的 Photoshop 的滤镜,并且可以直接将 PSD 格式图片导入。它结合了 Photoshop 处理图像的功能和 CorelDRAW 绘制向量图的功能。它与 Dreamweaver 的完美结合,让用户可以制作出理想的网页。

5. Flash

Flash 与 Fireworks、Dreamweaver 被认为是 Macromedia 公司推出的网页制作的三剑客。Flash 是互交式矢量图和 Web 动画的标准。网页设计者利用 Flash 可以创作出美丽的 Web 动画,可以创作出既漂亮又能够改变大小的导航界面,以及其他许多奇特的效果。总之,Flash 易学、易用,它可以让网站绘声绘色,动感十足。

7.2　HTML 语言

在 Web 的发展历史中,HTML 技术是优秀而核心的 Web 技术之一。目前计算机上包含互联网在内的大部分应用程序在互交操作上的核心原理都是来自于 HTML 的链接设计思想。

HTML(HyperText Markup Language)即超文本标记语言,是 WWW 描述语言及制作

网页的基础，也是一种用于文档布局和超文本链接规范的语言。它定义了特殊的、嵌入式指令的语法和放置方法，浏览器中不会显示这些指令，但是可以告诉浏览器该如何显示文档的内容，如文本、图像以及其他支持的媒体等。

HTML 作为一种用来创作 Web 页面的描述语言，它使用 HTML 标签来定义文档的格式、组成和链接关系，如字形、字体、表单、标题和 URL 等。由于 HTML 是从标准通用标记语言（Standard Generalized Markup Language，SGML）导出的语言，是 SGML 的一个子集，因此使用 HTML 创作的文档是带有一套固定标签的 SGML 文档。由于用 HTML 组织的文件本身属于普通的文本文件，因此 HTML 文件可以用一般常见的文字编辑器，如写字板来编辑；也可以用其他专门的、所见即所得的 HTML 文件编辑器来编辑，如 Dreamweaver、FrontPage 和 HotDog 等。

7.2.1　HTML 文档结构

HTML 结构包括头部（head）、主体（body）两部分。头部放置文档标题，也可以指明浏览器在显示文档时可能会用到的其他参数。主体放置文档的实际内容，包括要显示的文本和文档的控制标记（标签），这些标记将告诉浏览器该如何显示文本。标签还可以引用特殊效果的文件，包括图像、图形、声音和动画，并指出将文档链接到其他文档的热点。

一个标记就是左右分别有一个"<"和">"的语言串。起始标记是无斜杠"/"开头的标记，其内部是一串允许属性/值对。结束标记则是以一个斜杠"/"表示。下面是一个内容为"Hello World!"的无标题的 HTML 文档的结构：

```
<!DOCTYPE html PUBLIC "-//W3C//DTD XHTML 1.0 Transitional/EN">
                              //文档类标记
<html>                        //定义一个 HTML 文档的范围
<head>                        //定义一个 HTML 文档的头部
<meta http-equiv="Content-Type" content="text/html; charset=gb2312" />
                              //提供语言字符集(Charsets)的信息
<title>无标题文档</title>       //定义一个 HTML 文档的标题
</head>
<body>                        //定义一个 HTML 文档体
 Hello World!                 //文档正文
</body>
</html>
```

HTML 文档结构标记及作用如表 7-1 所示。

表 7-1　HTML 文档结构标记

标　　记	说　　明
<html>…</html>	文档是用 HTML 超文本标记语言编写的，所有的网页文件都放置在此标记中
<head>…</head>	包含并不显示在浏览器窗口中但指明有关文档信息的头部标记
<title>…</title>	标题标记，放置在<head>中，定义网页标题（在标题栏显示）。一般情况下标题长度不超过 64 个字符
<meta>	描述 HTML 文档的属性，如作者、日期、网页描述、关键词、页面刷新等，位于<head>和<title>之间，提供用户不可见的信息
<body>…</body>	主体标记，包含了所有显示在浏览器窗口中的网页元素

7.2.2　HTML 标签

在 HTML 中用"<"和">"括起来的句子,称为标签,是用来分割和标签文本的元素,以形成文本的布局、文字的格式及五彩缤纷的画面。标签通过指定某块信息为段落或标题等来标识文档某个部件。

HTML 的标签分单标签和成对标签两种。成对标签是由首标签<标签名>和尾标签</标签名>组成的,成对标签的作用域只作用于这对标签中的文档。其语法:

<标签>内容</标签>

必须成对使用,其中首标签告诉 Web 浏览器从此处开始执行该标记所表示的功能,尾标签告诉 Web 浏览器在这里结束该功能。例如,<p>段落内容</p>。

单独标签的格式<标签名>,单独标签在相应的位置插入元素就可以了。其语法:

<标签名称>

例如,
断行标记、<hr>水平线标记。

大多数标签都有自己的一些属性,属性是标志里的参数的选项,属性要写在首标签内,属性用于进一步改变显示的效果,各属性之间无先后次序,属性是可选的,属性也可以省略而采用默认值,其格式如下:

<标签名字 属性 1 属性 2 属性 3 … >内容</标签名字>

作为一般的原则,大多数属性值不用加双引号。但是包括空格、"%"号、"♯"号等特殊字符的属性值必须加双引号。为了好的习惯,提倡全部对属性值加双引号。例如,<font color="♯ff00ff" face="宋体" size="30">字体设置</font>。

注意事项:输入首标签时,一定不要在"<"与标签名之间输入多余的空格,也不能在中文输入法状态下输入这些标签及属性,否则浏览器将不能正确地识别括号中的标志命令,从而无法正确地显示信息。

7.2.3　页面及属性

1. 语言字符集(Charsets)的信息

由于部分网站提供了多种语言文字的内容。在浏览主页时,最好自己在浏览器的"Internet 选项"中的"语言"菜单内选择语言,系统将根据优先级对它们进行处理。但是如果 HTML 文件里写明了设置,浏览器就会自动设置语言选项。HTML 的设置语句如下:

< meta http－equiv = "Content－Type" content = "text/html;charset = ♯ ">

♯ 可以是 big5、euc-kr、gb2312、gb_2312-80、iso-2022-jp、iso-2022-kr、iso-8859-1、iso-8859-2、us-ascii、x-cns11643-1、x-euc-jp、x-euc-tw、x-mac-ce、x-mac-roman、x-sjis。

如果在主页里用到了字符实体(entities),该主页必须写明字符集信息,否则在浏览该页时可能因为没有正确设置语言选项,而出现不能够正常显示的现象。

2. 页面空白(Margin)

可用 Margin 命令控制网页内容的位置,如设置页面左边的空白<body leftmargin=♯>,设置页面上方的空白<body topmargin=♯>。其中,♯ 为页边距的像素值。

3. 背景和文字颜色

页面的背景和文字颜色是可更改的,有两种方法。普通使用的方法是对页面 body 元素的起始标记增加相关属性即可。

```
< body bgcolor = # text = # link = # alink = # vlink = #>
```

bgcolor 为背景颜色,text 为不可链接文字的颜色,link 为可链接文字的颜色,alink 为正在访问时可链接文字的颜色,vlink 是已经访问过的可链接文字的颜色。

其中,# = rrggbb 所表示的颜色是用十六进制的红绿蓝(red-green-blue,RGB)三色值来表示,或者是预定义色彩:Aqua,Black,Blue,Fuchsia,Gray,Green,Lime,Maroon,Navy,Olive,Purple,Red,Silver,Teal,White,Yellow。16 种标准颜色定义如表 7-2 所示。

表 7-2 16 种标准颜色定义

色 彩 名	十六进制值	色 彩 名	十六进制值
Aqua(水蓝色)	#00FFFF	Navy(藏青色)	#000080
Black(黑色)	#000000	Olive(茶青色)	#808000
Blue(蓝色)	#0000FF	Purple(紫色)	#800080
Fuchsia(樱桃色)	#FF00FF	Red(红色)	#FF0000
Gray(灰色)	#808080	Silver(银色)	#C0C0C0
Green(绿色)	#008000	Teal(茶色)	#008080
Lime(石灰色)	#00FF00	White(白色)	#FFFFFF
Maroon(褐红色)	#800000	Yellow(黄色)	#FFFF00

4. 背景

方法一:简单快捷的方法是直接添加背景景色,即用 bgcolor 属性来改变背景颜色。语句为<body bgcolor=#>,其中#的值为 6 位十六进制数。

方法二:平铺图像作为页面背景,即用 background 属性把图像(一般是小图像)在屏幕上重复拼接,构成完整的背景图。语句为<body background="URL 或文件名">。

例如,想要指定 URL 为 http://web. nankai. edu. cn/images/index. jpg 的图像作为页面背景,并定义当文本移动时背景依然保持静止。定义语句如下:

```
< body background = " http://web.nankai.edu.cn/images/index.jpg">
    移动页面时,背景依然保持静止< body bgproperties = FIXED >
</body >
```

5. 链接

(1) 网上页面间链接。HTML 使用锚标签(<a>)来创建一个连接到其他文件的链接。锚可以指向网络上的任何资源:HTML 页面,图像,声音,影片等。创建一个锚的语法:

```
< a href = "url"> Text to be displayed </a>
```

标签<a>被用来创建一个链接指向的锚,href 属性用来指定链接到的地址,在锚的起始标签<a>和结束标签</a>中间的部分将被显示为超级链接。下面锚定义了一个到 W3Schools 的链接:

```
< a href = "http://www.w3schools.com/"> Visit W3Schools!</a>
```

（2）本地页面间链接。可将自己创建的一个页面与同一台计算机上的其他页面链接起来，其格式有以下 3 种。

① 如果目的页面与当前页面同在一个目录之下，格式为：

```
< a href = "test.html"> test </a>
```

② 如果目的页面在当前页面目录的子目录之下，格式为：

```
< a href = " test/test.html"> test </a>
```

③ 如果目的页面在当前页面目录的子目录之上，格式为：

```
< a href = "../test/test.html"> test </a>
```

（3）指向页面特定部分的链接。当文档较长时，可用 name 属性用来创建一个命名的锚。使用命名锚以后，可以让链接直接跳转到一个页面的某一章节，而不用用户打开那一页，再从上到下慢慢找。下面是命名锚的语法：

```
< a name = "label"> Text to be displayed </a>
```

6. 水平线

在文档中添加水平线是通过<hr>标记完成的，可改变水平线的宽度、深度、位置、是否有阴影甚至改变水平线的颜色。在需要水平线的地方输入一个<hr>标记即可。

（1）语句：<hr>，画出一条有阴影的水平线。

（2）语句：<hr noshade>，画出一条无阴影的水平线。

（3）语句：<hr size=20>，画出一条深度为 20 像素的水平线。

（4）语句：<hr width=50>，画出一条宽度为 50 像素的水平线。

（5）语句：<hr width=50%>，画出一条宽度为 50% 的水平线。

（6）语句：<hr width=50% align=right>，画出一条宽度为 50% 的位置居右的水平线。

（7）语句：<hr width=50% align=left>，画出一条宽度为 50% 的位置居左的水平线。

（8）语句：<hr color="008000">或<hr color="Green">，画出一条绿色的水平线。

7.2.4　表格

表格是 HTML 的一项非常重要功能，利用其多种属性能够设计出多样化的表格。使用表格可以使页面有很多意想不到的效果，使页面更加整齐美观。

在 HTML 的语法中，表格通过 3 个标签来构成，即表格标签、行标签、单元格标签，如表 7-3 所示。

表 7-3　表格 3 个标签

标　　签	描　　述
<TABLE>…</TABLE>	表格标签
<TR>…</TR>	行标签
<TD>…</TD>	单元格标签

1. 表格的基本语法

```
< TABLE >
    < TR >
        < TD > … </TD >
            …
    </TR >
    < TR >
        < TD > … </TD >
            …
    </TR >
 …
</TABLE >
```

其中，<TABLE>标签代表表格的开始，<TR>标签代表行开始，而<TD>和</TD>之间为单元格的内容。

这几个标签之间是从大到小，逐层包含的关系，由最大的表格到最小的单元格。一个表格可以有多个<TR>和<TD>标签，分别代表多行和多个单元格。

2. 表格的标题与表头

在 HTML 语言中，可以自动地通过标签为表格添加标题。另外，表格的第一行称为表头，这也可以通过 HTML 标签来实现。

（1）表格标题<Caption>。通过这个标签可以直接添加表格的标题，而且可以控制标题文字的排列属性。

```
< Caption >…</Caption >
```

<Caption>标签组之间的就是标题的内容，这个标签使用在<TABLE>标签组中。

（2）表格标题的水平对齐属性 ALIGN。默认情况下，表格的标题水平居中，可以通过 ALIGN 属性设置标题文字的水平对齐方式。

```
< Caption ALIGN = "Left">…..</Caption >
< Caption ALIGN = "Center">……</Caption >
< Caption ALIGN = "Right">……</Caption >
```

其中，Left 为居左，Center 为居中，Right 为居右。

（3）表格标题的垂直对齐属性 VALIGN。表格的标题可以放在表格的上方或者下方，这可以通过 VALIGN 属性进行调整。默认情况下，表格标题放在表格的上方。

```
< Caption VALIGN = "Top">…</Caption >
< Caption VALIGN = "Bottom">…</Caption >
```

其中，Top 为居上，Bottom 为居下。

（4）表格的表头<TH>。这里所说的表头是指表格的第一行，其中的文字可以实现居中并且加粗显示，这通过<TH>标签实现。

```
< TABLE >
    < TR >
        < TH >…</TH >
```

```
                ...
        </TR>
        <TR>
            <TD>...</TD>
                ...
        </TR>
    ...
</TABLE>
```

使用<TH>标签替代<TD>标签,唯一的不同就是标签中的内容居中加粗显示。

3. <TR>、<TD>、<TH>属性

<TR>标签的属性和<TABLE>标签的属性非常相似,用于设定表格中某一行的属性,如表 7-4 所示。

表 7-4　表格行属性

属　　性	描　　述	属　　性	描　　述
ALIGN	行内容的水平对齐	Bordercolor	行的边框颜色
VALIGN	行内容的垂直对齐	Bordercolorlight	行的亮边框颜色
Bgcolor	行的背景颜色	Bordercolordark	行的暗边框颜色
Background	行的背景图像		

<TD>、<TH>标签的属性和<TABLE>标签的属性也非常相似,用于设定表格中某一单元格的属性,如表 7-5 所示。

表 7-5　表格中单元格的属性

属　　性	描　　述	属　　性	描　　述
ALIGN	单元格内容的水平对齐	Bordercolorlight	单元格的亮边框颜色
VALIGN	单元格内容的垂直对齐	Bordercolordark	单元格的暗边框颜色
Bgcolor	单元格的背景颜色	Width	单元格的宽度
Background	单元格的背景图像	Height	单元格的高度
Bordercolor	单元格的边框颜色		

(1) 跨行属性 RowSpan。在复杂的表格结构中,有的单元格在水平方向上跨越多个单元格,这就需要使用跨行属性 RowSpan。例如,<TD Rowspan=value>,其中,value 代表单元格所跨的行数。

(2) 跨列属性 ColSpan。在复杂的表格结构中,有的单元格在垂直方向上跨越多个单元格,这就需要使用跨列属性 ColSpan。例如,<TD Colspan=value>,其中,value 代表单元格所跨的列数。

7.2.5　文字布局

1. 分段与换行

控制文本在何处中断主要有两种方法:分段标记<p>和换行标记
。<p>或<p>...</p>标记表明开始一个新段落,并可添加新属性。
或
...</br>标记则确保在换行的同时保持当前段落的属性,只是将文本放入下一行。防止文本中断的方法是利用<nobr>标记,其作用是使标记后的文本保持在同一行中,不会因浏览器窗口的变化而中断。分段与换页示例如表7-6所示。

<wbr>标记也是一个断行标记,语句为<wbr>…</wbr>。它根据屏幕的宽度来选择适当的地方去断行。把余下的文本放到下一行显示。它们区别在于,<wbr>可根据屏幕自动调整文字在屏幕内显示,而<nobr>只是将文本全都放在一行中显示,有时必须使用滚动条才能看见。

表 7-6　分段与换页的示例

HTML 语句	显 示 结 果
<p>春眠不觉晓, 　　处处闻啼鸟。 　　夜来风雨声, 　　花落知多少。</p>	春眠不觉晓,处处闻啼鸟。夜来风雨声,花落知多少。
<p> To break < br /> lines < br /> in a < br /> paragraph,< br /> use the br tag. </p>	To break lines in a paragraph, use the br tag.

2. 文本对齐

利用文本对齐属性可将文本以居左、居中、居右3种形式显示文本,语句为:

```
< hn align = # >…</hn>          //n = 1,2,3,4,5,6
```

或

```
< p align = # >…</p>            //# = left,center,right
```

当文本需居中显示时,也可用<center>…</center>来实现。文本对齐示例如表7-7所示。

表 7-7　文本对齐的示例

HTML 语句	显 示 结 果
< P align = center >文本对齐</P>	文本对齐
< h3 align = left >文本对齐</h3 >	文本对齐
< h3 align = right >文本对齐</h3 >	文本对齐
< P align = center >文本对齐</P>	文本对齐
< center >文本对齐</center >	文本对齐

3. 分区显示文本

文本在窗口上的对齐方向默认值是 align＝left,当设定 align＝right 时,文字尾均向窗口右边对齐,当 align＝center 时居中。分区显示文本示例如表7-8所示。

表 7-8 分区显示文本的示例

HTML 语句	显示结果
< DIV align = left > < H2 > News headline 1 </H2 > < P > some text. < BR > some text. some text... </P >... </DIV >	News headline 1 some text. some text. some text... ...
< DIV align = center > < H2 > News headline 2 </H2 > < P > some text. < BR > some text. some text... </P >... </DIV >	News headline 1 some text. some text. some text... ...
< DIV align = right > < H2 > News headline 2 </H2 > < P > some text. < BR > some text. some text... </P >... </DIV >	News headline 1 some text. some text. some text... ...

4. 列表

文章的标题和文章的段落都有可能用到列表。在建立列表时,为了清晰易读,通常是将列表的每一项均从新行开始。

（1）无序列表。无序列表用于说明文件中需列表显示的某些内容,显示结果是在每一列表前无编号。无序列表用标记<ul>…</ul>来实现,每个列表以标记<li>开始。

（2）有序列表。有序列表用于说明文件中需按特定顺序排列和显示的某些内容,显示结果是在列表的每项前都有编号。有序列表用标记<ol>…</ol>来实现,每个列表也以标记<li>开始。列表示例如表 7-9 所示。

表 7-9 列表的示例

HTML 语句	显示结果
< ol > < li > Coffee </li > < li > Tea </li > < li > Milk </li > </ol >	1. Coffee 2. Tea 3. Milk
< ul > < li > Coffee </li > < li > Tea </li > < li > Milk </li > </ul >	• Coffee • Tea • Milk

（3）定义列表。定义列表即解释列表,其标识符为<dl><dt>…<dd>…</dl>,与其他列表的差别在于,该列表的每项都包含两个部分,即<dt>和<dd>。<dt>表明一个词条,<dd>解释或说明该词条。定义列表示例如表 7-10 所示。

表 7-10 定义列表的示例

HTML 语句	显示结果

`<dl>`
　`<dt>`计算机`</dt>`
　`<dd>`用来计算的仪器 … …`</dd>`
　`<dt>`显示器`</dt>`
　`<dd>`以视觉方式显示信息的装置 … …`</dd>`
`</dl>`
	计算机
	　用来计算的仪器 … …
	显示器
	　以视觉方式显示信息的装置 … …

（4）Type 属性。如果在 HTML 中创建了一份列表，浏览器就按已有的 type 值来自动设置无序或有序列表的行标志。在有序列表和无序列表中，type 的取值不同，如表 7-11 所示。要根据类表的类型来确定 type 属性的取值。

表 7-11 Type 属性

列表类型	Type 值	说明
无序列表	Type＝disc	用实心圆点表示行标，默认值
	Type＝circle	用中空的方框表示行标
	Type＝square	用实心的方形表示行标
有序列表	Type＝1	用数字标号（1,2,3,…），默认值
	Type＝a	用小写字母标号（a,b,c,…）
	Type＝A	用大写字母标号（A,B,C,..）
	Type＝i	用小写罗马字母标号（i,ii,iii,…）
	Type＝I	用大写罗马字母标号（I,II,III,…）

（5）start 属性。通过 start 属性可设定有序列表的标号从哪一项开始。即在有序列表中，start 值指定`<li>`对应的项，此项后各项依序改变标号。设定有序列表中的序号的起始值语句为`<ol start＝#>` #＝number。start 属性示例如表 7-12 所示。

表 7-12 start 属性的示例

HTML 语句	显示结果

`<ol type=1 start=5>`
　`<li>Coffee</li>`
　`<li>Tea</li>`
　`<li>Milk</li>`
`</ol>`
	5. Coffee
	6. Tea
	7. Milk

`<ol type=A start=6>`
　`<li>Coffee</li>`
　`<li>Tea</li>`
　`<li>Milk</li>`
`</ol>`
	F. Coffee
	G. Tea
	H. Milk

`<ol type=I start=5>`
　`<li>Coffee</li>`
　`<li>Tea</li>`
　`<li>Milk</li>`
`</ol>`
	V. Coffee
	VI. Tea
	VII. Milk

（6）预格式化文本

pre 标记用来显示预先格式化（Preformatted Text）且宽度固定字体的文本块，语句为 <pre>…</pre>。文本块内的多个空格、换行以及制表位也可显示出来。

（7）文本的块引用

当有一长段文本需要插入 Web 页中时，可使用<blockquote>标记将文档与其他文本区分开，文本在浏览器窗口的页边界之间留有更多的间隔，语句为< blockquote>…</blockquote>。块引用示例如表 7-13 所示。

表 7-13 文本的块引用示例

HTML 语句	显 示 结 果
Here comes a long quotation:	Here comes a long quotation:
< blockquote > Here is a long quotation here is a long quotation here is a long quotation here is a long quotation here is a long quotation here is a long quotation here is a long quotation here is a long quotation. </blockquote>	Here is a long quotation here is a long quotation here is a long quotation here is a long quotation here is a long quotation here is a long quotation here is a long quotation.
This is a long quotation. This is a long quotation. This is a long quotation. This is a long quotation. This is a long quotation.	This is a long quotation. This is a long quotation. This is a long quotation. This is a long quotation. This is a long quotation.

7.2.6 图像

在实际的网页中，需要将图像和文本放在一起显示，HTML 提供了可将图像放在文本的左、中、右位置。如果使用<img>标记中的 alt 属性，则可在浏览器尚未完全读入图像或图像不能显示时，在图像位置显示提示信息。语句为<img src= ♯ alt = "提示信息">，♯ =图。

图像可以使 HTML 页面美观生动且富有生机。浏览器可以显示的图像格式有 JPEG、BMP、GIF。其中 BMP 文件存储空间大，传输慢，不提倡用，常用的 JPEG 和 GIF 格式的图像相比较，JPEG 图像支持数百万种颜色，即使在传输过程中丢失数据，也不会在质量上有明显的不同，占位空间大；GIF 图像仅包括 256 色彩，虽然质量上没有 JPEG 图像高，但占位储存空间小，下载速度最快、支持动画效果及背景色透明等特点。因此使用图像美化页面可视情况而决定使用哪种格式。

1. 背景图像的设定

在网页中除了可以用单一的颜色做背景外，还可用图像设置背景。设置背景图像的格式：

< body background = "image-url">

其中，"image-url" 指图像的位置。

2. 网页中插入图片标签＜img＞

网页中插入图片用单标签＜img＞,当浏览器读取到＜img＞标签时,就会显示此标签所设定的图像。如果要对插入的图片进行修饰时,仅仅用这一个属性是不够的,还要配合其他属性来完成。插入图片标签＜img＞的属性如表 7-14 所示。＜img＞的格式及一般属性设定:

```
< img src = "logo.gif" width = 100 height = 100 hspace = 5 vspace = 5 border = 2 align = "top" alt
= "Logo of PenPals Garden" lowsrc = "pre_logo.gif">
```

表 7-14　插入图片标签＜img＞的属性

属　　性	描　　述
src	图像的 URL 的路径
alt	提示文字
width	宽度,通常只设为图片的真实大小以免失真,改变图片大小最好用图像工具
height	高度,通常只设为图片的真实大小以免失真,改变图片大小最好用图像工具
dynsrc	AVI 文件的 URL 的路径
loop	设定 AVI 文件循环播放的次数
loopdelay	设定 AVI 文件循环播放延迟
start	设定 AVI 文件的播放方式
lowsrc	设定低分辨率图片,若所加入的是一张很大的图片,可先显示图片
usemap	映像地图
align	图像和文字之间的排列属性
border	边框
hspace	水平间距
vlign	垂直间距

3. 图像的超链接

图像的链接和文字的链接方法是一样的,都是用＜a＞标签来完成,只要将＜img＞标签放在＜a＞和＜/a＞中就可以了。用图像链接的图片上有蓝色的边框,这个边框颜色也可以在＜body＞标签中设定。

4. 用＜img＞标签插入 AVI 文件

用＜img＞标签插入 AVI 文件的格式:

```
< img dynsrc = "avi 文件地址" loop = " - 1" start = "mouseover">
```

用＜img＞标签插入 AVI 文件的属性如表 7-15 所示。

表 7-15　用＜img＞标签插入 AVI 文件的属性

属　　性	描　　述
dynsrc	指定 AVI 文件所在路径
loop	设定 AVI 文件循环次数
loopdelay	设定 AVI 文件循环延迟
start	设定文件播放方式 fileopen/mouseover(网页打开时即播放/当鼠标滑到 AVI 文件时播放)

7.2.7 表单

表单是由窗体和控件组成的,一个表单一般应该包含用户填写信息的输入框、提交和按钮等。表单一般设计在一个 HTML 文档中,当用户填写完信息后做提交(submit)操作,于是表单的内容就从客户端的浏览器传送到服务器上,经过服务器处理程序处理后,再将用户所需信息传送回客户端的浏览器上,这样网页就具有了交互性。这里只讲怎样使用 HTML标记来设计表单。

一个表单用<form></form>标记来创建。即定义表单的开始和结束位置,在开始和结束标志之间的一切定义都属于表单的内容。<form>标志具有 action、method 和 target 属性。action 的值是处理程序的程序名(包括网络路径:网址或相对路径),例如,<form action="用来接收表单信息的 url">,如果这个属性是空值("")则当前文档的URL 将被使用。当用户提交表单时,服务器将执行网址里面的程序。method 属性用来定义处理程序从表单中获得信息的方式,可取值为 GET 和 POST 的其中一个。GET 方式是处理程序从当前 HTML 文档中获取数据,然而这种方式传送的数据量是有所限制的,一般限制在 1KB 以下。POST 方式传送的数据比较大,它是当前的 HTML 文档把数据传送给处理程序,传送的数据量要比使用 GET 方式的大得多。target 属性用来指定目标窗口或目标帧,可选当前窗口_self、父级窗口_parent、顶层窗口_top、空白窗口_blank。表单标签的格式:

```
< form action = "url" method = get|post name = "myform" target = "_blank">...</form>
```

在<form>标签中,可以包含以下 4 个标签,如表 7-16 所示。

表 7-16　表单中 4 个签

标　签	描　述	标　签	描　述
<input>	表单输入标签	<option>	菜单和列表项目标签
<select>	菜单和列表标签	<textarea>	文字域标签

1. 输入标签<input>

输入标签<input>是表单中最常用的标签之一。常用的文本域、按钮等都使用这个标签。

```
< form >< input name = "field_name" type = "type_name"></form>
```

<input>标签的属性如表 7-17 所示。

表 7-17　<input>标签的属性

属　性	描　述	属　性	描　述
Name	域的名称	Type	域的类型

在 Type 属性中,可以包含下列属性值,如表 7-18 所示。

表 7-18　Type 属性的属性值

Type 属性值	描　述	Type 属性值	描　述
Text	文字域	Button	普通按钮
Password	密码域	Submt	提交按钮
File	文件域	Reset	重置按钮
Checkbox	复选框	Hidden	隐藏域
Radio	单选按钮	Image	图像域(图像提交按钮)

（1）文字域 Text。Text 属性值用来设置在表单的文本域中输入何种类型的文本、数字或字母。输入的内容以单行显示。

`< input Type = "text" Name = "field_name" Maxlength = value Size = value Value = " field_VALUE">`

其中，各属性的含义如表 7-19 所示。

表 7-19　Type 属性中文字域属性

文字域属性	描　述	文字域属性	描　述
Name	文字域的名称	Size	文字域的宽度（以字符为单位）
Maxlength	文字域的最大输入字符数	Value	文字域的默认值

（2）密码域 Password。在表单中还有一种文本域形式的密码域，它可以使输入到文本域中的文字均以"＊"星号显示。

`< input Type = "Password" name = "field_name" maxlength = value size = value >`

其中，各属性的含义同文字域的属性相同。

（3）文件域 File。文件域可以让用户在域的内部填写自己硬盘中的文件路径，然后通过表单上传，这是文件域的基本功能。例如，在线发送 E-mail 时常见的附件功能。有的时候要求用户将文件提交给网站，如 Office 文档、浏览者的个人照片或者其他类型的文件，这个时候就要用到文件域。

文件域的外观是一个文本框加一个浏览按钮，用户即可以直接将要上传给网站的文件的路径填写在文本框中，也可以单击"浏览"按钮，在计算机中查找要上传的文件。

`< input Type = "File" name = "field_name">`

（4）复选框 Checkbox。浏览者填写表单时，有一些内容可以通过让浏览者做出选择的形式来实现。例如，常见的网上调查，首先提出调查的问题，然后让浏览者在若干个选项中做出选择。又如，收集个人信息时，要求在个人爱好的选项中做出选择等。复选框适用于各种不同类型调查的需要。复选框能够进行项目的多项选择，以一个方框表示。

`< input Type = "Checkbox" name = "field_name" checked Value = "value">`

其中 checked 表示此项被默认选中，value 表示选中项目后传送到服务器端的值。

（5）单选按钮 Radio。单选按钮能够进行项目的单项选择，以一个圆框表示。

`< input Type = "RADIO" name = "field_name" checked Value = "value">`

其中 checked 表示此项被默认选中，value 表示选中项目后传送到服务器端的值。

（6）普通按钮 Button。表单中的按钮起着至关重要的作用。按钮可以激发提交表单的动作，按钮可以在用户需要修改表单的时候，将表单恢复到初始的状态，还可以依照程序的需要，发挥其他的作用。普通按钮主要是配合 JavaScript 脚本来进行表单的处理。

```
< input Type = "BUTTON" name = "field_name" Value = "BUTTON_TEXT">
```

其中 Value 值代表显示在按钮上面的文字。

（7）提交按钮 Submit。单击"提交"按钮后，可以实现表单内容的提交。

```
< input Type = "SUBMIT" name = "field_name" Value = "BUTTON_TEXT">
```

（8）重置按钮 Reset。单击"重置"按钮后，可以清除表单的内容，恢复成默认的表单内容设置。

```
< input Type = "RESET" name = "field_name" Value = "BUTTON_TEXT">
```

（9）图像域 Image。图像域是指可以用在提交按钮位置上的图片，这幅图片具有按钮的功能。使用默认的按钮形式往往会让人觉得单调，并且如果网页使用了较为丰富的色彩，或稍微复杂的设计，再使用表单默认的按钮形式甚至会破坏整体的美感。这时，可以使用图像域，创建和网页整体效果相统一的图像提交按钮。

```
< input Type = "IMAGE" name = "field_name" SRC = "Image_URL">
```

（10）隐藏域 Hidden。隐藏域在页面中对于用户是看不见的，在表单中插入隐藏域的目的在于收集或发送信息，以便于处理表单程序的使用。浏览者单击"发送"按钮发送表单的时候，隐藏域的信息也被一起发送到服务器。

```
< input Type = "HIDDEN" name = "field_name" Value = "Value">
```

2. 菜单和列表标签＜select＞、＜option＞

菜单是一种最节省空间的方式，正常状态下只能看到一个选项，单击"选项"按钮打开菜单后才能看到全部的选项。

列表可以显示一定数量的选项，如果超出了这个数量，会自动出现滚动条，浏览者可以通过拖动滚动条来查看各选项。

通过＜select＞和＜option＞标记可以设计页面中的菜单和列表效果。

```
< select Name = "name" Size = value Multiple >
    < option Value = "value" Selected >选项
    < option Value = "value" >选项
    …
</select >
```

其中，各属性的含义如表 7-20 所示。

表 7-20　菜单和列表标签属性

菜单和列表标签属性	描　　述	菜单和列表标签属性	描　　述
Name	菜单和列表的名称	Value	选项值
Size	显示的选项数目	Selected	默认选项
Multiple	列表中的项目多选		

3. 文字域标签<textarea>

这个标签用来制作多行的文字域,可以在其中输入更多的文本。

< textarea Name = "name" Rows = value Cols = Value Value = "value">
</textarea>

其中,各属性的含义如表 7-21 所示。

表 7-21 文字域标签属性

文字域标签属性	描 述	文字域标签属性	描 述
Name	文字域的名称	Cols	文字域的列数
Rows	文字域的行数	Value	文字域的默认值

7.3 Dreamweaver MX

7.3.1 Dreamweaver MX 介绍

Dreamweaver 是美国 Macromedia 公司开发的集网页制作和管理网站于一身的所见即所得网页编辑器,它是第一套针对专业网页设计师特别发展的视觉化网页开发工具,利用它可以轻而易举地制作出跨越平台限制和跨越浏览器限制的充满动感的网页。

Dreamweaver MX 是建立 Web 站点和应用程序的专业工具。它将可视化布局工具、应用程序开发功能和代码编辑支持组合为一个功能强大的工具,使每个级别的开发人员和设计人员都可利用它快速创建界面吸引人,并且基于标准的站点和应用程序。

1. Dreamweaver 的启动

用户可以通过下面两种方式启动 Dreamweaver 应用程序。

(1) 双击 Windows 桌面上的 Dreamweaver 快捷方式图标,快速启动 Dreamweaver 应用程序。

(2) 单击 Windows 任务栏中的"开始"→"所有程序"→ Macromeida → Macromedia Dreamweaver 图标,即可启动 Dreamweaver 应用程序。

2. Dreamweaver 的工作环境

(1) 起始页。启动 Dreamweaver 后,首先看到的是起始页,起始页有 3 个选项,分别是"打开最近项目"、"创建新项目"和"从范例创建"。创建网站选择"创建新项目"中的"Dreamweaver 站点"图标,创建网页选择"创建新项目"中的 HTML 图标,如图 7-4 所示。

(2) 窗口简介。Dreamweaver 窗口界面由以下几部分组成,如图 7-5 所示。

① 标题栏。显示当前所编辑的文件标题和名称。

② 菜单栏。包括 Dreamweaver 软件所有功能,全部工作任务都可以通过菜单栏完成。

③ 文档工具栏。使用文档工具栏的按钮可以在文档的不同视图之间快速切换。

④ 对象面板。在对象面板上包含了多种不同类型的按钮,用于在文档中创建不同类型的对象,如表格、图像、层、表单等。

⑤ 主窗口。主窗口显示当前所创建和编辑的 HTML 文档内容。分为设计窗口、代码窗口和拆分窗口。

⑥ 状态栏。显示标签、窗口大小、字节数等。

图 7-4　Dreamweaver 的起始页

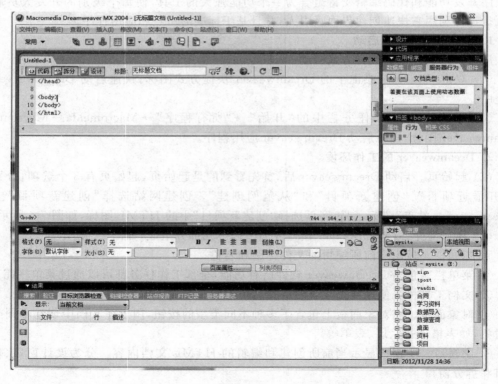

图 7-5　Dreamweaver 窗口

⑦ 属性面板。在属性面板中显示主窗口中选中的对象的属性，并且可以对这些被选中的对象的属性进行修改。

⑧ 浮动面板。在浮动面板中有文件、应用程序、设计、标签等内容。

⑨ 站点管理窗口。可以管理站点内的所有文件、资源，包括站点上传、远程维护等功能。

7.3.2 建立站点

站点是一组具有相关主题、类似的设计、链接文档和资源，这些文档之间通过各种链接联系起来，构成一个统一的整体并拥有相似的属性。一般来说，站点是一个大的文件夹，称为站点根文件夹。Dreamweaver MX 是一个站点创建和管理工具，因此使用它不仅可以创建单独的文档，还可以创建完整的 Web 站点。创建 Web 站点的第一步是规划，为了达到最佳效果，在创建任何 Web 站点页面之前应对站点的结构进行设计和规划。

首先在新建站点前，在硬盘上新建一个文件夹如 myweb，作为存放整个站点内容的文件夹，也是网站的根目录。下面是创建一个站点的具体步骤。

（1）启动 Dreamweaver MX 软件。

（2）在"文件"面板的列表中选择"管理站点"选项，弹出"管理站点"对话框，图 7-6 所示。

（3）在"管理站点"对话框中，单击"新建"按钮，然后从弹出式菜单中选择"站点"选项，出现"站点定义"对话框，如图 7-7 所示。

图 7-6 "站点管理"对话框

图 7-7 "站点定义 1"对话框

（4）如果对话框显示的是"高级"选项卡，则选择"基本"选项卡。出现"站点定义向导"的第一个界面，要求为站点输入一个名称。在文本框中输入一个名称以在 Dreamweaver MX 中标识该站点，单击"下一步"按钮，出现向导的下一个界面，如图 7-8 所示。

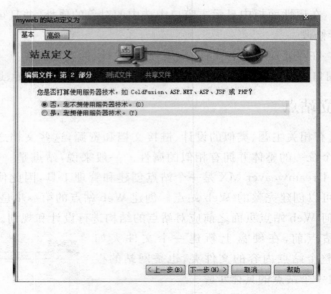

图 7-8 "定义站点 2"对话框

(5) 在该界面中询问是否要使用服务器技术,选择"否"选项指示目前该站点是一个静态站点,没有动态页。而选择"是"选择指示该站点为一个动态站点,并需要在下拉菜单中选择所用的服务器技术类型。在该界面选择"否"选项,单击"下一步"按钮。出现向导的下一个界面,询问如何使用文件,如图 7-9 所示。

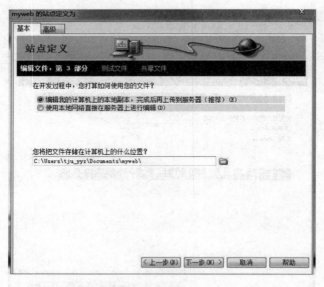

图 7-9 "站点定义 3"对话框

(6) 选中"编辑我的计算机上的本地副本,完成后再上传到服务器(推荐)"选项。在站点开发过程中有多种处理文件的方式,建议初学网页设计者选择此选项。单击该文本框旁边的文件夹图标,随即会出现"选择站点的本地根文件夹"对话框。单击"下一步"按钮,出现向导的下一个界面,询问如何连接到远程服务器,如图 7-10 所示。

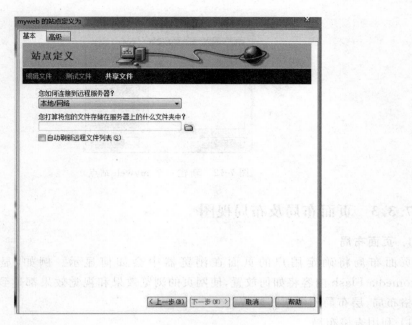

图 7-10　"站点定义 4"对话框

（7）在"您如何连接到远程服务器"弹出式菜单中选择"无"选项。可以稍后设置有关远
程站点的信息。目前，本地站点信息对于开始创建网页已经足够了。单击"下一步"按钮，出
现向导的下一个界面，其中显示设置概要，如图 7-11 所示。单击"完成"按钮完成设置。随
即出现"管理站点"对话框，显示新建站点，如图 7-12 所示。然后单击"完成"按钮关闭"管理
站点"对话框。

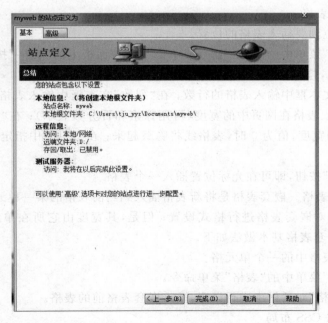

图 7-11　"站点定义 5"对话框

图 7-12　新建一个 myweb 站点

7.3.3　页面布局及布局视图

1. 页面布局

页面布局将确定用户的页面在浏览器中会如何显示。例如，显示菜单、图像和 Macromedia Flash 内容将如何放置，使网页的浏览效果和视觉效果都达到最佳。页面布局有表格布局、层布局和框架布局等。

1）利用表格布局

在网页中表格不只是数据统计和展示数据，更重要的用途是利用表格来进行页面布局，使网页看起来更加直观和有条理。表格可以控制文本和图形在页面上出现的位置。在设计页面时，往往要利用表格来定位页面元素，通过设置表格和单元格的属性，可实现对页面元素的准确定位，合理地利用表格来布局页面，有利于协调页面结构的平衡。创建好表格后，可以在表格中输入文字、插入图像、修改表格属性、嵌套表格等。

插入表格分为插入普通表格和插入嵌套表格两种。

（1）插入普通表格。

① 将光标定位到要插入表格的位置。

② 执行"插入"菜单中的"表格"命令或单击"常用"面板上的"表格"按钮或单击"布局"面板上"表格"按钮，打开"表格"对话框。

③ 在"行数"文本框中输入表格的行数；在"列数"文本框中输入表格的列数；在"表格宽度"文本框中输入表格在网页中的宽度（可用像素和百分数表示）；在"边框粗细"文本框中输入表格边框的宽度，值为 0 时，表格线将隐藏起来；在"页眉"中指定表格标题的位置，一般选择"无"。

④ 单击"确定"按钮，即可在光标位置插入一个表格。

（2）插入嵌套表格。嵌套表格是将新表格插入到当前表格的某一单元格中。可以像对任何其他表格一样对嵌套表格进行格式设置；但是，其宽度由它所在单元格的宽度决定。在表格单元格中嵌套表格基本做法如下。

① 单击现有表格中的一个单元格。

② 执行"插入"菜单中的"表格"菜单命令。

③ 在"插入表格"对话框中进行设置，插入嵌套表格前的表格。

2）利用 DIV＋CSS 布局

DIV 就是层的意思，是 HTML 中的一个元素。DIV 元素是用来为 HTML 文档内大块的内容提供结构和背景的元素。DIV 的起始标签和结束标签之间的所有内容都是用来构成这个块的,其中所包含元素的特性由 DIV 标签的属性来控制,或者是通过使用样式表格式化这个块来进行控制。CSS 是 Cascading Style Sheets(层叠样式表单)的缩写,它是一种用来表示 HTML 或 XML 等文件样式的计算机语言,它将某些 HTML 标签属性简化,并保持整个 HTML 的统一外观,一般 CSS 控制 DIV 显示样式,如背景、字体颜色、对齐方式等。DIV+CSS 是网站标准中常用术语之一,在创建网站中,通常采用 DIV+CSS 的方式实现各种元素的布局和定位。

在网页制作设计中,第一步就是构思,可以用 Photoshop 或 Fireworks 等图片处理软件将需要制作的页面布局简单的构画出来,然后根据布局图设计。

一般来说,页面包括:顶部部分,其中又包括了 logo、menu 和一幅 banner 图片;内容部分,又可分为侧边栏、主体内容;底部,包括一些版权信息。可以命名为顶部层 header、内容层 pagebody、侧边栏层 sidebar、主体内容层 mainbody、底部层 footer。

3) 利用框架布局

框架是网页中常使用的效果,使用框架结构可以把一个页面分割成较小的几个片段,并且在每个片段中分别放置不同的网页。在框架网页中,用来分隔网页的窗格称为框架,每个框架包括框架高度、框架宽度、滚动条和框架边框,此外还可指定框架的内边距。在一个文档内,所有框架位于一个总框架内,这个总框架就成为框架集,如图 7-13 所示。框架网页的特点如下。

(1) 只要单击某一个框架区域内的超链接,其指向的网页就会在另一个框架区域中显示,而不必将整个浏览器窗口中的内容更换一遍。

(2) 固定网页中的某些内容。

(3) 并不是所有的浏览器都能显示框架网页,这也是框架网页的一个局限。

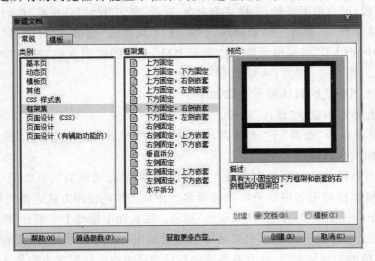

图 7-13　框架集布局

2. 布局视图

表格是一种重要的排版工具,但是使用起来非常烦琐,用表格排出的网页结构缺少灵活性。为解决这一问题,Dreamweaver 提供了一种名为"布局视图"的功能,如图 7-14 所示。

其好处在于网页设计师不必过多地关心表格中的行数和列数,也不必反复调整单元格的宽度和高度。使用它绘制表格就和画画一样,让用户的创作更加轻松自由。

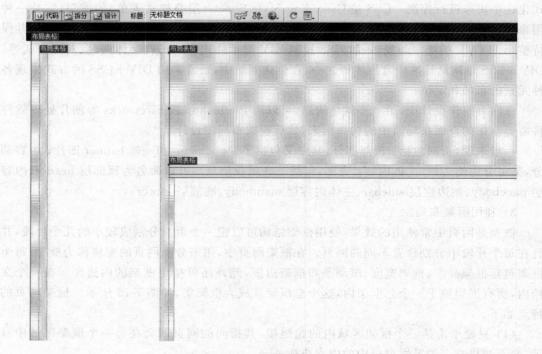

图 7-14 表格视图的页面

启动布局视图模式的具体操作步骤如下。

(1) 如果"设计"视图不可见,选择菜单命令"查看"中的"设计"选项或"代码和设计"选项。

(2) 选择菜单命令"查看"下"表格模式"中的"布局模式"选项,此时弹出"从布局模式开始"对话框,其中介绍了"布局单元格"与"布局表格"工具的使用方法,单击"确定"按钮自动进入布局模式。

退出布局视图模式的具体操作步骤如下。

(1) 按照上述方法显示"设计"视图。

(2) 选择菜单命令"查看"下"表格模式"中的"标准模式"选项或单击"插入"工具栏"布局"标签中的"标准模式"按钮。

布局表格与布局单元格虽然在本质上都是表格,但是在实际的网页布局中,使用布局表格与布局单元格远比使用表格要简单快捷得多。布局表格的使用方法也很简单,只要将文档的窗口切换到布局视图窗口,单击"布局表格"按钮。在页面中拖动十字指针,便可简单地绘制出一个布局表格。如果在一个页面中只是简单地绘制出一个布局表格,而没有绘制布局单元格,那么布局表格的表面呈灰色,此时将不能向布局表格内输入任何文本和插入图像。但是在布局单元格内却是可以的。布局单元格在布局视图中主要用来放置和定位网页元素。

7.3.4 页面编辑

网页制作就是将文字、图像等内容进行合理的编排以及设置相互的链接,以及如何在网页中加入文字、图像、超级链接、动画、视频等基本元素。

1. 设置页面属性

页面标题、背景图像和颜色、文本和链接颜色以及边距是每个 Web 文档的基本属性。可以使用"页面属性"对话框设置或更改页面属性。选择菜单命令"修改"→"页面属性"选项，打开"页面属性"对话框，页面属性中包含"外观"、"链接"、"标题"、"标题/编码"和"跟踪图像"5 个选项。

2. 文字处理

（1）插入文字。插入文字有以下 3 种。

第一种是直接输入文本内容。即根据所准备的材料，将所需要的内容直接在网页中输入。

第二种是从其他文档中复制本文。也就是将事先制作完成并存储在其他的文本文件中的内容直接复制到网页中的指定位置，该方式即减少了输入工作的强度，也保证了资料的正确性。

第三种是导入本文表格式数据。具体的方法为将光标定位在需要输入文本的位置，执行菜单命令"文件"下"导入"菜单中的"表格式数据"命令。

（2）插入特殊符号。一些字库没有的特殊字符，这些字符在 HTML 中被称为"实体"，用于表现这些字符的 HTML 代码则称为"实体名称"。例如，版权符号"©"的代码为"©"，与符号"&"的代码为"&"，注册商标符号"®"的代码为"®"。将插入面板切换到"文本"工具组，最后的工具按钮就是特殊符号按钮，单击右边的三角形可打开字符选择菜单。

使用菜单"插入"下 HTML 菜单中"特殊字符"，也可选择要插入的字符插入到网页中。

3. 插入图像

网页中的图像分为正文图像和装饰图像，网页中的图像不和网页保存在一个文件中，而是单独的图像文件。常见的是将装饰文件保存在 images 文件夹中，将正文图像保存在 pics 文件夹中。

单击"常用"工具栏中"图像"按钮旁的三角形按钮，在下拉列表中选择"图像"选项，如图 7-15 所示。选择要插入的图像文件，在文件列表中单击一个图像文件时，图像预览区会显示这个图像的缩略图，然后单击"确定"按钮。如果图像文件在站点文件夹中，就会直接插入到网页中，同时在编辑窗口显示出图像。将文件面板中的图像文件名直接拖动到编辑窗口中，也可以将此图像文件插入到网页中。

图 7-15 插入图像

4. 插入媒体对象

单击"常用"插入栏中的"媒体"后面的扩展按钮,展开媒体"扩展"工具栏,单击 Flash 按钮插入 Flash 对象。并设置 Flash 对象属性,如图 7-16 所示。

图 7-16　Flash 对象的属性

7.3.5　时间轴与行为

1. 时间轴

在 Dreamweaver 中,系统提供时间轴的技术,通过时间轴可以更改 AP 层对象或图像在一段时间内的属性,得到静态网页的动态效果。其基本原理是使 AP 元素中的内容在一定的时间内按照设计好的路线显示在页面中。在页面上显示的每一个 AP 元素称为一帧。整个时间轴就是由许多的帧构成的,这些帧在页面中的连续播放构成时间轴动画。使用时间轴时,一般要与 AP 元素配合使用。

1)"时间轴"面板

时间轴面板是一种用来控制网页中层的属性随时间变化而改变的工具,利用它可以产生动画效果。单击"窗口"菜单下"时间轴"命令,或者按快捷键 Alt+F9,打开时间轴面板,如图 7-17 所示。

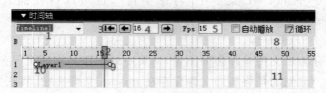

图 7-17　"时间轴"面板

该面板中的各个工具及其他选项的作用如下。

(1) 时间轴弹出菜单:表示当前时间轴的名称。

(2) 时间轴指针:在界面上显示当前位置的帧。

(3) 不管时间轴在哪个位置,一直移动到第一帧。

(4) 表示时间指针的当前位置。

(5) 表示每秒显示的帧数,默认值时 15 帧,增加帧数值,则动画播放的速度将加快。

(6) 自动播放:选中该项,则网页文档中应用动画自动运行。

(7) LOOP(循环):选中该项,则继续重复时间轴上的动画。

(8) 行为通道:在指定帧中选择要运行的行为。

(9) 关键帧:可以变化的帧。

(10) 图层条:意味着插入了"层"等对象。

(11) 图层通道:它是用于编辑图层的空间。

2）创建时间轴动画

创建时间轴动画的步骤如下。

（1）在页面中插入层，给该层起一个名字，如"Layer1"，然后在层内插入图像、动画或输入一些文字等。

（2）选中该层，并将其拖动到"时间轴"面板的动画通道内，或执行"修改"菜单下"时间轴"中的"增加对象到时间轴"菜单命令。这时在"时间轴"面板的动画通道内会出现一个动画条。如果选中了"循环"复选框，则在动画通道中会同时出现一个动作帧。

（3）定义动画开始和结束时动画对象的状态。默认的动画帧数是 15 帧，如果要调整动画的帧数，可用鼠标拖曳动画条终止帧的小圆。

（4）通过关键帧设置动画的运动路径。如果动画的移动路径不是直线的，中间有转折点，则转折点处的画面就是关键帧。加入关键帧，可以使沿直线路径移动的动画变成沿曲线或折线路径移动的动画。

（5）按 F12 键预览动态效果。

3）在时间轴中加入行为

在时间轴上附加行为的操作步骤如下：

（1）选中要附加行为的帧。

（2）单击右键，在快捷菜单中选择"添加行为"选项，打开"行为"面板。

（3）在"行为"面板中，单击"添加行为"按钮，在弹出的动作菜单中，选择要附加的行为。例如，选择"显示/隐藏层"选项，在"显示/隐藏层"对话框中设置其"隐藏"。

（4）切换到"时间轴"面板，可以看到在附加行为后，行为通道上的浅蓝色行为标记。

2. 行为

行为是 Dreamweaver 内置的 JavaScript 程序库，由事件（Event）和动作（Action）组成。行为是响应某一事件而采取的一个动作，是 Dreamweaver 中最有特色的功能，它实质上是网页中调用 Javascript 代码，以实现网页的动态效果。

（1）"行为"面板。单击"窗口"菜单下"行为"菜单命令或按 Shift＋F3 组合键，即可调出"行为"面板，如图 7-18 所示。单击"行为"面板中的"添加行为"按钮 ，调出"动作名称"菜单，再单击某一个动作名称，即可进行相应的动作设置。进行完动作的设置后，在"行为"面板的列表框内会显示出动作的名称与默认的事件名称。在选中动作名称后，"事件"栏中默认的事件名称右边会出现一个 按钮。

图 7-18 "行为"面板

（2）动作名称及其作用。"动作名称"菜单内动作的作用如表 7-22 所示。当选定的对象不一样时，"动作名称"菜单中可以使用的动作也不一样。

表 7-22 动作名称及其作用

序号	动作的英文名称	动作的中文名称	动作的作用
1	Swap Image	交换图像	交换图像
2	Popup Message	调出信息	调出消息栏
3	Swap Image Restore	恢复交换图像	恢复交换图像

序号	动作的英文名称	动作的中文名称	动作的作用
4	Open Browser Window	打开浏览器窗口	打开新的浏览器窗口
5	Drag Layer	拖曳层	拖曳层到目标位置
6	Control Shockwave or Flash	控制 Shockwave 或 Flash	控制 Shockwave 或 Flash 影像
7	Play Sound	播放声音	播放声音
8	Change Property	改变属性	改变对象的属性
9-1	Play Timeline	时间轴(播放时间轴)	播放时间轴上的动画
9-2	Stop Timeline	时间轴(停止时间轴)	停止时间轴上动画的播放
9-3	Go To Timeline Frame	时间轴(转到时间轴帧)	跳转到时间轴上的某一帧
10	Show-Hide Layers	显示—隐藏层	显示或隐藏层
11	Show-Menu	显示调出菜单	为图像添加调出菜单
12	Check Plugin	检查插件	检查浏览器中已安装插件的功能
13	Check Browser	检查浏览器	检查浏览器的类型和型号,以确定显示的页面
14	Validate Form	检查表单	检查指定的表单内容的数据类型是否正确
15	Set Nav Bar Image	设置导航栏图像	设置引导链接的动态导航条图像按钮

(3)时间名称及其作用。如果要重新设置事件,可单击"事件"栏中默认的事件名称右边的 ▾ 按钮,调出事件名称菜单。事件名称菜单中列出了该对象可以使用的所有事件。各个事件的名称及其作用如表 7-23 所示。

表 7-23　事件名称及其作用

序号	事件的名称	事件可以作用的对象	事件的作用
1	OnAbort	图像、页面等	中断对象载入操作时
2	onAfterUpdate	图像、页面等	对象更新之后
3	onBeforeUpdate	图像、页面等	对象更新之前
4	onFocus	按钮、链接和文本框等	当前对象得到输入焦点时
5	onBlur	按钮、链接和文本框等	焦点从当前对象移开时
6	onClick	所有对象	单击对象时
7	onDblClick	所有对象	双击对象时
8	onError	图像、页面等	载入图像等当中产生错误时

7.3.6　CSS 样式表

CSS 样式表也称为层叠样式表,是一系列格式设置规则,它们控制 Web 页面内容的外观。使用 CSS 设置页面格式时,内容与表现形式是相互分开的。页面内容(HTML 代码)位于自身的 HTML 文件中,而定义代码表现形式的 CSS 规则位于另一个文件(外部样式表)或 HTML 文档的另一部分(通常为<head>部分)中。使用 CSS 可以非常灵活并更好地控制页面的外观,从精确的布局定位到特定的字体和样式等。

CSS 使用户可以控制许多仅使用 HTML 无法控制的属性。例如,可以为所选文本指定不同的字体大小和单位(像素、磅值等)。通过使用 CSS 从而以像素为单位设置字体大小,还可以确保在多个浏览器中以更一致的方式处理页面布局和外观。

CSS 格式设置规则由两部分组成:选择器和声明。选择器是标识已设置格式元素(如 P,H1、类名称或 ID)的术语,而声明则用于定义样式元素。在下面的实例中,H1 是选择器,介于大括号{}之间的所有内容都是声明:

```
H1{
Font-size:16 pixels;
Font-family:Helvetica;
Font-weight:bold;
}
```

声明由两部分组成:属性(如 font-family)和值(如 Helvetica)。上述示例为 H1 标签创建了样式:链接到此样式的所用 H1 标签的文本都将是 16 像素大小并使用 Helvetica 字体和粗体。

"层叠"是指对同一个元素或 Web 页面应用多个样式的能力。例如,可以创建一个 CSS 规则来应用颜色,创建另一个规则来应用边距,然后将两者应用于一个页面中的同一文本。所定义的样式"层叠"到 Web 页面上的元素,并最终创建想要的设计。

CSS 的主要优点是容易更新,只要对一处 CSS 规则进行更新,则使用该定义样式的所有文档的格式都会自动更新为新样式。

1. 创建 CSS 样式

CSS 样式最大的优点是它具有自动更新功能,当应用 CSS 格式之后,如果不满意,仅需要修改 CSS 样式就可以更新所有的应用,而不用像设置 HTML 样式那样一个一个地修改。

1) 创建新 CSS 样式

创建新 CSS 样式的操作步骤如下。

(1) 在 Dreamweaver 中,单击"窗口"菜单下"CSS 样式",打开"CSS 样式"面板如图 7-19 所示。

(2) "CSS 样式"面板显示在设计浮动面板组,单击面板组右上角的"显示菜单"按钮,弹出下拉菜单如图 7-20 所示。

图 7-19 "CSS 样式"面板

图 7-20 "CSS 样式"的下拉菜单

（3）在下拉菜单中选择"新建"选项或者单击"CSS样式"面板右下角的"新建CSS样式"按钮 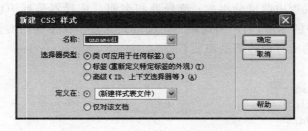 ，打开如图7-21所示的"新建CSS样式"对话框。

图7-21 "新建CSS样式"对话框

（4）选择"类（可应用于任何标签）"选项，可以生成一个新的样式表，制作完毕后可以在样式面板中看到制作完成的样式。在应用的时候，首先在页面选中对象，然后选择样式即可。该类型样式名称必须以英文句点"."开头，如果没有输入句点，Dreamweaver会自动添加在"名称"文本框中。它是唯一可以被应用于文档中任何文本的样式类型，而不用考虑控制文本的标签。所以可用于类样式的名称都将显示在样式工具栏中。选择"标签（重新定义特定标签的外观）"选项，可以将现有的标签赋上样式，制作完毕以后不需要选中对象就可以直接应用到页面上去。

（5）定义一个外部连接的CSS还是定义一个仅应用于当前文档的CSS。"自定义"：定义一个外部连接的CSS。"仅对该文档"：定义的CSS样式只能在当前文档中使用。

（6）单击"确定"按钮，出现"保存样式表文件为"对话框，如图7-22所示。

图7-22 "保存样式表文件为"对话框

2）应用CSS样式

（1）如果要在文档中应用样式，操作方法如下。

① 将插入点放置在段落之中，即选择了整个段落，可以对其设置格式；也可以选中多个段落，对多个段落设置格式；选择某些字符还可以对这些字符设置格式。

② "在 CSS 样式"面板中,用鼠标单击某个定义好的样式,则该 CSS 样式就会应用在这些文档上。

（2）应用外部链接式 CSS 样式,操作方法如下。

① 打开"CSS 样式"面板。

② 单击"CSS 样式"面板右下角的"附加样式表"按钮,出现如图 7-23 所示的"链接外部样式表"对话框。

③ 单击"浏览"按钮,从所保存的 CSS 文件中选取一个,即可应用。

图 7-23 "链接外部样式表"对话框

（3）在现有样式的基础上创建新样式,操作方法如下:

① 在"CSS 样式"面板上,选中作为基础的样式。

② 单击"CSS 样式"面板右上角的"显示菜单"按钮,打开面板菜单; 或者在面板中单击鼠标右键,打开快捷菜单,如图 7-24 所示。

图 7-24 CSS 样式的快捷菜单

③ 选择"重制"选项,系统弹出如图 7-25 所示的对话框,并显示该样式的设置。

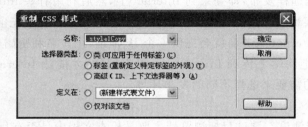

图 7-25 "重制 CSS 样式"对话框

④ 在对话框中选择新样式的类型和定义,输入新的名称。

⑤ 单击"确定"按钮,完成操作。

(4) 删除某个样式。在 CSS 样式面板上,选中要删除的样式。单击 CSS 样式面板右上角的"显示菜单"按钮,打开面板菜单;或者在面板中单击鼠标右键,打开快捷菜单,选择"删除"选项;或者单击面板菜单右下角的"删除 CSS 样式"按钮。将删除被选择样式,同时该样式从样式列表中消失。

2. 编辑管理 CSS 样式

利用编辑 CSS 样式对话框可以对 CSS 样式进行编辑。其操作步骤如下。

(1) 在样式面板空白处单击鼠标右键,从弹出的菜单中选择"编辑"选项;或者从 CSS 样式面板菜单的右下角处单击"编辑样式"按钮,打开如图 7-26 所示的"编辑样式"对话框。

(2) 选择要编辑的样式,单击"编辑"按钮,打开"选择编辑 CSS 样式"对话框。

(3) 选中要编辑的样式,可以链接外部样式表,可以新建一个样式,可以编辑、复制和删除 CSS 样式。

图 7-26 "编辑样式"对话框

3. 将 CSS 样式转换为 HTML 标记

CSS 样式只能在 4.0 或更高版本的浏览器中显示,如果想让更多版本的浏览器支持,就需要将其转换为标准的 HTML 标记,使网页具有更好的兼容性。其操作步骤如下。

(1) 在 Dreamweaver 中选择菜单"文件"下"转换"菜单中的 XHTML 选项,将会打开一个新的 Dreamweaver 窗口,并装载转换后的 HTML 标记。

(2) 不是所有的 CSS 代码都可以成功地转换为 HTML 标记,任何不能替换为 HTML 标记的 CSS 标记都将会被忽略。

7.4 网站发布

网站设计好了,经测试之后,就可以放在服务器上发布,这样,能让更多的人知道的网站。发布网站有两种方式,一种是本地发布,即通过本地计算机来完成,在 Windows 操作系统中,一般通过 IIS 来构建本地 Web 发布平台,这种发布方式只能让局域网中的用户访问您的站点;另一种是远程发布,即登录到 Internet 上,然后利用有些 Internet 服务商提供的个人网络空间来真实地发布自己所建的网站,不过,这种发布方式要先申请一个域名和虚拟主机,申请成功后 Internet 服务商就会提供一个 IP 地址、用户名和密码,使用此 IP 地址、用户名和密码就可以把网站上传到 Internet 上,只有这样,才能让 Internet 上的用户访问站点。可以根据自己的需要来选择不同的发布环境。

1. 站点的测试

(1) 目标浏览器测试。测试目标浏览器主要是检查文档中是否有目标浏览器所不支持的任何标签或属性,当有元素不被目标浏览器所支持时,网页将显示不正常或部分功能不能实现,如图 7-27 所示。

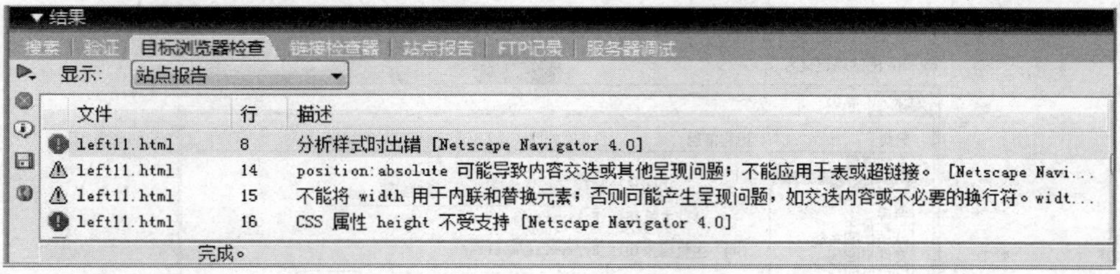

图 7-27　测试目标浏览器

（2）检查链接。利用 Dreamweaver 中的"链接检查器"功能可以快速地在打开的文件、本地站点的某一部分或整个本地站点中搜索断开的链接和未被引用的文件,从而大大提高检查的速度及质量,如图 7-28 所示。

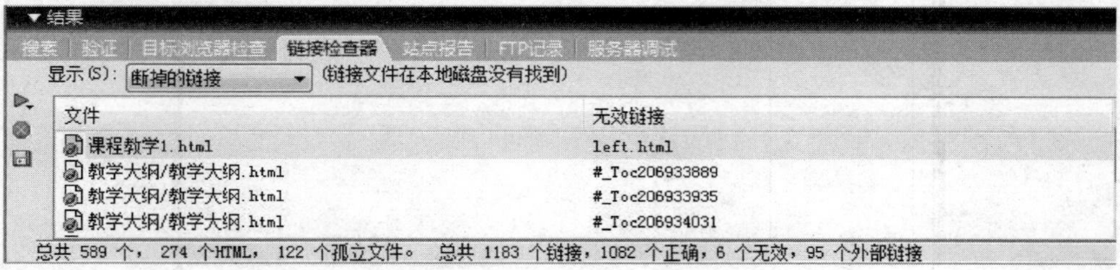

图 7-28　链接检查器

2．申请主页空间及域名

（1）申请主页空间。免费主页空间大小和运行条件会受一定限制,通常只支持静态网页,不支持 ASP、PHP、JSP 等动态网页技术,且稳定性也欠佳,有的还有广告条,这样会影响网页的显示效果。收费主页空间一般由网站托管机构提供,其空间大小及支持条件可根据用户的需要进行选择,稳定性非常好,数据一般不会丢失。

（2）申请域名。在申请个人主页时,提供主页空间的机构会同时提供一个免费的域名,但是,免费的域名都是二级域名或带免费域名机构相应信息的一个链接目录,其服务没有保证,随时可能被删除或停止,如果是专业性网站、大中型公司网站或有大量访问客户的网站则需申请专用的域名。若是个人网站则不一定非要申请专用的域名。

用户在注册域名时,应尽量注册和网站相关或比较好记的域名。在申请域名前应多想几个域名,以防这些域名已被注册。

3．发布站点

在 Dreamweaver 中发布站点需先配置远程站点。

1）配置远程信息

（1）执行"站点"菜单中的"管理站点"命令,打开"管理站点"对话框,选择要发布的站点名称,单击"编辑"按钮。

（2）在打开的"站点定义为"对话框中选择"高级"选项卡,在"分类"列表框中选择"远程信息"选项,如图 7-29 所示。在"访问"下拉列表框中选择 FTP 选项;在"FTP 主机"文本框中输入 FTP 服务器的 IP 地址；在"登录"和"密码"文本框中输入 FTP 用户名及密码。

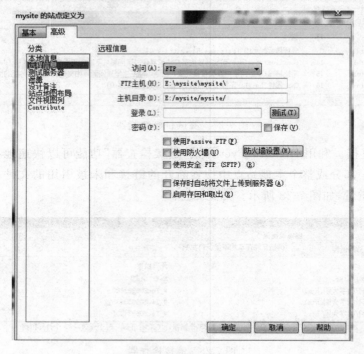

图 7-29 配置远程站点

2）上传或下载文件

（1）上传文件。

① 在"文件"面板中，选择站点根文件夹或要上传的一个或多个文件，单击"上传文件"按钮开始上传文件。

② 单击"确定"按钮开始上传整站文件。上传过程中会弹出对话框显示上传的进度。

（2）下载文件。在"远程视图"文件面板中选择要下载的一个或多个文件或文件夹，单击"获取文件"按钮开始下载文件。

如果在服务器默认的文件夹下建立了与本地根文件夹同名的文件夹，那么访问该网站需要用这样的地址"http://..../（您的文件夹名）/index. htm"，上传完毕，请在浏览器中输入浏览地址，测试上传的结果。

7.5 本章小结

本章讲解了网页的基本操作和网站的基本概念及工作原理，还简单介绍了网站开发工具。通过本章的内容理解什么是 HTML，熟悉并使用 HTML 标记。本章还以实例的形式重点讲解了如何使用 Dreamweaver MX 来制作网站、管理站点、网页编辑以及最终网站的发布。

习题 7

1. 简述静态网页和动态网页的区别。
2. 简述网站与 Web 服务器的关系。
3. 事件和动作有何关系？
4. 简要说明表格与框架在网页布局时的区别。
5. 在 Dreamweaver 中建立本地站点，要求站点名称为 mysite。
6. 在 Dreamweaver 中使用时间轴制作一个循环切换画面的广告网页。

第 8 章

Flash CS6使用基础

本章学习目标

- 了解网络矢量动画软件 Flash。
- 掌握 Flash 基本绘图工具。
- 掌握简单的 Flash 动画制作方法。

本章介绍 Flash 动画的特点和 Flash CS6 基本操作界面,通过实例讲解了 Flash CS6 的基本绘图方法和 6 种动画制作方法,最后介绍 Flash 动画的测试、保存、输出和发布。

8.1 Flash CS6 简介

Flash 是用于创建动画和多媒体内容的强大的创作平台。它为创建数字动画、交互式 Web 站点、桌面应用程序以及手机应用程序开发提供了功能全面的创作和编辑环境。Flash 广泛用于创建吸引人的应用程序,它们包含丰富的视频、声音、图形和动画,它还可进行可视化编程,使用 Adobe ActionScript 3.0 开发高级的交互式项目。

Flash 的前身是矢量动画软件 Future Splash,后来被 Macromedia 公司收购,它利用自己在多媒体软件开发的优势,对 Future Splash 进行了修改,并给出了一个新的名字——Flash。Macromedia 公司在 1997 年推出了 Flash 2.0,1998 年推出了 Flash 3.0,并与同时推出的 Dreamweaver 2.0 和 Fireworks 2.0 一起被称为网页制作三剑客。但是这些早期版本的 Flash 所使用的都是 Shockwave 播放器。1999 年 Macromedia 公司推出了 Flash 4.0,开始有了自己专用的播放器,称为 Flash Player,但是为了保持向下兼容性,Flash 仍然沿用了原有的扩展名. swf(Shockwave Flash)。之后 Macromedia 陆续推出了 Flash 5.0、Flash MX、Flash MX 2004、Flash 8,增加了许多新的功能,并且将其中的 ActionScript 脚本语言开始定位为发展成为一种完整的面向对象的语言。2005 年 Adobe 耗资 34 亿美元并购了 Macromedia,从此 Flash 便冠上了 Adobe 的名头,陆续推出了 Adobe Flash CS3、Adobe Flash CS4、Adobe Flash CS5,到 2013 年 1 月 24 日为止最新的版本为 Adobe Flash Professional CS6。

8.1.1　Flash 动画的特点

Flash 动画是一种交互的矢量动画,能够在低文件数据传输率下实现高质量的动画效果。除此之外,相对于其他动画而言,还具有以下显著特点。

（1）矢量图形。Flash 中的文字和图像是矢量化的。通过 Flash 提供的绘图工具,可以方便地绘制任意形状的线条、色块和文字,可以方便地实现矢量线条向矢量色块的转换,同时还可以任意调整图形或色块的颜色。

（2）高质量的图像。矢量图可以真正无限放大,并不会因为放大而降低图像的显示质量。对于一般的位图,放大到一定倍数时,就会看到图像边缘的一个个锯齿状的色块。

（3）文件的数据量小。网络速度即网络数据的传输速度,它是网页文件的一种重要限制,是网络中最重要的一项指标。所以,如何将内容丰富的网页在网络上快速传输,即减少网络文件的数据量一直是人们关注的问题。Flash 以它较小的数据量,占据了网络领域的一席之地。因为 Flash 是基于矢量图的,它只需少量的矢量数据就可以描述一个相当复杂的对象,与位图相比,数据量大大降低,只有几千分之一。这样 Flash 就有效地解决了多媒体与大数据量的矛盾,成为网络上非常流行的软件。

（4）交互式动画。Flash 借助 ActionScript 的强大功能,不仅可以制作出各种精彩夺目的顺序动画,还可以制作出复杂的交互式动画,以便用户对动画进行控制。

（5）流式播放技术。Flash 动画采用流式播放形式,用户在观看动画时,可以不用等到动画文件全部下载完成后开始观看。这样就实现了动画的快速显示,减少了用户的等待时间。

（6）多种多样的文件格式。在 Flash MX 中可以导入多种类型的文件格式,如图形、图像、声音和视频文件等,这样使动画能够灵活适应各个领域的需要。

（7）Flash 可以与 Java 或其他程序融合,并可在不同的平台和浏览器中播放。它还支持表单的交互,使用 Flash 制作的动画表单网页应用于流行的电子商务领域。

（8）Flash 动画不仅能够在浏览器中观看,还可以直接利用独立的播放器播放动画,越来越多的多媒体光盘都采用 Flash 进行制作。

Flash 在各种平台、各个领域中都得到了广泛的应用,它凭借动画文件小、动画清晰、运行流畅等特点,适合于制作动画素材、整个动画网站、软件的片头、简单或较复杂的游戏、娱乐节目(如 MTV、情景短剧、公益宣传短片或小型电子贺卡)等。

8.1.2　Flash CS6 操作界面

启动 Adobe Flash Professional CS6 后,进入如图 8-1 所示的初始用户界面,其中包括以下 5 个主要版块。

（1）从模板创建:从软件提供的模板创建新文件。

（2）打开最近的项目:快速打开最近一段时间使用过的文件。

（3）新建:新创建 Flash 文档。

（4）扩展:用于快速登录 Adobe 公司的扩展资源下载网页。

（5）学习:Adobe 公司为用户提供的学习资料。

其中"新建"栏中的 ActionScript 3.0 和 ActionScript 2.0 两个选项分别指新建文档使用的脚本语言种类。需要注意的是,Flash CS6 中的新功能只能在脚本语言为 ActionScript 3.0 的 Flash 文档中使用。

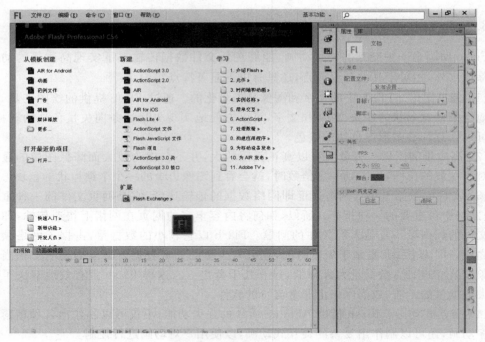

图 8-1　初始用户界面

单击图 8-1 中的 <img>ActionScript 3.0</img> 图标,新建一个 Flash 文档,进入如图 8-2 所示的默认操作界面。其中包括菜单栏、时间轴、工具面板、舞台、属性面板等。

图 8-2　Flash 操作界面

这里不再对面板中各个部分的具体功能做具体讲解，与其他软件一样，Flash 软件也需要在实战中去了解、熟悉、掌握。只有通过实例操作，读者才能掌握各个工具的具体功能。

8.2　Flash CS6 绘制图形

Flash 软件可以使用自带的绘图工具进行素材绘制，也可以导入外部素材。使用自带的绘图工具进行动画素材绘制也是制作优秀动画作品的基础。本节首先认识基本的绘图工具和 3 个重要概念（库、元件与实例），进而通过一个示例，让读者了解和掌握 Flash 基本的图形绘制和编辑方法。

8.2.1　绘图工具

1. 认识绘图工具

Flash CS6 提供了强大的绘图工具，给用户创作动画素材带来了极大方便。"工具"面板中的具体工具名称与快捷键，如图 8-3 所示。

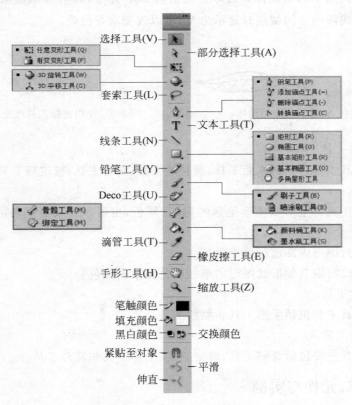

图 8-3　Flash 绘图工具

使用 Flash 绘图工具绘制出的素材是矢量图，可以对其进行移动、调整大小、重定形状、更改颜色等操作，而不影响素材的品质。

2．工具的说明

1）规则形状绘制工具

规则形状绘制工具主要包括矩形工具、椭圆工具、基本矩形工具、基本椭圆工具、多角星形工具和线条工具。

2）不规则形状绘制工具

不规则形状绘制工具主要包括钢笔工具、铅笔工具、笔刷工具、Deco工具和文本工具。

钢笔工具使用节点的连接绘制图形。可以增加节点达到调整图形的目的，同时配合转换锚点工具或选择工具更好地调整图形形状。图8-4为使用钢笔工具绘制一片树叶。

Deco工具是Flash CS4版本中首次出现的，是一种类似"喷涂刷"的填充工具，使用该工具可以快速完成大量相同元素的绘制。Flash CS6在Deco工具的属性中提供了13种绘制效果，应用属性面板中的高级选项，并配合图形元件与影片剪辑，可以完成更加复杂的图形或者动画的制作。

3）形状修改工具

形状修改工具主要包括选择工具、部分选择工具和套索工具。

使用选择工具图8-5，当鼠标靠近绿色边框时显示为 ，此时可以拖动边框让它变形。当鼠标靠近两条线段的中间端点时显示为 ，可以改变端点位置。

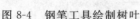

图8-4　钢笔工具绘制树叶 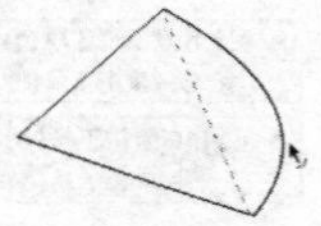　　　　　　图8-5　使用选择工具改变线段形状

4）颜色修改工具

颜色修改工具主要包括墨水瓶工具、颜料桶工具、滴管工具、橡皮擦工具、颜色工具和填充变形工具。

墨水瓶工具用来调整形状图形笔触的粗细、颜色，也可以给没有笔触的形状图形添加笔触。

颜料桶工具对图形内部进行填充颜色。

滴管工具可以吸取其他形状图形的笔触颜色和填充颜色。

5）视图修改工具

视图修改工具主要包括手形工具和缩放工具。

6）动画辅助工具

动画辅助工具主要包括骨骼工具、绑定工具、平移工具和旋转工具。

8.2.2　库、元件与实例

1．库

"库"可以存放元件、插图、视频和声音等元素，使用"库"面板可以对库面板进行有效的管理。

选择舞台右方"库"选项，可以打开"库"面板，如图8-6所示；或执行"窗口"→"库"命令,也可打开"库"面板,如图 8-7 所示。

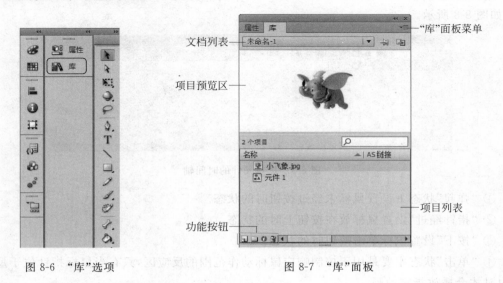

图 8-6　"库"选项　　　　　　　　　图 8-7　"库"面板

(1)所有存储于库的元素都会在"项目列表"中列出,在"项目列表"中单击每一个项目,"项目预览区"中就会显示该项目的预览,当项目为"影片剪辑"动画时,单击预览区右上角的"播放"按钮 ▶ 即可播放该动画。

(2)双击项目的名称可以修改项目名,双击项目名称前的图标可以进入到每一个项目。

(3)功能按钮一共有 4 个:"新建元件"、"新建文件夹"、"属性"和"删除"。

(4)执行菜单中"文件"→"导入"→"导入到库"命令,可以将文档外的元素如图片、音乐等导入到库中。

2. 元件与实例

元件是一种可重复使用的对象,而实例是元件在舞台上的一次具体使用。重复使用实例不会增加文件的大小,这是文档文件保持较小的一个很好的方式。元件还简化了文档的编辑,当编辑元件时,该元件的所有实例都相应地更新以反映编辑。元件的另一个好处是使用它们可以创建完善的交互性。

元件的类型分为图形、按钮、影片剪辑,不同的类型有不同的功能。用户可根据需要创建不同类型的元件。

(1)图形元件可用于静态图像。交互式控件和声音在图形元件的动画序列中不起作用。

(2)影片剪辑元件可用于创建一个动画,并在主场景中重复使用它,影片剪辑元件的时间轴与场景中的主时间轴是相互独立的,可以将"图形"、"按钮"实例放在"影片剪辑"中,也可以将"影片剪辑"实例放在"按钮"元件中创建动画按钮。影片剪辑还支持 ActionScript 脚本语言控制动画。影片剪辑是一个多帧、多图层的动画,但它的实例在主时间轴中只占一帧,并且只能在测试或发布影片后才能看到动画效果。

(3)按钮元件可以创建用于响应鼠标单击、滑过或其他动作的交互式按钮。按钮元件在 Flash 动画制作中的作用很大,要想实践用户和动画之间的交互功能,可以通过按钮元件进行。

进入按钮元件,可以看到每个按钮元件都有"弹起"、"指针经过"、"按下"、"单击"4 种状态,如图 8-8 所示。

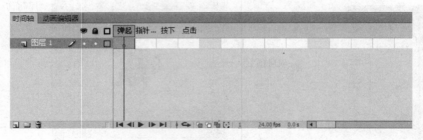

图 8-8　按钮元件的时间轴

① "弹起"状态下设置鼠标未经过按钮时的状态。

② "指针经过"设置鼠标放在按钮上时的状态。

③ "按下"设置鼠标单击按钮时的状态。

④ "单击"状态主要是用于控制响应鼠标动作范围的反应区,只有当鼠标指针位于反应区内时才会播放指定动画。

3. 重制和修改元件的实例

创建元件之后,可以在文档中重复使用它的实例,也可以修改单个实例的以下实例属性,而不会影响其他实例或原始元件,如位置、缩放比例、旋转、亮度、色调、Alpha 透明度和其他高级效果。如果稍后编辑元件,则该实例除了获得元件编辑效果外,还保留它修改后的属性。

1) 改变元件的实例的方向

从"库"中选择已经创建好的图形元件"男孩跑"拖曳两次到"场景 1"的舞台中,如图 8-9 所示。

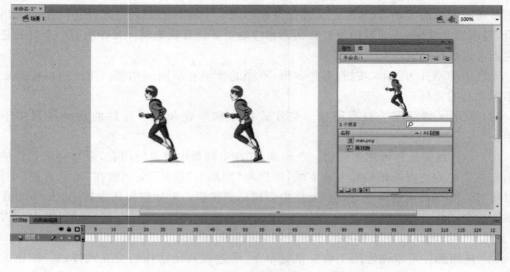

图 8-9　创建"男孩跑"的两个实例

选择右边的实例,执行菜单"修改"→"变形"→"水平翻转"命令,使得第二个实例的跑动方向发生改变,而原始实例不会受到影响,如图 8-10 所示。

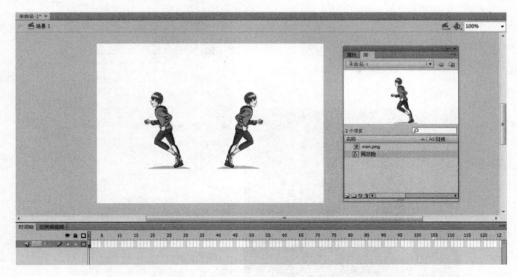

图 8-10 "男孩跑"的第二个实例改变人物跑动方向

2)为元件的实例添加高级效果

在元件实例的"属性"面板中,可以通过修改"色彩效果样式"增加元件的多样化表现。也可以为元件的实例添加更为复杂的滤镜效果。在 Flash 中的滤镜有投影、模糊、发光、斜角、渐变斜角、调整颜色。

在场景 1 中选择左边的实例,在其"属性"面板中,将"色彩效果"的"样式"改为"亮度",并将"亮度"值修改为-100%,如图 8-11 所示。

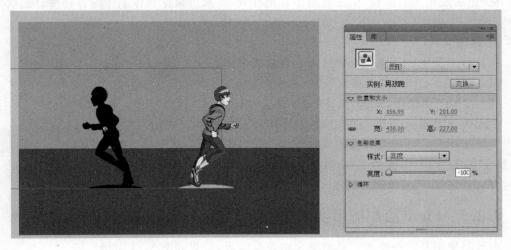

图 8-11 改变元件的实例的"亮度"

从"库"中选择影片剪辑"足球",拖动至"场景 1"的舞台上,用"任意变形"工具 ⬚ 调整"足球"实例的大小,打开该实例的"属性"面板,单击最下方"滤镜"前的小三角形,展开"滤镜"面板,单击"新建滤镜"按钮 ⬜,在下拉菜单中选择"模糊"选项,调整"模糊 X"和"模糊 Y"的值为 4,如图 8-12 所示。

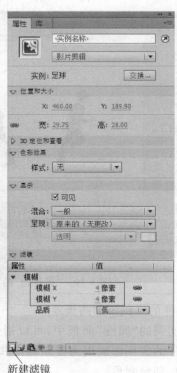

新建滤镜

图 8-12 添加"模糊"滤镜

在"色彩效果"和"滤镜"中还有很多其他样式,大家可根据具体制作内容选择合适效果,这里不做一一展示。

3)修改元件

执行以下其中一项操作可以进入元件编辑模式。

(1)在舞台上,双击"男孩跑"实例之一。

(2)在"库"面板中,双击"男孩跑"元件。

在元件编辑模式下进行的更改会影响该元件的所有实例。当用户处于指定元件的元件编辑模式下时,元件的名称会出现在"场景 1"的旁边、工作区的顶部,如图 8-13 所示。当元件编辑完成时,单击"场景 1"图标退出编辑。

图 8-13 元件编辑模式

8.2.3 Flash 绘制图形实例

本节将使用基本的绘图工具绘制一幅花草世界,效果如图 8-14 所示。

1. 新建文档,绘制背景

启动 Flash CS6,选择"新建 ActionScript 3.0"文档,舞台属性默认,保存该未命名文档为"花草世界.fla"。

打开"库"面板，新建图形元件"背景"。进入"背景"元件编辑模式。执行菜单"视图"→"标尺"命令，如图 8-15 所示。用鼠标从标尺处拖曳 4 条辅助线，围出 550 像素×400 像素的区域，如图 8-16 所示。

图 8-14　花草世界　　　　　　　　　　　　　图 8-15　标尺

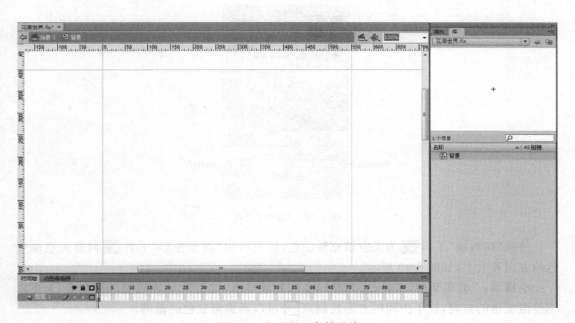

图 8-16　标尺的 4 条辅助线

单击"矩形"工具 ▭ ，设置"笔触颜色"为黑色 ✎■、"填充颜色"为无 ◇▱ ，沿着 4 条辅助线绘制矩形。绘制完成后移开辅助线即可看到。用"直线"工具 ＼ 在矩形内画出草地轮廓及草地与天空的分界线，并使用"选择"工具 ▶ 将直线调整为弧线，如图 8-17 所示。

使用"颜料桶"工具 ◢ 为草地填充 3 种绿色，打开"颜色"面板 🎨 ，将"颜色类型"设为"线性渐变"，左色标颜色为"＃cccccc"，右色标颜色为"＃ddf9ff"，在中间位置单击鼠标添加色标颜色为"＃b5d9fd"，如图 8-18 所示。

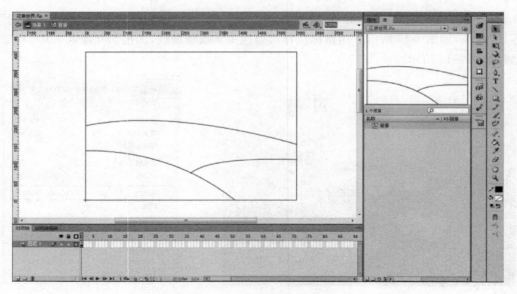

图 8-17　绘制天地分界线

图 8-18　"颜色"面板

　　使用"颜料桶"工具![] 为天空填充渐变色,填充后用"渐变变形"工具![] 调整天空渐变色的方向和大小,如图 8-19 所示。

　　小提示:"渐变变形"工具![] 共有两个控制调整点,位于顶角处的圆形控制点![] 可以调整渐变色的方向,位于中间的方形控制点![] 可以调整渐变色的范围。

　　单击"直线"工具![] ,打开其属性面板,设置笔触大小为 15,打开"笔触样式"![] 面板,选择笔触类型为"斑马线",如图 8-20 所示,调整线条的粗细、旋转、长度等,设置完成后单击"确定"按钮。选择"墨水瓶"工具![] ,设置颜色为草地对应区域颜色,在草地分界线上单击鼠标,用"墨水瓶"工具重新设置线条样式,效果如图 8-21 所示。

　　2. 绘制花朵

　　在"库"中新建图形元件"花朵"。进入该元件的编辑模式,鼠标双击"图层 1",更改名为"花"。选择"椭圆"工具![] ,设置"笔触颜色"为黑色![] 、"填充颜色"为无![] ,绘制一椭圆,用"选择"工具![] 调整椭圆弧度成花瓣状。

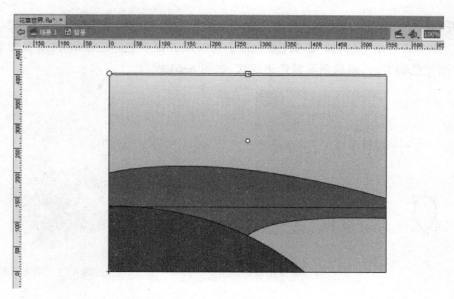

图 8-19 填充草地和天空

图 8-20 设置线条样式

图 8-21 草地

选中椭圆,使用"任意变形"工具 ▦ ,将注册点移至椭圆的最下方,打开"变形"工具 ▯ ,保证缩放宽度和高度处于链接约束状态 ▨ ,设置旋转角度为 60°,单击"变形"面板最下方的"复制并应用变形"图标 ▥ 5 次,形成 6 个花瓣,如图 8-22 所示。

打开"颜色"面板 ，将"颜色类型"设为"线性渐变"，左色标颜色为"＃cc338f"，右色标颜色为"＃f9cae2"，用"颜料桶"工具  为每个花瓣填充渐变色，填充后用"渐变变形"工具  调整渐变色的方向，最后删除黑色边缘线，如图 8-23 所示。

图 8-22　绘制花瓣　　　　　　　　　　图 8-23　填充花瓣

在时间轴面板的左下角找到"新建图层" ，新建"图层 2"并命名为"花蕊"，在该图层用"椭圆"工具 绘制一个没有笔触颜色、填充颜色为任意的椭圆，用"刷子"工具 随意绘制一些其他颜色的小点，如图 8-24 所示。

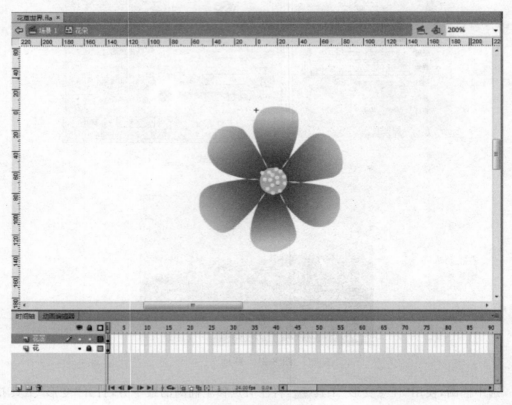

图 8-24　绘制花蕊

3．绘制叶子和花枝

在"库"中新建图形元件"花枝1"，进入元件编辑模式，将"图层1"命名为"枝"，选择"直线"工具、，设置"笔触颜色"为"绿色"，"笔触大小"为"3"，绘制一条折线，并用"选择"工具调整为流畅的弧线。新建"图层2"并命名为"叶"，用"直线"工具、绘制叶子的轮廓，再用"选择"工具、调整形状，最后填充颜色。用同样的方法再制作一个较小的叶子，并与枝组合完整，如图8-25所示。

图8-25 绘制花枝和叶子

4．绘制小草

在"库"中新建图形元件"草"，进入元件编辑模式，选择"矩形"工具，单击"对象绘制"图标，如图8-26所示，绘制一个无填充颜色的矩形，用"选择"工具调整出草的形状，填充颜色，删除边缘线。用同样的方式绘制一簇草，注意草形状和颜色的多变，如图8-27所示。

5．组合场景

用以上类似的方法绘制多种花和花蕾元件。

回到"场景1"，将"图层1"重命名为"背景"，从库中将"背景"元件拖至舞台，并调整大小，新建"图层2"并命名为"花草"，从库中拖出适当的元件在舞台中进行组合，根据远近关系用"任意变形"工具调整元件的大小。最终效果如图8-28所示。

图8-27 绘制一簇草

图8-26 对象绘制

图8-28 花草世界最终效果图

8.2.4 制作运动动画

在 Flash 中制作运动动画很简单,下面介绍运动动画的制作基本步骤和过程,而许多复杂的动画也是以此为基础的,要想制作成功复杂多样的动画还要深入学习。

Flash 动画制作最关键的工具是"时间轴"面板,当"时间轴"中的帧在不同的图层中快速播放时,就形成了连续的动画效果。在 Flash CS6 中"时间轴"位于操作界面的下方,也可执行菜单"窗口"→"时间轴"命令,打开"时间轴"面板,如图 8-29 所示。时间轴从形式上可以分为两部分,左侧的图层操作区和右侧的帧操作区。

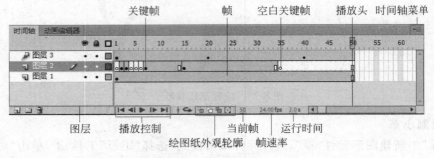

图 8-29 时间轴面板

(1) 图层。图层用于管理舞台中的元素,如可以将背景元素和文字元素放置在不同的层中。

(2) 帧。帧是 Flash 影片的基本组成部分,Flash 影片播放的过程就是每一帧的内容按顺序呈现的过程。帧放置在图层上,Flash 按照从左到右的顺序来播放帧。在图层和帧编号对应的位置上单击鼠标右键后在弹出的快捷菜单中选择"插入帧"选项或者按 F5 键可以插入帧。

(3) 空白关键帧:为了在帧中插入要素,首先必须创建空白关键帧。在图层和帧编号对应的位置上单击鼠标右键后在弹出的快捷菜单中选择"插入空白关键帧"选项或者按 F7 键可以插入一个空白关键帧。

(4) 关键帧:在空白关键帧中插入要素后,该帧就变成了关键帧。将从白色的圆变为黑色的圆。在图层和帧编号对应的位置上单击鼠标右键后在弹出的快捷菜单中选择"插入关键帧"选项或者按 F6 键可以插入一个关键帧。

1. 制作逐帧动画

逐帧动画就是一帧一帧地设定动画的内容,像传统的动画制作一样,虽然这样的动画制作比较麻烦,但是动画效果相当细腻而且灵活。逐帧动画中每个帧都是关键帧,它最适合于图像在每一帧中都在变化而不仅是在舞台上移动的复杂动画。

逐帧动画通常通过一个具有一系列连续关键帧的图层来表示,如图 8-30 所示。

下面通过"一笔一画写字"的实例来介绍逐帧动画的制作方法。

(1) 选择"文本"工具 **T**,在舞台中央写一个"网"字,在属性面板中将"字体"改为"方正舒体","颜色"设置为"黑色","大小"设置为"96"。

(2) 选中文字,执行菜单"修改"→"分离"命令,将这个字打散,此时字上布满小点,如图 8-31 所示。

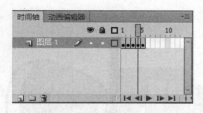

图 8-30　逐帧动画关键帧表示　　　　　　图 8-31　"网"字分离后的效果

（3）在第 12 帧处按 F5 键插入帧，选择 2～12 帧，单击鼠标右键，在弹出的快捷菜单中选择"转换为关键帧"选项，这样从第 1 帧到第 12 帧都是同样的一个打散后的"网"字，按照笔画顺序用"橡皮擦"工具 ✐ 擦除文字的一部分，各关键帧的效果如图 8-32 所示。

图 8-32　各关键帧的擦除效果

执行菜单"控制"→"播放"或按下 Enter 键可以直接播放时间轴上已建立帧的动画效果。这个"网"字会一笔一画地演示出来。逐帧动画帧数越多越细腻，效果越好，这里只介绍方法，读者可以根据提示多设置几帧来练习。

2. 制作传统补间动画

为了让 Flash 动画效果更流畅，常需要在两个关键帧中间做"补间动画"，这些插补帧是由计算机自动运算得到的。在 Flash 早期的版本中制作补间动画分两类：一类是动画补间，用于图形及元件的动画；另一类是形状补间，用于形状变化的动画。从 Flash CS4 开始，补间动画的类型变为传统补间动画、补间动画和补间形状动画。

传统补间动画形式与早期的动画补间是一样的，在起始帧和结束帧两个关键帧中定义，这两个关键帧中的内容必须是同一个元件、文字、位图或组合，两个关键帧的元件可以有大小、位置、颜色、透明度等区别。

创建传统补间动画后在时间轴上的显示如图 8-33 所示。

下面通过"移动的小车"实例来介绍传统补间动画的制作方法。

（1）新建 Flash 文档，设置舞台大小为 600 像素×250 像素，在"库"中新建"背景"图形元件，绘制夜晚画面，如图 8-34 所示。

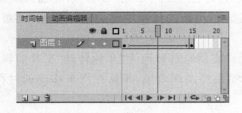

图 8-33　传统补间动画的时间轴表示　　　　图 8-34　"背景"图形元件

（2）新建"车轮"图形元件，绘制效果如图 8-35 所示。

（3）新建"汽车"影片剪辑，绘制车身，并将"车轮"图形元件拖入至汽车元件的合适位置,效果如图 8-36 所示。

图 8-35 "车轮"图形元件   图 8-36 "汽车"影片剪辑

(4) 在"场景 1"中,重命名"图层 1"为"背景",将"背景"图形元件拖入至舞台中央。新建"图层 2"并命名为"汽车",将"汽车"影片剪辑拖入至舞台中央。

(5) 创建汽车运动的传统补间动画。在"背景"图层的 57 帧处插入帧。在"汽车"图层的第 57 帧处插入关键帧,将第 1 帧中的"汽车"移至舞台最右边,将第 57 帧的"汽车"移至舞台最左边,如图 8-37 所示。

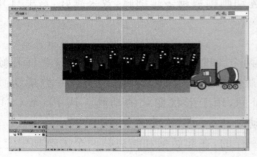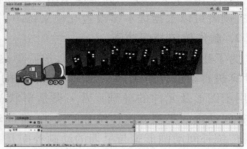

图 8-37 "汽车"在第 1 帧和第 57 帧的位置

选择第 1 帧,执行菜单"插入"→"传统补间"或在右键菜单中选择"创建传统补间"选项,如图 8-38 所示。保存文档,按 Ctrl+Enter 组合键测试动画效果,小车从右边平行移动到左边。

(6) 为传统补间添加旋转。为了让汽车的移动更具真实性,车轮应当在汽车移动过程中旋转。新建"车轮转动"影片剪辑,将"车轮"图形元件拖至其中。在第 10 帧处插入关键帧,选择第 1 帧,右键菜单中选择"创建传统补间"选项,仍然选择第 1 帧,打开"属性"面板,将"补间-旋转"设为"逆时针",如图 8-39 所示。

打开"汽车"影片剪辑,将其中的"车轮"图形元件实例全部替换为"车轮转动"影片剪辑。回到"场景 1",保存文档,按 Ctrl+Enter 组合键测试最终动画效果,车轮在汽车移动的过程中将按照逆时针方向不停地旋转,如图 8-40 所示。

3. 制作补间形状动画

补间形状动画是在时间轴中的一个特定帧上绘制矢量形状,然后在另一个特定帧上更改形状或绘制另一个形状等,Flash 将自动根据两者之间帧的值或形状来创建动画,它可以实现两个图形之间颜色、形状、大小和位置的相互变化。

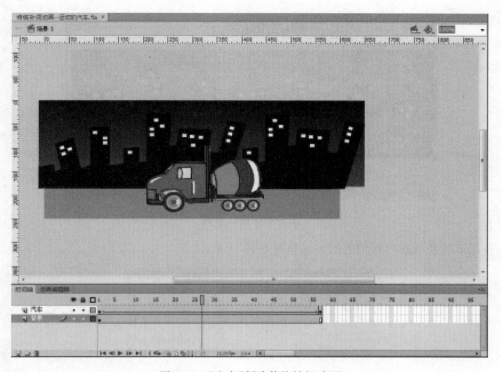

图 8-38　"汽车"创建传统补间动画

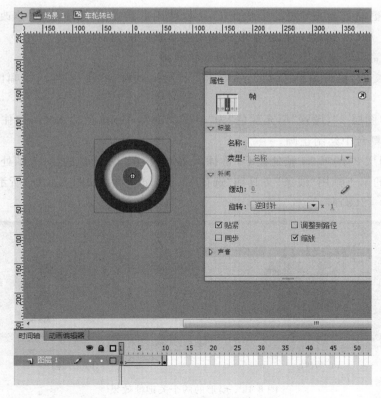

图 8-39　为"车轮"添加旋转动画

图 8-40　测试动画

补间形状动画在时间轴上的显示如图 8-41 所示。

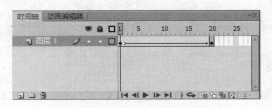

图 8-41　补间形状动画的时间轴表示

若要控制更加复杂或罕见的形状变化，可以使用形状提示（位于菜单"修改"→"形状"添加形状提示）。形状提示会标识起始形状和结束形状中的相对应的点。

下面通过简单的扇形变化来介绍补间形状动画。

（1）新建文档，执行菜单"文件"→"导入"→"导入到舞台"命令，导入一幅山水诗画到工作区。

（2）新建"图层 2"，设置"填充颜色"为"＃638688"，Alpha 值为 30％，按住 Shift 键使用"椭圆"工具在舞台中绘制正圆。

（3）在"图层 2"的第 15 帧处按 F6 键插入关键帧，在"图层 1"的第 15 帧处按 F5 键插入帧。"图层 2"的第 1 帧用"线条"工具和"选择"工具修改形状，如图 8-42(a)所示；第 15 帧修改形状，如图 8-42(b)所示。

(a) 第1帧　　　　　　　　　　　　　　(b) 第15帧

图 8-42　扇形的两个关键帧效果

（4）为"图层2"第1帧创建补间形状动画，执行菜单"插入"→"补间形状"命令或在右键菜单中选择"创建补间形状"选项，时间轴变化如图8-43所示。

图8-43 为第1帧创建补间形状动画

（5）此时测试动画效果发现形状变化角度不符合设定，故添加形状提示做更准确的形状变化。选择"图层2"的第1帧，执行"修改"→"形状"→"添加形状提示"命令或按 Ctrl＋Shift＋H组合键连续3次，使用"选择"工具将舞台中的形状提示移动到合适的位置，按如图8-44所示。

（6）选择第15帧，将舞台中的形状提示移动到合适的位置，如图8-45所示。

图8-44 第1帧的形状提示

图8-45 第15帧的形状提示

（7）保存文档，测试动画效果，如图8-46所示。

5．制作引导层动画

在Flash中可以绘制路径，与传统补间动画相结合，使实例沿设定好的路径进行运动。在Flash CS6中创建引导层的方法有两种，除了将现有的图层转换为"引导层"外，还可以在当前图层的上方添加传统运动引导层，在添加的引导层中绘制所需的路径，使传统补间动画

图 8-46　测试动画效果

层中的元件实例沿路径运动。

　　制作引导线动画时,元件实例的中心点一定要紧贴至引导层中的路径上,否则将不能沿路径运动。

　　引导层动画在时间轴上的显示如图 8-47 所示。

图 8-47　引导层动画的时间轴显示

　　下面通过燕子飞舞来介绍引导层动画。

　　(1)新建"图层"并命名为"燕子",将绘制有燕子的图形元件放入该层的第 1 帧。

　　(2)选择"燕子"图层,单击鼠标右键菜单,在弹出的快捷菜单中选择"添加传统运动引导层"选项。在"引导层:燕子"图层中用"直线"工具或者"铅笔"工具绘制运动路径,如图 8-48 所示。

图 8-48　添加传统运动引导层

（3）在"燕子"图层的第 1 帧中，将"小燕子"元件的中心点放置在路径的起始端。在"背景"层的第 60 帧处插入帧，"引导层"的第 60 帧处插入帧，"燕子"图层的第 60 帧处插入关键帧，并将"小燕子"元件的中心点放置在路径的末端，从第 1 帧到第 60 帧创建传统补间动画，如图 8-49 所示。

图 8-49　创建引导层动画

（4）打开"燕子"图层第 1 帧的"属性"面板，选中"调整到路径"复选框，如图 8-50 所示。燕子便可以在移动中随时跟随路径变化。保存文档，测试动画效果。

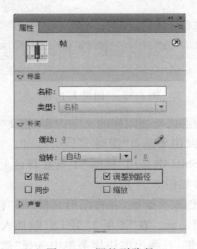

图 8-50　调整到路径

引导层中的内容不会显示在发布的 SWF 文件中，引导层中的路径只是用来引导对象运动的辅助线。在 Flash 中允许将多个层链接到一个运动引导层中，使多个对象沿同一条路径运动。

6. 制作遮罩层动画

创建遮罩动画时，遮罩层和被遮罩层将成组出现，遮罩层位于上方，用于设置待显示区域的图层；被遮罩层位于遮罩层的下方，用来插入待显示区域对象的图层，如图 8-51 所示。

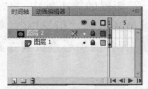

(a) 创建遮罩动画前 　　　　　　　　　　　　(b) 创建遮罩动画后

图 8-51　遮罩动画的时间轴显示

遮罩项目可以是填充的形状、文字对象、图形元件实例或影片剪辑,将多个图层组织在一个遮罩层下可以创建复杂的效果。

下面通过"放大镜"的实例介绍遮罩动画的制作方法。

(1) 新建文档,在"图层 1"用"文本"工具绘制文字,如图 8-52 所示。

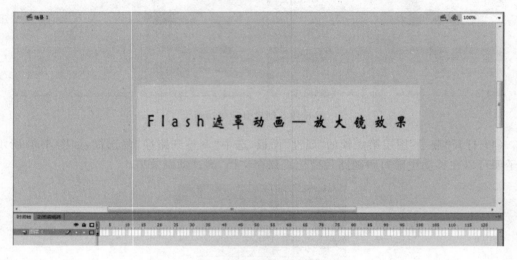

图 8-52　"图层 1"内容

(2) 新建"图层 2",与"图层 1"绘制同样的文字内容,将文字放大,并在文字下方绘制与舞台背景色同样颜色的矩形,以用来遮盖"图层 1"。

(3) 新建"图层 3",按下 Shift 键并用"椭圆"工具在舞台上绘制一个能遮盖住文字的正圆,将该图形转换为图形元件,如图 8-53 所示。

(4) 在"图层 3"第 120 帧创建关键帧,并将图形元件"圆"移置文字的最左边,在第 1 帧和第 120 帧之间创建传统补间动画。在"图层 2"第 120 帧插入帧,在"图层 1"第 120 帧插入帧。在"图层 3"处单击鼠标右键,在弹出的快捷菜单中选择"遮罩层"选项,将图层 3 转换为遮罩层,如图 8-54 所示。此时测试动画效果可以看到图形圆经过的文字都会有放大效果。

(5) 为了效果更好,制作一个"放大镜"的图形元件,并设置与"图层 3"相同的运动方式,如图 8-55 所示。

最后按 Ctrl+Enter 组合键测试动画效果,如图 8-56 所示。

遮罩动画的应用非常广泛,除了本例的效果外还可以制作出电影文字的效果、探照灯效果、百叶窗效果、卷轴动画效果等,读者可以根据遮罩动画的创作原理自行练习更多其他的效果,如图 8-57 所示。

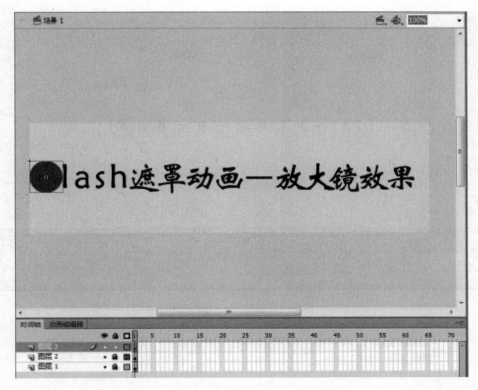

图 8-53　"图层 3"内容

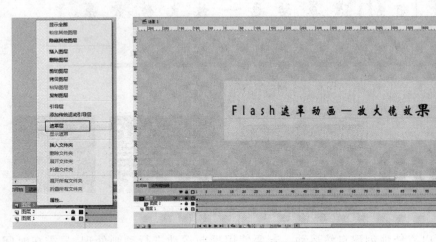

图 8-54　创建遮罩层

7．制作骨骼动画

　　骨骼工具是从 Flash CS4 开始新增的动画创作工具，通过创建骨骼动画，可以很方便地制作出人物行走类的动画效果，而不必再针对人体不同的部分单独制作动画。这样，可以很大程度地节省工作时间，提高工作效率。

　　骨骼动画也称为反向运动，是一种使用骨骼对对象进行动画处理的方式，这些骨骼按父子关系链接成线性或枝状的骨架。当一个骨骼移动时，与其连接的骨骼也发生相应的移动。

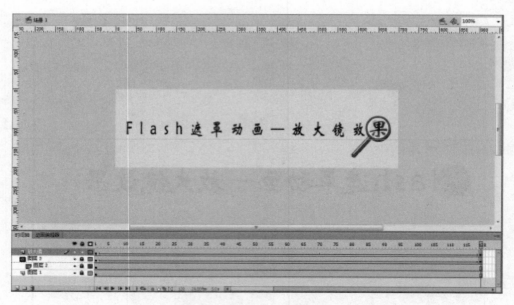

图 8-55　添加"放大镜"元件

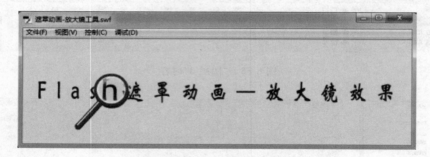

图 8-56　测试放大镜动画效果

图 8-57　其他遮罩动画的效果参考图

使用反向运动可以方便地创建自然运动。若要使用反向运动进行动画处理,只需在时间轴上指定骨骼的开始和结束位置。要使用反向运动,Flash 文档必须指定为 ActionScript 3.0 脚本。

可以将骨骼添加到同一图层的单个形状或一组形状。在添加骨骼之后,Flash 会将所有形状和骨骼转换为一个 IK 形状对象,并将该对象移至一个新的姿势图层,每个姿势在时间轴中显示为黑色菱形,如图 8-58 所示。

下面通过简单的人物走动实例介绍骨骼动画的制作方法。

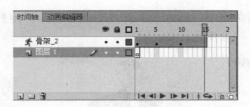

图 8-58　骨骼动画的时间轴显示

（1）创建素材。根据人物行动的特点，将人物的骨骼分为 8 段 4 个连接点，并将分别绘制人物的各个部分到影片剪辑中，如图 8-59 所示。

　　(a) 角色连接点　　　　　　(b) 绘制角色各个部分

图 8-59　绘制元件

（2）从"库"面板将不同的图形元件拖入到舞台中并调整好位置和大小比例。绘制一元件充当人物盆骨，如图 8-60 所示。

（3）使用"骨骼"工具 单击人物上身元件实例并拖向盆骨实例，创建第一个骨骼，如图 8-61 所示。

图 8-60　在"图层 1"中组合各元件　　　　图 8-61　创建第一个骨骼

（4）使用"骨骼"工具 单击不同的元件实例，创建其他连接的骨骼，如图 8-62 所示。"时间轴"面板中将自动添加骨架图层。

图 8-62　创建其他骨骼

（5）使用"选择"工具单击不同的元件实例，执行"修改"→"排列"中的各子命令，调整元件实例的堆叠顺序，如图 8-63 所示。

图 8-63　调整堆叠顺序后

（6）在"骨架_2"图层的第 10 帧和第 20 帧位置，单击鼠标右键，在弹出的快捷菜单中选择"插入姿势"选项，如图 8-64 所示。

图 8-64　为骨骼动画创建关键帧

（7）单击"骨架_2"图层中的第 10 帧，使用"选择"工具调整元件实例的旋转角度，如图 8-65 所示。

图 8-65　调整骨骼动作

（8）添加背景，保存文档，测试动画效果，如图 8-66 所示。

本实例较为简单，只制作了人物原地踏步的效果，若要实现更多动作变化可以在时间轴上添加更多"姿势"，并充分利用骨骼"属性"面板中的"约束"和"缓动"选项。

图 8-66　测试动画效果

8.3　用户接口组件

　　Flash 中的组件是向 Flash 文档添加特定功能的可重复使用的打包模块。组件包括图形以及代码。组件可以是单选按钮、对话框、预加载栏，甚至是根本没有图形的某个项，如定时器、服务器连接实用程序或自定义 XML 分析器。

　　如果对编写 ActionScript 还不够熟练，可以向文档添加组件，在属性检查器或组件检查器中设置其参数，然后使用"行为"面板处理其事件。如果希望创建功能更加强大的应用程序，则可通过动态方式创建组件，使用 ActionScript 在运行时设置属性和调用方法，还可使用事件监听器模型来处理事件。

　　执行"窗口"→"组件"命令，打开"组件"面板，如图 8-67 所示。打开不同的文件夹，将该面板中的组件实例拖动到舞台或"库"面板中，添加到库中后就可以将多个实例拖动到舞台上。

　　选择舞台上的组件，在"属性"面板中设置组件的实例参数，如图 8-68 所示。

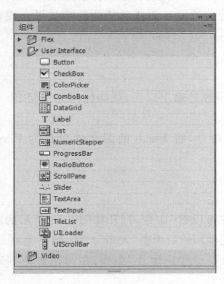

图 8-67　"组件"面板　　　　　　　　　图 8-68　Button 组件的"属性"面板

执行"窗口"→"组件检查器"命令，打开"组件检查器"面板，如图 8-69 所示。选择"绑定"选项卡，通过该面板中的"添加绑定"按钮，可以为组件实例添加各绑定属性，在进行此操作前，要在"属性"面板中为组件实例命名。选择"架构"选项卡，通过该面板中的"添加组件属性"按钮，可以为组件实例添加各种属性。

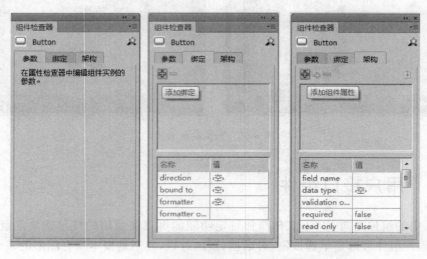

图 8-69　"组件检查器"3 个选项面板

8.4　动画的测试、保存、输出与发布

8.4.1　动画的测试

在发布 Flash 动画作品之前需要对作品进行测试。执行"控制"→"测试影片"或"控制"→"测试场景"命令。"测试场景"只测试当前场景，"测试影片"可以测试所有场景，既可以利用 Flash Professional 中自带的 Flash Player 播放，也可通过网页浏览器播放动画效果。或者通过快捷键 Ctrl＋Enter 测试动画效果。

8.4.2　动画的保存

Flash 制作的影片的原始文件都是.fla 格式，但是经过输出以后，就能保存为任何 Flash 支持的格式，默认动画格式为.swf。

保存制作好的动画，可以执行"文件"→"保存"命令，将 Flash 的源文件保存为 Flash CS6(＊.fla)的标准格式。

8.4.3　动画的输出与发布

动画输出与发布的过程很简单，执行"文件"→"发布设置"命令，打开如图 8-70 所示的对话框，设定输出文件的类型(默认是 Flash 和 HTML 两项)，然后单击"发布"按钮，输出动画。

另外一种导出影片的方法是执行"文件"→"导出"→"导出影片"命令，在弹出如图 8-71 所示的对话框"保存类型"中可以选择多种格式导出。

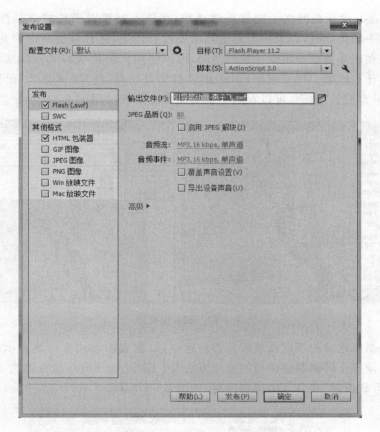

图 8-70　"发布设置"对话框

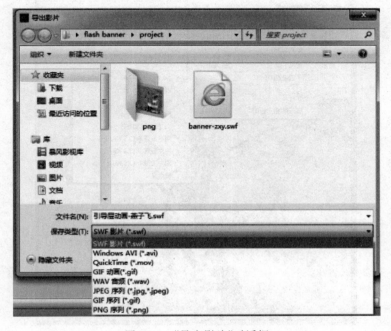

图 8-71　"导出影片"对话框

为了使 Flash 动画在网络上能够正常播放,在输出时要对影片的下载性能进行测试。当影片播放下一帧内容时,如果所需要的数据还没有传完,影片就会暂时停止,等待数据传送完毕。如果在影片播放中出现这样的情况,可以使用宽带检视器来判断这种情况可能会发生在影片的什么位置。按 Ctrl+Enter 组合键测试动画,在"测试动画"面板的菜单中执行"视图"→"带宽设置"命令,可以看到下载测试性能图表,如图 8-72 所示。

图 8-72　宽带监视器

它可以根据所定义的不同调制解调器的速率,以图表的形式直观地表示出影片每帧所传送的数据。设置不同调制解调器的速率方法是:按 Ctrl+Enter 组合键测试动画,然后执行"视图"→"下载设置"命令下的速率即可,如图 8-73 所示。

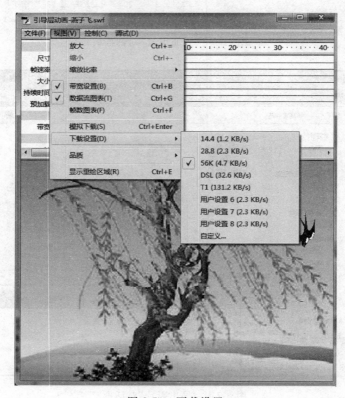

图 8-73　下载设置

8.5　本章小结

本章讲解了 Flash CS6 动画制作的基本概念和实现方法,其中绘制图形是基础,但也是非常重要的,优秀的 Flash 动画都需要扎实的绘图功底,并且优秀的 Flash 动画是各种动画效果的综合应用,因此要深刻理解每种动画创作方法,并将多种创作方法灵活应用。勤于练习,善于观摩,深入思考是学好 Flash 动画的必要条件。除了软件的应用,平时还应多积累关于色彩搭配、角色运动规律等方面的知识,多积累创作素材,这样才能创作出一部好的动画。

习题 8

应用本章所学知识和方法创作自己的 Flash 动画作品,可以是简单的动画贺卡、网站片头动画、广告宣传动画,也可以是较为丰富的动画短片、MTV 动画等。

Photoshop CS6 使用基础

本章学习目标
- 了解图像处理软件 Photoshop CS6。
- 掌握图像处理基本操作、选区的创建与编辑、图层的创建与管理。
- 了解通道与蒙版、图像滤镜特效、图像的润色与修饰等内容。

Photoshop CS6 是 Adobe 公司在 2012 年推出的 Photoshop 的最新版本,它是目前世界上最优秀的平面设计软件之一,被广泛用于图像处理、图像制作、平面设计、影像编辑、建筑效果图设计等行业。它简洁的工作界面及强大的设计功能深受广大用户的青睐。

本章向读者介绍 Photoshop CS6 的基本操作界面和一些图像处理的常用操作,如图像的修改和调整、选区的创建和编辑、图层的管理、色彩与色调的处理、通道与蒙版、图像滤镜特效和图像润色与修饰等。熟练掌握各种操作,可以更好、更快地设计作品。

9.1 Photoshop CS6 基本操作界面

学习 Photoshop 软件首先要了解界面的组成和一些主要的功能,然后熟练运用这些功能,并发挥艺术想象力,灵活运用 Photoshop 软件所提供的丰富图像处理功能,不断提高对软件处理功能的认识,就能创作出想要的图像。

启动 Adobe Photoshop CS6 后,进入如图 9-1 所示的初始用户界面。

Photoshop CS6 把标题栏和菜单栏进行了合并,位于整个窗口的顶端,显示了当前应用程序的名称、菜单命令,以及用于控制文件窗口显示大小的最小化、窗口最大化、关闭窗口等几个快捷按钮。菜单部分由 11 个菜单命令组成,Photoshop CS6 中的绝大部分功能都可以利用菜单命令来实现。

工具箱位于工作界面的左侧,共有 50 多个,如图 9-2 所示。要使用工具箱中的工具,只要单击工具按钮即可在图像编辑窗口中使用。若工具按钮右下角有一个小三角形,表示该工具按钮中还有其他工具。

工具属性栏　　　　　菜单栏　　　　　浮动面板：颜色面板　　　浮动面板：调整样式

图 9-1　Photoshop 初始用户界面

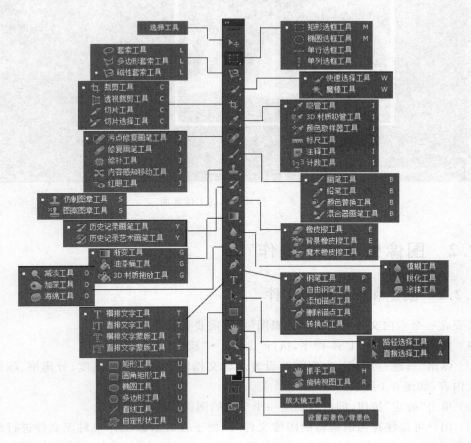

图 9-2　工具箱

工具属性栏一般位于菜单栏的下方,主要用于对所选择工具的属性进行设置,它提供了控制工具属性的选项,其显示的内容会根据所选工具的不同而发生变化。

在 Photoshop CS6 工作界面的中间,呈灰色区域显示的即为图像编辑工作区。当打开一个文档时,工作区中将显示该文档的图像窗口,图像窗口是编辑的主要工作区域,图像的绘制或图像的编辑都在此区域中进行。当新建或打开多个文件时,图像标题栏的显示呈灰白色时,即为当前编辑窗口,如图 9-3 所示。此时所有操作将只针对该图像编辑窗口;若想对其他图像进行编辑,使用鼠标单击需要编辑的图像窗口即可。

浮动面板主要用于对当前图像的颜色、图层、样式及相关的操作进行设置。默认情况下浮动面板是以面板组的形式出现的,它们位于工作界面的右侧,用户可以进行分离、移动和组合等操作。用户若要选择某个浮动面板,可单击浮动面板窗口中相应的标签;若浮动面板没有在工作界面中显示,可以从菜单"窗口"中找到不带√标记的命令,并单击打开。

图 9-3　打开文档的工作界面

9.2　图像处理基本操作

9.2.1　创建和保存图像文件

若要在一个空白文件上绘制或编辑图像,就需要先新建一个文件。

(1)启动 Photoshop CS6 程序,执行"文件"→"新建"命令。

(2)弹出"新建"对话框,根据需要设置新建文档的名称、宽度、高度、分辨率、颜色模式及背景内容,如图 9-4 所示。

(3)单击"确定"按钮,即可以创建一个空白的图像文件。

(4)用户可以保存当前编辑的图像文件,以便于在日后的工作中对该文件进行编辑或输出操作。Photoshop 默认的标准源文件格式为 *.psd。执行"文件"→"存储"命令,在弹

图 9-4 "新建"对话框

出的"存储为"对话框中设置文件的存储路径、文件名和保存格式,如图 9-5 所示。单击"保存"按钮,即可保存所编辑的图像文件。

图 9-5 "存储为"对话框

(5) Photoshop CS6 所支持的图像格式有二十几种,因此,Photoshop 可以作为一个转换图像文件格式的工具来使用。执行"文件"→"存储"命令,在打开的对话框中可以选择多种文件格式,如图 9-6 所示。选择 JPEG 选项,单击"保存"按钮后弹出 JPEG 品质设置面板,单击"确定"按钮即可将图像保存为 JPEG 格式的文件。

图 9-6　保存图像为 JPEG 格式

9.2.2　打开图像文件

在 Photoshop CS6 中经常需要打开一个或多个图像文件进行编辑,它可以打开多种文件格式,也可以同时打开多个文件。默认情况下工作区只能显示一个图像窗口内的图像,若用户需要对多个窗口内容进行比较,则可以将各个窗口进行水平平铺、浮动、层叠以及选项卡等方式排列。使用菜单"窗口"→"排列"下的各命令,可以对打开的多个图像文件进行显示,如图 9-7 所示。

(a)　"三联堆积"窗口排列方式

(b)　"全部窗口浮动"窗口排列方式

图 9-7　多个图像显示方式

9.2.3　调整图像的显示

用户在编辑或设计作品的过程中,根据自身的需要可随意地改变图像显示比例,这样使工作变得更加方便。

（1）双击工具箱中的"缩放"工具 ，图像将以100％比例显示。

（2）选取工具箱中的"缩放"工具 ，在图像窗口中单击鼠标左键，图像即放大一倍；若按下Alt键，则鼠标指针呈 形状，单击鼠标左键，图像将缩小1/2。

（3）"视图"菜单下的"放大"或"按屏幕大小缩放"等命令图9-8，可以改变图像的显示比例。

（4）当图像被放大后，选取工具箱中的"抓手"工具 ，将鼠标指针移动到图像编辑窗口区域，直接拖曳鼠标即可移动图像显示区域。

图9-8　"视图"菜单

9.2.4　修改和调整图像

在新建、编辑、制作或输出图像的整个过程中，图像的品质是十分重要的，如图像的整体效果、画布的大小或分辨率等。

（1）经常遇到图像中多出一些自己不想要的部分，此时就需要对图像进行裁切操作。选取工具箱中的"裁剪"工具 ，将鼠标指针移至裁剪边框线上，按下鼠标左键并拖曳，调整裁剪框的大小。按下Enter键确认，即可裁剪图像，如图9-9所示。

图9-9　裁剪图像

（2）画布是指实际打印的工作区域，改变画布的大小会影响最终输出效果。执行"图像"→"画布大小"命令，弹出"画布大小"对话框，设置宽度和高度，单击"确定"按钮后即可观察调整画布大小后的效果，如图9-10所示。

图9-10　修改"画布大小"

（3）若需要对打开的图像进行颠倒、倾斜或反向，就需要对画布进行旋转或翻转操作。如执行"图像"→"图像旋转"→"水平翻转画布"命令，即可水平翻转图像。

（4）在调整图像大小时，位图图像是由像素组成的，因此更改图像像素尺寸或分辨率会导致图像品质和锐化程度受损，像素尺寸越小，分辨率越低，图像的品质就越低。执行"图像"→"图像大小"命令,在弹出的对话框中调整文档大小的宽度、高度和分辨率,单击"确定"按钮后对比图像效果,如图 9-11 所示。

图 9-11　调整图像大小和分辨率

9.3　选区的创建与编辑

选区是通过各种工具或相应的命令在图像上创建的选取范围。应用选区可以将选区内的图像与选区外的图像进行隔离,使之处于选取状态,还可以对图像进行移动、复制、删除等操作。Photoshop CS6 中有很多工具可以用于创建选区。

9.3.1　运用选框工具创建规则选区

选框工具常用于创建规则的选区,主要包括矩形选框工具、椭圆选框工具、单列选框工具、单行选框工具。

(1)打开素材。选取工具箱中的"矩形选框"工具 ,在素材图像上单击鼠标左键,并拖曳至合适位置,释放鼠标,创建一个矩形选区,如图 9-12 所示。

(2)按 Ctrl+C 组合键复制选区内容,执行"文件"→"新建"命令,新建文档的宽度和高度自动为选区大小,选取工具箱中的"移动"工具 ,移动鼠标至选区内,单击鼠标左键并拖曳至新建文档窗口中,效果如图 9-13 所示。

图 9-12　创建矩形选区

图 9-13　创建矩形选区效果

9.3.2 运用套索工具创建不规则选区

使用套索工具组中的工具可以在图像中创建不规则的任意选区。

（1）打开素材图像，选取工具箱中的"磁性套索"工具，单击鼠标左键，沿着所需创建选区的图像拖曳鼠标，至鼠标起始点时释放鼠标左键，即可创建一个选区，如图 9-14 所示。

（2）单击"图层"面板底部的"创建新的填充和调整图层"按钮，在弹出的列表中选择"色相/饱和度"选项，在调整面板中设置"色相"为"－15"，执行操作后选区内的图像效果随之发生改变，如图 9-15 所示。

图 9-14 使用套索工具创建选区

图 9-15 调整色相/饱和度

9.3.3 运用魔棒工具选取颜色相近的选区

魔棒工具主要用来创建图像颜色相近或相同的像素选区。

（1）打开素材，该素材的背景颜色比较简单而且背景与图案有明显的边缘，因此选择工具箱中的"魔棒"工具，将鼠标移至图像编辑窗口中的白色背景区域上，单击鼠标左键，即可创建选区，调整工具属性栏上的"容差"值为"32"。执行"选择"→"反向"命令，将选区反向，如图 9-16 所示。

图 9-16 运用魔棒工具创建选区

（2）单击"图层"面板底部的"创建新的填充和调整图层"按钮，在弹出的列表中选择"色相/饱和度"选项，在调整面板中设置"色相"值，执行操作后，选区内的图像效果随之发生改变，如图 9-17 所示。

图 9-17　修改选区内容

9.3.4　运用"色彩范围"命令创建指定选区

"色彩范围"命令根据所选取色彩的相似程度,在图像中提取相似的色彩区域而生成的选区。

(1) 打开素材,执行"选择"→"色彩范围"命令,将鼠标指针移至图像编辑窗口的蓝色区域上,鼠标呈吸管状,单击鼠标左键吸取颜色,在"色彩范围"对话框中设置"颜色容差"为"60",即可一次性将蓝色背景全部选中,如图 9-18 所示。

图 9-18　用"色彩范围"创建选区

（2）执行"选择"→"反向"命令，将选区内容变为树叶部分，选取工具箱中的"移动"工具，将树叶选区移动到素材"摩天轮.jpg"图像文件中。按下 Ctrl＋T 组合键将新移入的树叶调整到合适的大小，并执行"编辑"→"变换"→"水平翻转"命令，将树叶改变朝向，并移动至合适的位置，效果如图 9-19 所示。

(a)　"摩天轮"素材　　　　　　　　　　　(b) 最终图像修改效果

图 9-19　图像效果

9.3.5　编辑选区

用户在创建选区时，可以对选区进行多次修改，如移动、羽化、扩展和缩放选区、边界和平滑选区等。"选择"菜单下有与选区修改相关的命令，如图 9-20 所示。

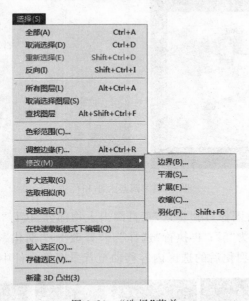

图 9-20　"选择"菜单

本例主要演示羽化选区功能，其余功能可根据情况自行选择。

（1）打开素材文件，有一幅背景图像和 3 幅婚照图像，如图 9-21 所示。

（2）选择工具箱中的"矩形选框"工具，设置工具属性栏上"羽化"值为"20 像素"，如图 9-22 所示。用"矩形选框"工具在右下角的婚照图像素材中做出矩形选区，使用"移动"工

图 9-21　素材文件

具将选区移动至背景图像中，按下 Ctrl＋T 组合键将新移入的选区内容调整到合适大小，当鼠标位于 4 个调整控制点时可以调整旋转角度，如图 9-23 所示。

图 9-22　"矩形选框"工具的属性栏

图 9-23　调整大小和位置

（3）打开右上角素材图像，用"套索"工具圈出人物部分，执行"选择"→"修改"→"收缩"命令，设置"收缩像素值"为"5"；再执行"选择"→"修改"→"羽化"命令，设置"羽化半径"为"10"，使用"移动"工具将羽化后的选区内容移动至背景图像文件中，如图 9-24 所示。

图 9-24　修改和移动选区

（4）选择"图层 3"，设置"图层的混合模式"为"柔光"效果，如图 9-25 所示。在"图层混合模式"选项中有很多其他的图层叠加方式，用户可根据需要自行选择。

图 9-25　图层混合模式"柔光"效果

9.4　图像的润饰

对一幅好的设计作品来说，润色和修饰图像是必不可少的步骤，Photoshop CS6 提供了各式各样的润色工具和修饰工具，如多种填充颜色的方式、模糊工具、锐化工具、涂抹工具、仿制图章工具、图案图章工具、修复和修补工具、加深和减淡工具等。每种工具都有独特之处，正确、合理地运用各种工具将会制作出美观的实用效果。

9.4.1　填充颜色

绘制图像的过程中，通常会根据整幅图像的设计效果，对每一个图像元素填充不同颜色。通过"拾色器"对话框、"颜色"调板、吸管工具等，都可以对颜色进行设置。

在工具栏底端"设置前景色/背景色" ，系统默认前景色为黑色，背景色为白色。前景色主要用于绘画、填充和描边选区；背景色主要用于生成单色、渐变填充，并在图像的涂抹区域中填充颜色。

设置颜色可以直接单击"前景色"或"背景色"图标，在弹出的"拾色器"面板中设置颜色；也可以使用"颜色"调板选取颜色；还可以使用"吸管"工具 在相似的图像区域获取一样的颜色。

填充前景色，可以使用 Alt＋Delete 组合键，填充背景色使用 Ctrl＋Delete 组合键。使用"油漆桶"工具 可快速、便捷地为图像填充颜色，填充的颜色以前景色为准。使用"渐变"工具 可以进行多种颜色间的混合填充，以增强图像的视觉效果；也可以使用"画笔"工具 在图像中绘制以前景色填充的线条或柔边笔触。

（1）打开素材文件"蜡烛.png"，如图 9-26 所示，为该素材添加背景。

（2）在图层面板底部单击"创建新图层"按钮 ![icon]，新建图层，双击图层名修改为"背景"，设置工具箱中"前景色"为"♯070c3d"，按下 Alt＋Delete 组合键填充前景色，如图 9-27 所示。

（3）在图层面板中创建新图层，并命名为"光环"，选择工具箱中"椭圆选框"工具 ![icon]，在其工具属性栏中设置"羽化"值为"20 像素"，在按下 Shift 键的同时在素材蜡烛火焰周围绘制一个正圆形，如图 9-28 所示。选择工具箱中"渐变"工具 ![icon]，在工具属性栏中选择"径向渐变"，如图 9-29 所示。单击"渐变颜色编辑"，即可弹出"渐变编辑器"对话框，设置好颜色后单击"确定"按钮，即可退出"渐变编辑器"对话框，如图 9-30 所示。用鼠标左键从椭圆选区的中心位置划动至边缘，完成渐变色填充，如图 9-31 所示。

图 9-26　素材

图 9-27　填充前景色

图 9-28　绘制椭圆选区

渐变颜色编辑　　径向渐变

图 9-29　渐变工具属性栏

图 9-30　"渐变编辑器"对话框

图 9-31　填充渐变颜色

9.4.2　修饰图像

合理地运用各种修饰工具,可以将有污点或瑕疵的图像处理好,使图像的效果更加自然、真实、美观。修饰图像工具包括模糊工具、锐化工具、涂抹工具、仿制图章工具和图案图章工具。

使用"模糊"工具 ◌ 在图像周围进行涂抹,可以产生模糊的效果,该工具配合使用"套索"工具可以使图像主体更加突出,从而使画面富有层次感。

"锐化"工具 ▲ 的作用与"模糊"工具的作用刚好相反,可用于锐化图像的部分像素,使操作区域里的图像更加清晰。

"涂抹"工具 ✍ 可以用来混合颜色,使用涂抹工具时,会从单击处的颜色开始,将它与鼠标经过处的颜色混合。

"仿制图章"工具 ♨ 可以对图像进行近似克隆的操作,用户从图像中取样后,在图像窗口中其他区域单击鼠标左键并拖曳,即可制作出一个一模一样的样本图像。

(1)打开素材,选取工具箱中的"仿制图章"工具,将鼠标指针移至图像编辑窗口中树的中心,按住 Alt 键的同时,单击鼠标左键进行取样,释放 Alt 键,将鼠标指针移至图像编辑窗口中间,单击左键,即可对样本图像进行复制,如图 9-32 所示。

图 9-32　用"仿制图章"工具复制图像

(2)选取"仿制图章"工具后,用户可以在工具属性栏中对"仿制图章"工具的属性,如画笔大小、模式、不透明度和流量进行相应的设置,经过相关属性的设置后,使用"仿制图章"工具所得到的效果也会有所不同。

"图案图章"工具 ♜ 可以将定义好的图案应用于其他图像中,并且以连续填充的方式在图像中进行绘制。

(1)打开素材,如图 9-33 所示。

图 9-33　"背景"和"白云图案"素材

（2）确认"白云"为当前图像编辑窗口，执行"编辑"→"定义图案"命令，在弹出的"图案名称"对话框中设置名称为"白云"，单击"确定"按钮，如图9-34所示。

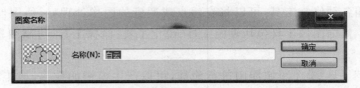

图9-34 "图案名称"对话框

（3）确认"背景"为当前图像编辑窗口，选取工具箱中的"图案图章"工具，在工具属性栏中设置"画笔"为柔边圆，"图案"为白云，如图9-35所示。将鼠标放置在图像编辑窗口中，单击鼠标并拖曳，即可制作图案效果，如图9-36所示。

图9-35 "图案图章"工具的属性栏

图9-36 制作图案后的图像

9.4.3 修复和修补图像

修复和修补工具常用于修复图像中的污点或瑕疵，或对图像进行复制、更改色相等操作。修复和修补工具包括污点修复画笔工具、修复画笔工具、修补工具和红眼工具。

（1）"污点修复画笔"工具 可以自动分析鼠标单击处的像素与周围像素的不透明度、颜色与质感，从而进行采样与修复操作。使用此工具只需在图像中有杂色或污渍的地方单击鼠标左键即可。

（2）"修复画笔"工具 通过配合Alt键从图像中取样，并用取样图案修复鼠标涂抹区域。

（3）"修补"工具 可以使用其他区域的色块或图案来修补选中的区域。使用此工具在需修补区域创建一个选区，并将该选区移动至需要采样的图像位置，即可对图像进行修补。

（4）"红眼"工具 是一个专用于修饰数码照片的工具，在照片中的人物眼睛处单击即可修正红眼。

使用"污点修复画笔"工具和"修补"工具后的效果对比图，如图9-37所示。

图 9-37 使用"污点修复画笔"工具和"修补"工具后的效果对比图

9.4.4 调色工具

调色工具可以对图像中明、暗或模糊的区域进行修饰。调色工具包括减淡工具、加深工具和海绵工具。

(1)"减淡"工具 可以对图像曝光不足的区域进行亮度的提升。

(2)"加深"工具 可以对图像的亮度进行调整,降低曝光度。

(3)"海绵"工具 主要用于调整图像的色彩/饱和度。

使用调色工具实例如图 9-38 所示。

图 9-38 使用调色工具实例

9.4.5 擦除工具

擦除工具的作用就是清除图像,主要包括橡皮擦工具、背景橡皮擦工具和魔术橡皮擦工具。

(1)"橡皮擦"工具 的功能是擦除图像,选择的图层不同,则擦除后的图像效果也不同。当图层为背景图层时,被擦除的区域将以背景色填充;若为普通图层,被擦除的区域为透明效果。

(2)"背景橡皮擦"工具 可以将图层上的颜色擦除为透明效果,同时保留对象边缘。

(3)"魔术橡皮擦"工具 和"魔棒"工具的功能类似,根据图像中相同或相近的颜色进行擦除操作。

9.5 图层

图层就是图像的层次,图像都是基于图层来进行处理的,可以将一幅作品分解成多个元素,每一个元素都由一个图层进行管理。

"图层"面板是管理图层的主要场所,通过该面板可以对图层进行创建、移动、编辑、隐藏、删除等一系列操作,如图 9-39 所示。

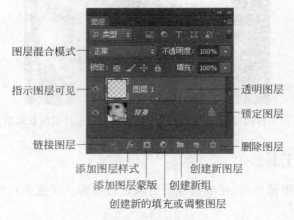

图 9-39　"图层"面板

图层可以分为透明图层和不透明图层,其中,透明图层由一个个灰白相间的方格组成。在 Photoshop 的图像文件中,位于上方的图像会将下方的图像遮掩,此时用户可以通过调整各图层的顺序,改变整幅图像的显示效果。

"图层"面板中主要选项的含义如下。

(1)"图层混合模式":可以在其中设置当前图层的混合模式,图层混合模式用于控制图层之间像素颜色相互融合的效果,不同的混合模式会得到不同的效果,由于混合模式用于控制上下两个图层在叠加时所显示的总体效果,通常在上方图层的混合模式下拉列表框中选择合适的混合模式。

(2)"不透明度":可以控制当前图层的透明属性。

(3)"锁定":锁定方式包括"锁定透明像素"、"锁定图像像素"、"锁定位置"及"锁定全部"。

(4)"填充":通过在数值框中输入相应的数值,可以控制当前图层中非图层样式部分的透明度。

(5)"指示图层可见":用来控制图层中图像的显示与隐藏状态。

(6)"链接图层":在"图层"面板中选择多个图层后,单击该按钮可以将所选择图层进行链接,当选择其中一个图层并进行移动或变换操作时,可以对所有与此图层链接的图像进行操作。

(7)"添加图层样式":单击该按钮会弹出"图层样式"对话框,通过设置可以为当前图层添加特殊效果,如投影、内阴影、外发光、浮雕等样式,如图 9-40 所示。在不同的图层中应用不同的图层样式,可以使整幅图像更加富有真实感,具有突出性。

(8)"添加图层蒙版":可以为当前图层添加图层蒙版。

(9)"创建新的填充或调整图层":可以对图层中的像素进行色阶、曲线、色彩平衡或色相/饱和度等色彩与色调的调整。

在 Photoshop CS6 中,图层类型主要有背景图层、普通图层、文字图层、形状图层、填充图层、蒙版图层等。

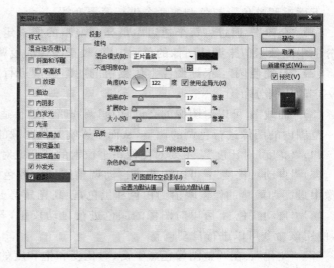

图 9-40 "图层样式"对话框中"阴影"样式设置面板

9.6 调整色彩与色调

调整色彩与色调是图像处理中一项非常实用且重要的内容。在 Photoshop CS6 中的"图像"→"调整"菜单下提供了多个调整色彩与色调的命令,如图 9-41 所示。通过这些命令可以对图像的色相、饱和度、对比度和亮度进行调整,也可以对色彩的失衡、曝光不足或曝光过度的图像进行修正,以及为黑白图像上色。熟练掌握各种调色方法,可以调出丰富多彩的图像效果。

图 9-41 "调整"图像菜单

下面对调整色彩与色调的命令进行简要介绍。

(1)"色阶":通过将每个通道中最亮和最暗的像素定义为白色和黑色,然后按比例重新分配中间像素值来调整图像的色调,从而校正图像的色调范围和色彩平衡。

(2)"自动色调":根据图像整体颜色的明暗程度进行自动调整,使亮部与暗部的颜色按一定的比例分布。

(3)"曲线":可以对图像的亮调、中间调和暗调进行适当调整,其最大的特点是可以对某一范围内的图像进行色调的调整,从而不影响其他图像的色调。

(4)"亮度/对比度":主要对图像每个像素的亮度或对比度进行整体调整。

(5)"自动对比度":可以让系统自动调整图像中颜色的总体对比度和混合颜色,它将图像中最亮和最暗的像素映射为白色和黑色,使高光显得更亮,暗调显得更暗。

(6)"自动颜色":可以对图像的颜色进行自动校正,若图像有偏色与饱和度过高的现象,使用该命令可以进行自动调整。

(7)"变化":在调整图像色彩平衡、对比度和饱和度的过程中,用户可以非常直观地观察图像效果,该命令对于不需要进行精确调整的图像非常有用。

(8)"色彩平衡":根据颜色互补的原理,通过添加或减少互补色而达到的图像色彩平衡,或改变图像的整体色调。

(9)"色相/饱和度":可以精确调整整幅图像或单个颜色成分的色相、饱和度和明度。此命令也可以用于 CMYK 颜色模式的图像中,有利于颜色值处于输出设备的范围中。

(10)"匹配颜色":可以用于匹配一幅或多幅图像之间的颜色,以及多个图层之间或多个选区之间的颜色,使用该命令,可以通过更改亮度、色彩范围及中间色调来统一图像色调。

(11)"替换颜色":可以基于特定的颜色在图像中创建蒙版,再通过设置色相、饱和度和明度值来调整图像的色调。单击该命令后,弹出"替换颜色"对话框,单击"添加到取样"按钮 ,在图像编辑窗口中单击鼠标左键多次,选中相近颜色区域,再在"替换"选项区中设置色相、饱和度和明度,即可调整图像色调。图 9-42 为使用该命令的效果对比图。

图 9-42 "替换颜色"效果对比图

(12)"通道混合器":用户可以根据需要选择不同的输出通道,并通过颜色通道的混合值来修改图像的色调。

(13)"照片滤镜":可以模仿镜头前加彩色滤镜的效果,通过调整镜头传输的色彩平衡和色温,从而使图像产生特定的曝光效果。

(14)"阴影/高光":适用于校正由强逆光而形成阴影的照片,或者校正由于太接近闪光灯而有些发白的焦点。在 CMYK 颜色模式的图像中不能使用该命令。

（15）"曝光度"：使用该命令可以模拟数码相机内部，对数码照片进行曝光处理，因此常用于调整曝光不足或曝光过度的图像或照片。

（16）"可选颜色"：主要用于校正图像中的色彩不平稳，它可以在高档扫描仪和分色程序中使用，并有选择性地修改主要颜色的印刷数量，不会影响到其他主要颜色。

（17）"黑白"：命令可以将彩色图像转换为具有艺术效果的黑白图像，也可以根据需要将图像调整为不同单色的艺术效果。

（18）"反相"：可以对图像中的颜色进行反相，与传统相机中的底片效果相似。

（19）"去色"：将彩色图像转换为灰度图像，但图像的原颜色模式保持不变。

（20）"色调均化"：可以对图像中的整体像素进行均匀提亮，图像的饱和度也会有所增强。

（21）"渐变映射"：可将相等的图像灰度范围映射到指定的渐变填充色。

9.7　路径、通道与蒙版

9.7.1　路径

路径是通过钢笔工具或形状工具绘制出的直线和曲线，是矢量图形，因此无论路径缩小或放大都不会影响其分辨率，并保持原样。路径多用锚点来标记路线的端点或调整点。当绘制的路径为曲线时，每个选中的锚点上将显示一条或两条方向线和一个或两个方向点，并附带相应的控制柄；方向线和方向点的位置决定了曲线段的大小和形状，通过调整控制柄，方向线或方向点随之改变，且路径的形状也将随之改变。

Photoshop CS6 中提供了多种绘制路径的方法，可以使用钢笔工具绘制路径，也可以使用矢量图形工具绘制不同形状的路径。

创建路径后，除了对路径进行修改和调整外，还可以将其转换为选区，再进行填充、描边、选取、保存等操作，并且可以在选区和路径之间进行相互切换，这些操作都需要通过"路径"面板及其控制菜单来完成。

在图像编辑窗口中创建路径之后，"路径"面板中将列出当前图像中所绘制的路径，如图 9-43 所示。单击"路径"面板右上角的"控制"按钮，将弹出"路径"面板菜单，如图 9-44 所示。

图 9-43　"路径"面板

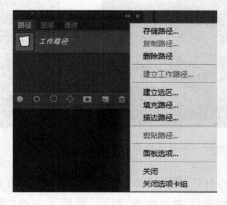

图 9-44　"路径"面板菜单

"路径"面板底部一共有 7 个按钮,分别是"用前景色填充路径" 、"用画笔描边路径" 、"将路径作为选区载入"、"从选区生成工作路径"、"添加图层蒙版"、"创建新路径"、"删除当前路径",这些按钮只有在合适的情况下才能正常使用。

钢笔工具是绘制路径的基本工具,也是最常用的路径绘制工具。下面通过简单的实例来了解钢笔工具绘制路径的方法。

(1) 打开素材,根据需要在素材上绘制心形。选取工具箱中的"钢笔"工具,将鼠标指针移至图像编辑窗口中的合适位置,单击鼠标左键,确定起始点,移动鼠标至合适位置,单击鼠标确定 3 个锚点,当回到起始点时,单击鼠标左键即可绘制一条闭合路径,如图 9-45 所示。

(2) 运用工具箱中的"转换点"工具,用鼠标左键单击每个锚点,调整锚点的两个控制点以调整弧度,形成心形,如图 9-46 所示。

图 9-45　绘制路径　　　　　　　　　图 9-46　调整路径形状

(3) 选取工具箱中的"路径选择"工具,在图像编辑窗口中的路径上单击鼠标左键,按住 Alt 键的同时,单击鼠标左键并拖曳,复制出路径。按下 Ctrl＋T 组合键,调整复制出的路径的大小并移动至合适的位置,如图 9-47 所示。

(4) 单击"路径"面板下方的"将路径作为选区载入"按钮,将路径转换为选区,如图 9-48 所示。

图 9-47　复制并调整路径　　　　　　　图 9-48　将路径转换为选区

(5) 打开"图层"面板,新建图层,调整前景色为红色,按下 Alt＋Delete 组合键填充前景色到选区中。单击"图层"面板下方的"添加图层样式"按钮,在弹出的"图层样式"

面板中选中和设置"斜面和浮雕"效果和"外发光"效果,参数设置如图9-49所示。最终效果如图9-50所示。

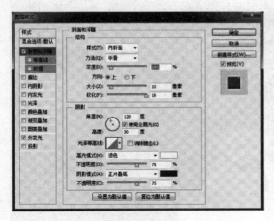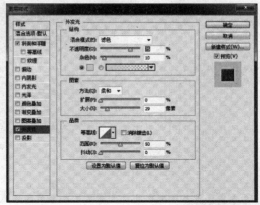

图9-49　"图层样式"面板

不仅可以使用工具箱中的钢笔工具绘制路径,还可以使用工具箱中的矢量图形工具绘制不同形状的路径,如"矩形"工具 ▢ 可绘制出矩形图形、矩形路径或填充像素;"椭圆"工具 ⬭ 可以绘制椭圆或圆形的形状或路径;"多边形"工具 ⬟ 可以绘制等边多边形、等边三角形和星形等;运用"自定形状"工具 ✦ 可以绘制各种预设的形状,如箭头、雪花、白云、树木、信封、剪刀等丰富多彩的路径形状。下面通过简单的实例来了解运用"多边形"工具绘制路径的方法。

(1) 打开背景素材,如图9-51所示。

图9-50　最终效果图　　　　　图9-51　背景素材

(2) 设置前景色为白色,选取工具箱中的"多边形"工具 ⬟ ,在工具属性栏中单击"形状"图层按钮,单击"几何选项"三角按钮,在弹出的面板中选中"白色五角星",设置"边"为"5",如图9-52所示,在图像编辑窗口中,单击鼠标并拖曳,绘制白色五角星。

(3) 绘制第二个五角星,在工具属性栏中修改"填充"颜色,绘制黄色五角星,如图9-53所示;用同样方法在图像编辑窗口中绘制多种颜色的五角星。

(4) 选取工具箱中的"直线"工具 ✦ ,在工具属性栏中单击"形状"图层按钮,设置"填

图 9-52　绘制白色五角星

图 9-53　绘制黄色五角星

充"为无色,"描边"为白色,"描边大小"为 1 像素,"形状描边样式"为线段,"粗细"为 1 像素。
按下 Shift 键的同时在图像编辑窗口中绘制与星形连接的线,如图 9-54 所示。打开图层面
板,将绘制直线的路径图层"形状 1"图层"不透明度"修改为 24%。

　　(5) 为星形添加光芒效果。在"图层"面板中选择"多边形 1"图层,单击"图层"面板最下
方的"添加图层样式"按钮 fx. ,在"图层样式"面板中设置"外发光"选项,如图 9-55 所示。

图 9-54 绘制直线

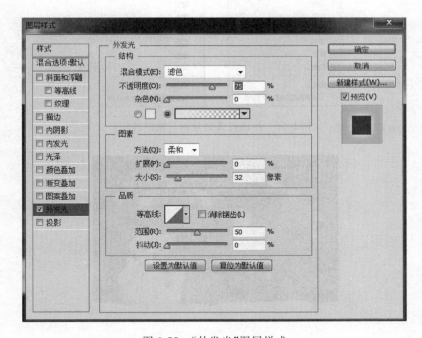

图 9-55 "外发光"图层样式

（6）"多边形 1"图层样式设置好后,在右键菜单中选择"复制图层样式"选项,然后选择其他星形图层,在右键菜单中选择"粘贴图层样式"选项,如图 9-56 所示。并可在其他图层的"图层样式"面板中修改自发光的颜色,最终效果如图 9-57 所示。

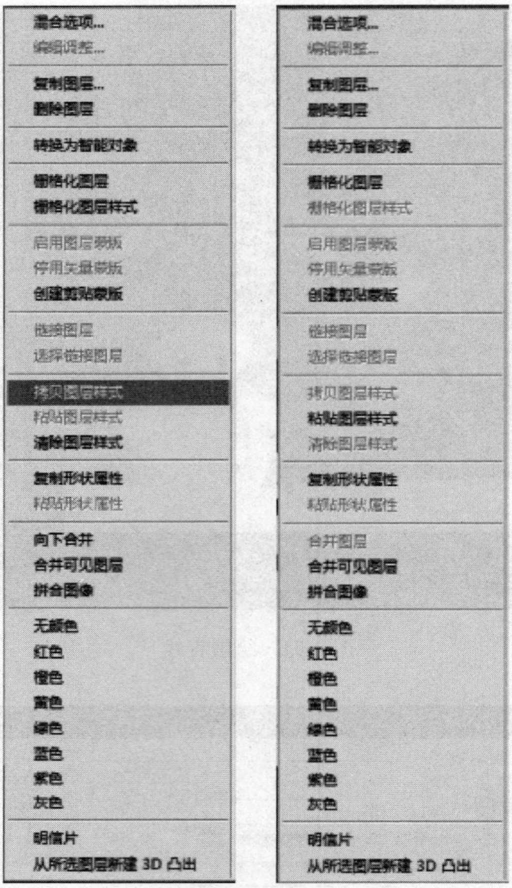

混合选项…	混合选项…
编辑调整…	编辑调整…
复制图层…	复制图层…
删除图层	删除图层
转换为智能对象	转换为智能对象
栅格化图层	栅格化图层
栅格化图层样式	栅格化图层样式
启用图层蒙版	启用图层蒙版
停用矢量蒙版	停用矢量蒙版
创建剪贴蒙版	创建剪贴蒙版
链接图层	链接图层
选择链接图层	选择链接图层
拷贝图层样式	拷贝图层样式
粘贴图层样式	粘贴图层样式
清除图层样式	清除图层样式
复制形状属性	复制形状属性
粘贴形状属性	粘贴形状属性
向下合并	合并图层
合并可见图层	合并可见图层
拼合图像	拼合图像
无颜色	无颜色
红色	红色
橙色	橙色
黄色	黄色
绿色	绿色
蓝色	蓝色
紫色	紫色
灰色	灰色
明信片	明信片
从所选图层新建 3D 凸出	从所选图层新建 3D 凸出

图 9-56　图层样式的复制与粘贴操作

图 9-57　最终效果图

9.7.2　通道

通道的主要功能是保存图像的颜色信息,也可以存放图像中的选区,并通过对通道的各种运算来合成具有特殊效果的图像。由于通道功能强大,因为在制作图像特效方面应用广泛，但同时也是最难于理解和掌握的。

默认情况下，"通道"面板显示颜色通道，如图 9-58 所示。

该面板中主要选项有"指示通道可见性"图标  、"将通道作为选区载入"按钮 、"将选区存储为通道"按钮 、"创建新通道"按钮 和"删除当前通道"按钮 。

图 9-58　"通道"面板

通道是一种灰度图像，每一种图像都包括一些基于颜色模式的颜色信息通道。"Alpha 通道"用于创建和存储选区，选区的内容可以用来决定图像的透明区域；"颜色通道"主要用于存储图像的颜色数据，RGB 图像有 3 个颜色通道，即"红"、"绿"、"蓝"，CMYK 图像有 4 个颜色通道，即"青色"、"洋红"、"黄色"、"黑色"。在"通道"面板中随意删除一个通道，所有通道都会变成黑白色，形成"单色通道"。通过单击各颜色通道左侧的"指示通道可见性"图标 ，可以复合各个通道，形成不同的颜色显示效果。

9.7.3　蒙版

图层蒙版可以很好地控制图层区域的显示或隐藏，可以在不破坏图像的情况下反复编辑图像，直至得到所需的效果，使修改图像和创建复杂选区变得更加方便，因此创建和编辑图层蒙版是进行图像合成最常用的手段。

下面通过简单实例介绍应用蒙版合成图像的方法。

（1）打开"房地产 1、房地产 2"素材文件，如图 9-59 所示。

图 9-59　素材图像

（2）将"房地产 2"图像拖曳至"房地产 1"图像编辑窗口，并按下 Ctrl＋T 组合键调整好图像的大小和位置，如图 9-60 所示。

图 9-60　拖入素材图像

（3）在"图层"面板中选择"图层 2"，单击"图层"面板底部的"添加图层蒙版"按钮 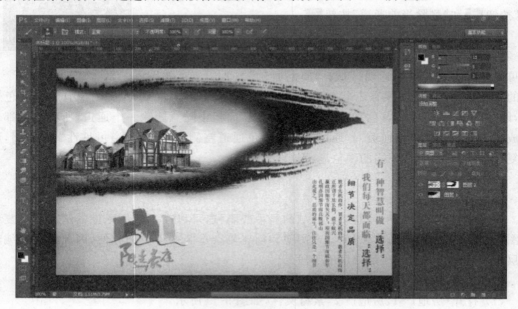，添加蒙版，选择工具箱中的"画笔"工具 ，调整前景色为黑色，调整画笔笔触大小，在"图层 2"的图像中涂抹，隐藏部分图像，适当的时候调整画笔笔触样式、笔触的不透明度和流量，以达到最佳涂抹效果。通过图层蒙版合成的图像最终效果如图 9-61 所示。

图 9-61　通过图层蒙版合成图像效果

9.8　输入与编辑文字

文字是设计作品不可或缺的元素，好的文字设计效果会起到画龙点睛的作用。Photoshop CS6 提供了强大的文字处理功能。

9.8.1　输入文字

Photoshop CS6 提供了 4 种输入文字的工具，分别是"横排文字"工具 、"直排文字"工具 、"横排文字蒙版"工具 和"直排文字蒙版"工具 。

"横排文字"工具用于创建水平文字。选取工具箱中的"横排文字"工具，在工具属性栏中可以设置"字体"、"字体大小"和"字体颜色"，单击鼠标左键确定文字插入点，输入文字后可单击工具属性栏右上角的"提交所有当前编辑"按钮 ，即可完成水平文字的输入。

"直排文字"工具用于创建垂直排版的文字效果，创建方法与"横排文字"工具一样。

"横排文字蒙版"工具和"直排文字蒙版"工具用于创建文字型选区。按照水平文字或垂直文字的创建方法输入文字内容后，按下 Ctrl＋Enter 组合键确认，即可完成文字选区的创建，之后可以对该选区进行填充颜色等操作。

输入段落文字，可以使用"横排文字"工具或"直排文字"工具按住鼠标左键并向右下角拖曳，创建一个文本框，在文本框中输入文字内容，文字会基于定界框的尺寸自动换行，也可对定界框任意调整大小。

9.8.2　设置文字属性

使用"横排文字"工具和"直排文字"工具输入文字时,可以在文字工具栏中设置文字属性,也可以使用"字符"面板和"段落"面板来设置文本属性。

执行"窗口"→"字符"命令,可以打开"字符"面板,如图9-62所示。

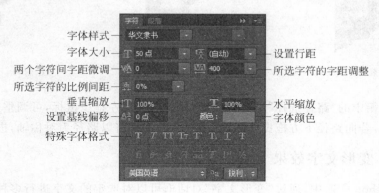

图9-62　"字符"面板

执行"窗口"→"段落"命令,可以打开"段落"面板,如图9-63所示。

图9-63　"段落"面板

9.8.3　沿路径创建文字

在作品设计中,通过钢笔工具或形状工具创建直线或曲线路径,再沿路径生成文字绕排效果,是文字排版较为灵活的方式之一。下面通过简单实例介绍沿路径创建文字的方法。

(1)打开背景素材文件,如图9-64所示。

(2)选取工具箱中的"钢笔"工具,将鼠标指针移至图像编辑窗口中合适位置,创建一条曲线路径,如图9-65所示。

(3)选取"直排文字"工具,在工具属性栏中设置"字体"为"华文行楷","字体大小"为"13","颜色"用吸管吸取花朵颜色,将鼠标移至曲线路径上,鼠标则表示为吸附路径状态,单击鼠标左键确定插入点并输入文字。输入完成后可打开"字符"面板调整"字符间距大小"为"60",最后在工作界面的灰色区域单击鼠标左键,隐藏路径,效果如图9-66所示。

图 9-64　素材图像　　　　　图 9-65　创建曲线路径　　　　图 9-66　文字效果

选取工具箱中的"路径选择"工具,沿着路径向右或向左拖曳鼠标,可调整文字的起始位置或结束位置,若向路径下方拖曳鼠标,则路径上的文字将以路径为对称轴,进行垂直翻转。

9.8.4　变形文字效果

在 Photoshop CS6 中,通过"变形文字"对话框可以对选定的文字进行多种变形操作,使文字更加多样化,从而吸引人们的眼球

选择"文字"图层,执行"文字"→"文字变形"命令,可弹出"变形文字"对话框,如图 9-67 所示。或者选择"文字"工具,在文字属性工具栏中单击"创建文字变形"按钮,也可打开"变形文字"对话框。选择"变形文字"对话框中的样式,并设置合适的参数,可以实现文字的多种变形操作。

变形文字效果实例如图 9-68 所示。

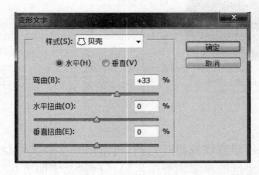

图 9-67　"变形文字"对话框　　　　　　　　　图 9-68　贝壳文字效果

9.9　滤镜特效

"滤镜"这一专业术语源于摄影,特殊镜片的思想延伸到计算机的图像处理技术中,便产生了"滤镜(Filer)",也称为"滤波器",是一种特殊的图像效果处理技术。一般来说,滤镜都遵循一定的程序算法,对图像中像素的颜色、亮度、饱和度、对比度、色调、分布、排列等属性进行计算和变换处理,其结果便是使图像产生特殊效果。

掌握滤镜要了解以下几个基本原则。

（1）上一次使用的滤镜显示在"滤镜"菜单的顶部，按 Ctrl＋F 组合键，可再次以相同参数应用上一次的滤镜。

（2）滤镜可应用于当前选择范围、当前图层或通道，若需要将滤镜应用于整个图层，则不要选择任何图像区域或图层。

（3）有些滤镜只对 RGB 颜色模式图像起作用，而不能将滤镜应用于位图模式或索引模式图像，也有些滤镜不能应用于 CMYK 颜色模式图像。

（4）有些滤镜完全是在内存中进行处理，因此在处理高分辨率图像时非常消耗内存。

Photoshop CS6 中有很多常用滤镜，如"像素化"滤镜、"扭曲"滤镜、"杂色"滤镜、"模糊"滤镜、"风格化"滤镜、"渲染"滤镜、"视频"滤镜等。Photoshop CS6 中还有特殊滤镜，如"镜头校正"滤镜、"液化"滤镜和"消失点"滤镜等，这些滤镜功能相对强大且独立。

1．"扭曲"滤镜示例

"扭曲"滤镜可以模拟产生水波、镜面、球面等效果。

（1）打开素材，如图 9-69 所示。

（2）选取工具箱中的"椭圆选框"工具，在图像编辑窗口中绘制一个大小合适的椭圆选区，执行"选择"→"修改"→"羽化"命令，在弹出的对话框中设置"羽化半径"为"15"，单击"确定"按钮，羽化选区，如图 9-70 所示。

（3）执行"滤镜"→"扭曲"→"水波"命令，在弹出的"水波"对话框中设置"数量"为"80"，"起伏"为 8，"样式"为"水池波纹"，单击"确定"按钮，即可将"水波"滤镜应用于图像中，其效果如图 9-71 所示。

图 9-69　素材图像　　　　　　图 9-70　羽化选区　　　　　　图 9-71　"水波"滤镜效果

2．"模糊"滤镜示例

"模糊"滤镜可以使图像中清晰或对比度强烈的区域产生模糊的效果。

（1）打开素材，如图 9-72 所示。

（2）选取工具箱中的"多边形套索"工具，在图像编辑窗口中汽车周围创建选区。执行"选择"→"反向"命令，选择反向选区；再执行"选择"→"修改"→"羽化"命令，在弹出的对话框中设置"羽化半径"为"25"，单击"确定"按钮，羽化选区，如图 9-73 所示。

（3）执行"滤镜"→"模糊"→"径向模糊"命令，弹出"径向模糊"对话框，设置"数量"为"40"，选中"缩放"和"最好"单选按钮，如图 9-74 所示。

（4）单击"确定"按钮，即可将"径向模糊"滤镜应用于图像中，效果如图 9-75 所示。

图 9-72　素材图像

图 9-73　羽化选区

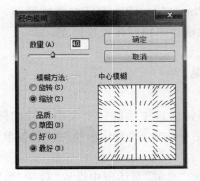

图 9-74　"径向模糊"对话框

图 9-75　"径向模糊"滤镜效果

3. "液化"滤镜示例

使用"液化"滤镜可以逼真地模拟液体流动的效果,通过它用户可以调出图像的弯曲、旋转、扩展和收缩等效果,但该滤镜不能在索引模式、位图模式和多通道色彩模式的图像中使用。

(1) 打开素材,如图 9-76 所示。

(2) 执行"滤镜"→"液化"命令,弹出"液化"对话框,如图 9-77 所示。选取向前变形工具,将鼠标指针移至图像预览框的合适位置,单击鼠标左键并拖曳,即可使图像变形。

图 9-76　素材图像

(3) 单击"确定"按钮,即可将预览窗口中的液化变形应用到图像编辑窗口的图像上,效果如图 9-78 所示。

其他滤镜效果在这里不做一一示例,读者可根据示例自行尝试其他滤镜效果。Photoshop CS6 提供了多种滤镜效果,功能强大且广泛应用于各个领域,合理地应用滤镜可以使用户在处理图像时,能轻而易举地制作出绚丽图像效果。

图 9-77 "液化"对话框

图 9-78 应用"液化"滤镜后的图像效果

9.10 图像处理实例

本节将通过制作学院新年贺卡的实例进一步了解 Photoshop CS6 的使用技巧。本实例最终效果如图 9-79 所示。

(1) 启动 Photoshop CS6,新建文档并命名为"新年贺卡",定义文档"宽度"为 27cm,"高度"为 19cm,"背景内容"为"透明",如图 9-80 所示。

(2) 调整工具箱中的"前景色"颜色为 RGB(224,216,186),按下 Alt+Delete 组合键填充前景色到"图层 1"。打开素材"祥云.png",如图 9-81 所示。执行"编辑"→"定义图案"命令,在弹出的"图案名称"对话框中设置名称为"祥云",单击"确定"按钮,退出该素材的编辑。回到文档"新年贺卡",打开"图层"面板,选择面板最下方的"图层样式"按钮 fx.,在打开的"图层样式"对话框中选择"图案叠加",在"图案"下拉列表中找到自定义的图案"祥云",设置

图 9-79　学院新年贺卡实例

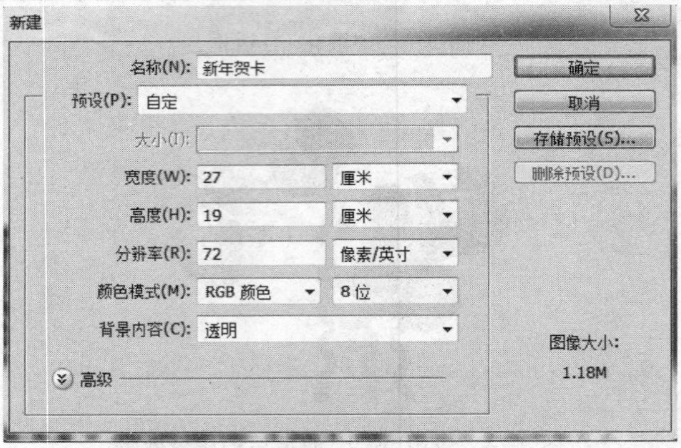

图 9-80　新建文档

"混合模式"为"柔光","不透明度"为"50%",单击"确定"按钮,完成图案背景,如图 9-82
所示。

图 9-81　素材"祥云.png"

　　(3) 执行"视图"→"标尺"命令,新建"图层 2",设置"前景色"为 RGB(223,31,9),选取
工具箱中的"矩形选框"工具,在图像编辑窗口上方绘制高为 20 像素的矩形选区,按下
Alt+Delete 组合键填充红色前景色。用同样的方法在图像编辑窗口下方绘制高为 60 像素
的红色矩形条,效果如图 9-83 所示。

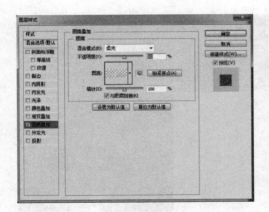 

图 9-82　添加"图案叠加"图层样式

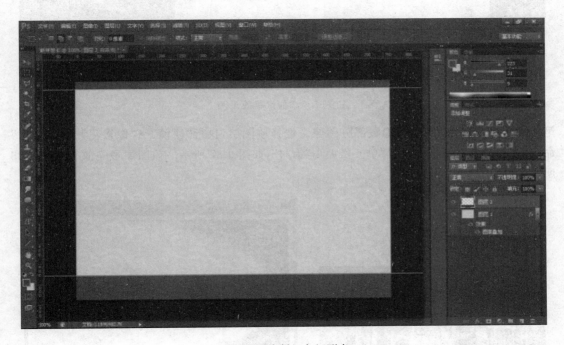

图 9-83　绘制红色矩形条

（4）将素材文件"belt.psd"（图 9-84）拖曳至文档中，并放置合适位置，效果如图 9-85 所示。

图 9-84　素材文件"belt.psd"

（5）打开素材文件"学院.jpg"（图 9-86），将该素材拖入至"新年贺卡"文档中，按下 Ctrl＋T 组合键调整图像的大小，并放置合适位置。选择该图层，单击"图层"面板底部的"添加图层蒙版"按钮![icon]，添加蒙版，选择工具箱中的"画笔"工具![icon]，调整"前景色"为黑色，调整画笔

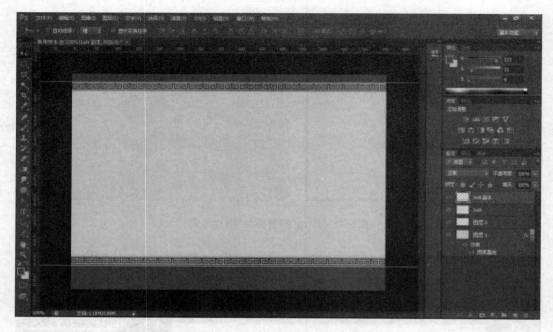

图 9-85　添加素材效果图

笔触大小并在图像中涂抹,隐藏部分图像。选择该图层,执行"滤镜"→"像素化"→"晶格化"命令,在弹出的对话框中设置"单元格大小"为"4",如图 9-87 所示。该图层最终效果如图 9-88所示。

图 9-86　素材文件"学院.jpg"

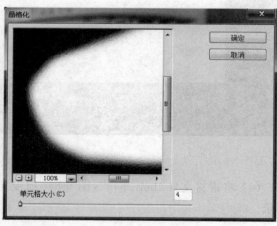

图 9-87　"晶格化"对话框

　(6) 打开素材文件"马.jpg"(图 9-89),执行"选择"→"色彩范围"命令,在"色彩范围"面板中用吸管吸取"马"的红色区域,确定选区后,将红色的马移动至"新年贺卡"文档中,再执行"编辑"→"变换"→"水平翻转"命令,调整"马"的大小并放置合适位置,效果如图 9-90所示。

图 9-88　图层效果图

图 9-89　素材"马.jpg"

图 9-90　添加"马"后的效果

（7）按下 Ctrl 键的同时单击"马"图层的图标处，图层中的"马"被作为选区，执行"选择"→"修改"→"扩展"命令，在"扩展选区"对话框中设置"扩展量"为 5 像素，新建图层并命名为"马下"，调整"前景色"为 RGB(243,237,213)，填充前景色。单击图层面板最下方的"图层样式"按钮 fx,在"图层样式"面板中设置"投影"样式参数，如图 9-91 所示。然后为该图层添加"投影"样式，最终效果如图 9-92 所示。

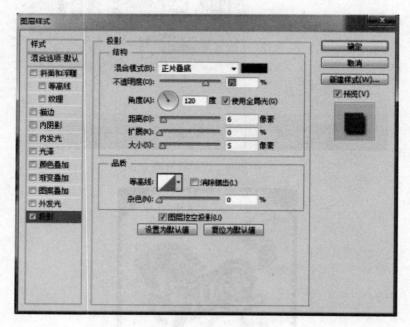

图 9-91　设置"投影"参数

图 9-92　图层效果

（8）在图像编辑窗口中合适的位置添加文字，效果如图 9-93 所示。

图 9-93　添加文字效果

（9）印章效果的制作。选取工具箱中的"钢笔"工具，在图像编辑窗口合适的位置绘制一个不规则图形，如图 9-94 所示。打开"路径"面板，选择最下方的"将路径作为选区载入"按钮，新建图层并命名为"印章"，填充朱红色（RGB 为 183,55,57），设置图层的混合模式为"溶解"，选择该图层，执行"滤镜"→"杂色"→"添加杂色"命令，在弹出的"添加杂色"对话框中设置"数量"为 4.8%，选中"高斯分布"单选按钮，如图 9-95 所示。执行"滤镜"→"风格化"→"扩散"命令，在弹出的"扩散"对话框中选择"变亮优先"方式，如图 9-96所示。

图 9-94　用"钢笔"工具绘制路径

（10）选取工具箱中的"直排文字"工具，在"印章"图层之上创建文字"马到成功"，字体颜色与背景色一致（RGB 为 224,216,186），选择该文字图层，单击鼠标右键，在弹出的快捷菜单中选择"栅格化图层"选项，将文字栅格化，重复操作上一步的"添加杂色"滤镜和"扩散"滤镜效果。最终效果如图 9-97 所示。

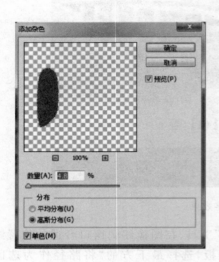

图 9-95　添加杂色滤镜

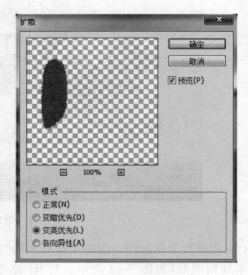

图 9-96　扩散滤镜

图 9-97　最终效果图

9.11　本章小结

本章讲解了 Photoshop CS6 进行图像处理的基本操作方法和常用工具的基本使用方法，先从理论部分对各种工具的使用技巧做了说明，再针对有代表性的工具做了简单的实例讲解,最后通过实例"新年贺卡"的制作让读者对 Photoshop CS6 的综合应用有了一定的认识。在学习的过程中关键在于各工具的综合应用和灵活使用。由于篇幅有限,不能对 Photoshop CS6 中的所有功能进行详细讲解,望读者在学习的过程中深入学习、大量观摩、勤于练习,这样才能做出漂亮的设计作品。

习题 9

运用本章所学知识制作节日贺卡。

第 10 章

Premiere CS6使用基础

本章学习目标
- 熟练掌握 Premiere 软件的使用方法。
- 了解影片的剪辑技巧。
- 熟练掌握视频编辑的几种方法。

本章首先介绍 Premiere CS6 软件,然后详细介绍 Premiere 的界面,再介绍 Premiere 中的参数设置方法,最后以实例的形式在 Premiere 中制作了一部光伏产业宣传片。

10.1 Premiere CS6 简介

Adobe 公司推出的基于非线性编辑设备的视音频编辑软件 Premiere 现在被广泛地应用于电视台、广告制作、电影剪辑等领域,成为 PC 和 MAC 平台上应用最为广泛的视频编辑软件之一。Adobe Premiere 是一个非常优秀的桌面视频编辑软件,同时也是一款编辑画面质量比较好的软件,有较好的兼容性,且可以与 Adobe 公司推出的其他软件相互协作。目前这款软件最新版本为 Adobe Premiere Pro CS6。它提供内置的跨平台支持以利于设备的大范围选择,增强的用户界面,新的专业编辑工具和其他的 Adobe 应用软件无缝的结合。Adobe Premiere 提供了各种操作界面来达成专业化的剪辑需求。

Adobe 公司的 Premiere 之所以是一款受到使用者欢迎和重视的非线性视频编辑软件,其原因之一是来自于对不同版本的不断改进,其中既包括普通消费者使用的版本,又包括专业人士使用的 Pro 版本。

Adobe Premiere 提供了更强大、高效的增强功能和先进的专业工具,包括尖端的色彩修正、强大的音频控制和多个嵌套的时间轴,并专门针对多处理器和超线程进行了优化,能够利用新一代基于英特尔奔腾处理器、运行 Windows XP 的系统在速度方面的优势,提供一个能够自由渲染的编辑体验。Adobe Premiere 建立了在 PC 上编辑数码视频的新标准。Adobe 公司对其进行了重新设计,把它从原来的基础级提升到能够满足那些需要在紧张的时限和更少的预算下进行创作的视频专业人员的应用需求,Adobe Premiere 中的新架构可以快速响应用户的需求,提供更强大的、能够有效生成漂亮视频项目的应用。Adobe Premiere 在制作工作流中的每一方面都获得了实质性的发展,允许专业人员用更少的渲染做更多的编辑。

Premiere 编辑器能够定制键盘快捷键和工作范围,创建一个熟悉的工作环境,诸如三点色彩修正、YUV 视频处理、具有 5.1 环绕声道混合的强大的音频混频器和 AC3 输出等专业特性都得到进一步的增强。Adobe Premiere Pro 中的一切功能都为视频专业人员进行了优化,从可以单击和拖拉的运动路径的改进,到获得很大增强的媒体管理功能,以及带来大量 Adobe 字体和模块的字幕工具,Premiere Pro 为专业人员提供了编辑素材获得播放品质所需要的一切功能。Adobe Premiere Pro 把广泛的硬件支持和坚持独立性结合在一起,能够支持高清晰度和标准清晰度的电影胶片。用户能够输入和输出各种视频和音频模式,包括 MPEG-2、AVI、WAV 和 AIFF 文件,另外,Adobe Premiere Pro 文件能够以工业开放的交换模式 AAF 输出,用于进行其他专业产品的工作。

作为 Adobe 屡获殊荣的数码产品线的一员,Adobe Premiere Pro 能够与 Adobe Creative Suite 6 中的其他产品无缝集成,这些产品包括 After Effects CS6、Adobe Encore CS6、Adobe Photoshop CS6 和 Adobe Audition CS6 软件。Adobe Premiere Pro CS6 和 After Effects CS6 共同合作,较之在两个应用之间独立工作相比,共享数据容易得多,可以在 Adobe Premiere Pro CS6 和 After Effects CS6 之间拖放和复制、粘贴剪辑和时间线。还可以在 After Effects 中打开完整的 Adobe Premiere Pro 项目,包括嵌套的序列。通过连接 Adobe Premiere Pro CS6 和 Encore CS6 的 Dynamic Link 组剪辑传输到 Adobe After Effects CS6,只需一个命令即可将一组剪辑传输到 Adobe After Effects CS6 中进行处理。Adobe Premiere Pro CS6 在 Adobe After Effects CS6 的合成层中重新创建该剪辑的结构,然后通过 Dynamic Link 把合成层导入到时间线。在 After Effects 中所做的更改会自动显示在 Adobe Premiere Pro 中,无须渲染。另外与 Photoshop 的协调工作也一样优秀,可以把 Photoshop 的带图层的文件置入 Adobe Premiere Pro 中,既可以把图层合并置入,也可以将每一个图层独立作为一个视频轨置入,支持 Photoshop 的混合模式。支持带有视频的 Photoshop 文件,无须渲染所导入的包含视频的 Photoshop 文件,可以直接将其作为视频剪辑使用。这些集成的特性有助于创建一个灵活的工作流,节省制作时间,提高制作效率。

10.2　界面介绍

10.2.1　时间轴窗口

1. 时间轴概述

在 Premiere CS6 众多的窗口中,处于核心地位的是时间轴(Timeline),用户可以把大量的音视频素材拖曳到时间轴上,镜头的前后组接顺序可以任意改变。在时间轴中,用户可以把视频片断、静止图像、声音等组合起来,创作各种特技效果,如图 10-1 所示。

时间轴窗口是创作作品核心工作区,默认位置在编辑界面的下边。在时间轴上可以设置多条视频轨和音频轨,用来组合视频和声音,系统默认设置为 3 条。视频轨由下向上依次编号为视频 1、视频 2、视频 3,音频轨由上向下一次编号为音频 1、音频 2、音频 3。视频轨上按照从上到下排列,轨道编号数大的素材将覆盖轨道数小的素材。如果视频轨道上有重复排列的素材,位于偏上位置的素材将覆盖下面的素材。如果某一时刻所有视频轨上都没有素材,则显示为黑场。用户把作品的视频、音频、图像、字幕等素材文件按照一定的规则放置在时间轴上,拖动时间轴窗口上的时间指示器可以跳转到作品的任意位置。在指示器的移动过程中,时间轴窗口的左上角的时间显示器会不断地变化,显示着当前的时间位置。

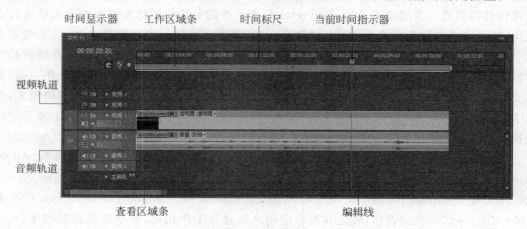

图 10-1   时间轴窗口

用户可以使用 Premiere 提供的工具,对剪辑素材进行排列、裁剪和扩展等操作。时间轴标尺的上方有一栏黄色的滑动条,是工作区域条,在工作区域条的两端拖动改变它的长度和位置,可以在时间轴上指定当前预览或导出的区域。向左侧滑动缩小时间间隔,向右滑动放大时间间隔。在对素材进行精细调整的时候,必须通过放大时间间隔进行仔细寻找和调整。位于工作区域条下方的那个彩色的窄条用于显示项目中的预览文件是否存在。红色表示视频没有预览文件,绿色表示视频的预览文件已经创建成功。如果出现更窄的浅绿色的条,则表示音频的预览文件已经存在。

在时间轴窗口中,最关键的是这些平行的视频和音频轨道,通过它们才可以在 Premiere 中实时地预览和剪辑作品。可以在视频和音频轨道上同时播放剪辑,一边查看视频一边听声音。时间轴窗口每条轨道的左端都有一些控制按钮,视频轨左端"眼睛"图案的图标,可以控制视频轨道的隐藏或显示。默认为打开状态,在节目监视器中可以显示该轨道上的素材,如果不选择,则节目监视器不会显示该轨道的素材。"眼睛"图案图标右侧是轨道锁定切换按钮,单击图标可以锁定轨道。当轨道处于锁定状态时,不能对这个轨道做任何修改。锁定之后,轨道上会出现一个锁的图案,表示轨道处于锁定的状态。再次单击该图标,可以解除锁定。还可以单击设置显示方式的图标,单击图标可以选择时间轴上缩略图的显示方式,也可以决定是否显示缩略图。可以设置显示素材的头尾、只显示头、显示帧、只显示名称。右侧是显示关键帧和不透明度控制器,单击下拉菜单,可以以时间轴的效果曲线的方式查看关键帧和不透明度控制器。不透明度表示的是帧的透明程度。利用关键帧创建特效之后,特效的名称会出现在时间轴的效果曲线的快捷菜单中。在该菜单中选中某个特效后,通过拖曳时间轴上的关键帧,可以调整特效。在不透明度控制器中,向下拖曳会降低不透明度,向上拖曳则提高不透明度。

2. 向时间轴添加素材

用户可以使用多种方法将素材添加到时间轴上,最常用的方法是,把视频素材从项目窗口中直接拖动到时间轴窗口,如果素材文件同时包含视频和音频信息,那么视频和音频将分别添加到视频轨和音频轨上。一段素材被添加到时间轴窗口以后,视频的第一帧画面会显示在 Premiere 的节目监视器窗口中,单击"播放"按钮可以浏览此视频素材。

在项目窗口中选中需要的素材文件,按住鼠标左键可以将其拖曳到选定的视频轨道上,松开鼠标左键,素材就被添加到了时间线上,进入待编辑状态。添加的素材在时间轴上的位置可以通过单击鼠标左键拖动来任意改变,可以在同一条轨道上移动,也可以在不同的轨道之间移动。

如果素材被放置错误,或者不再需要某素材时,可以选中该素材,然后按键盘上的Delete 键将其从时间轴上删除。此时文件从时间轴消失,但是它仍然存在于项目窗口的素材库中,如果需要,可以重新再次添加。

用户还可以同时选中项目窗口中的多个素材进行拖动,Premiere 会自动根据选定的素材文件类型分别添加到相应的视频和音频轨道上,同类文件按照原项目窗口中的排列顺序排列在同一轨道上。

3. 视音频编辑

1)视频编辑

将视频素材添加到时间轴上以后,就可以进行视频的编辑工作。可以利用 Premiere 提供的编辑工具,使用插入编辑、波纹编辑、覆盖编辑、三点编辑、四点编辑等方法进行编辑。

插入编辑法是将某一段素材插入到时间轴上已有的两个素材之间的编辑操作过程。先选择需要插入的素材,通过素材源窗口确定素材的入点和出点,然后找到时间轴上编辑轨的入点,通过单击素材源窗口中的插入工具,完成插入的工作。插入编辑是在时间轴上增加了一段素材,插入点之前的所有素材不会受影响,插入点后的素材会整体右移。而原来素材的相对位置、特效、字幕等因素都维持不变,这种方法适合向影片中添加内容。

波纹编辑,可以调节素材的入点或出点改变素材的长度,仅改变正在编辑的素材的长度,不改变其他素材的长度。对时间轴上前面排列的素材没有任何影响。经过波纹编辑,时间轴上各素材的相对位置不发生改变。波纹编辑适合对某一素材进行局部的修改。在使用波纹编辑进行操作时,先选中素材,在工具栏选择波纹编辑工具,移动鼠标光标到待修改素材的首端或末端,根据需要向左或向右拖动。当拖动素材的末端向左时,素材的持续时间减少,同时后边的素材整体前移。当拖动素材的末端向右时,素材的持续时间增加,同时后面的素材整体后移。在素材的中间位置,波纹编辑是不起作用的。

覆盖编辑,在已经编辑好的影片段落中,发现有一段不合适需要替换,此时使用覆盖编辑工具就非常方便。先在素材库中指定要替换的素材,接着在编辑轨上指定要替换的素材,选择替换工具就可以实现素材的交换。但是由于两段素材的时间长度不一定一致,在覆盖后影片的时间长度会发生变化。

三点编辑,通常被用来让源素材的一部分覆盖或替换掉影片素材中的某个部分。在进行编辑之前,要指定 3 个至关重要的点,即源素材的入点,要插入的素材中的第一帧;影片素材的入点,要被源素材替换的影片素材的第一帧;影片素材的出点,要被源剪辑替换的影片素材的最后一帧。Premiere 将自动计算要替换影片素材的源素材中的部分。例如,在时间轴中有一个飞机的素材,用户希望用蓝天白云的素材替换其中的 2 秒。为此,要在素材源窗口中打开蓝天白云的素材,并设置好它的入点。然后在节目监视窗口中设置飞机素材的入点和出点。当通过单击素材源窗口中的"覆盖"按钮进行三点编辑时,蓝天白云素材将出现在飞机素材的入点和出点范围之内。

四点编辑,需要指定源素材的入点和出点以及影片素材的入点和出点。在进行编辑之前,先选中目标轨道。其他操作与三点编辑的方法相同。如果源素材入点和出点之间的持续时间与影片素材的入点和出点之间的持续时间不匹配时,Premiere 会给出一个提示,让用户选择是否修建源素材或者更改源素材的速度。

2) 音频编辑

在一部影视作品中,声音也是作品的重要组成部分,可以表现人的情绪,吸引观众的注意力。特定的背景音乐可以使人产生喜悦或悲伤的情感。音频效果可以为播放的影片增加真实的效果。因此,优秀的影视作品是与视频后面的声音分不开的。Premiere 提供了强大的音频编辑能力,可以代替多轨录音机和调音台等硬件设备,编辑制作出声画完美结合的影视作品。

Premiere 具有强大的音频处理能力,可以通过调整记录音频的输入电平、均衡、立体声等参数录制高保真的音频。可以兼容处理多种音频格式的文件,WAV、MP3、MIDI 等各种格式。可以对音频进行多轨编辑,完成音频混合、数字降噪、回声、混响、剪辑、覆盖、延迟等声音特效。影视作品中的音频信号可以分为人声、音乐和音响,特定的作品中对声音的频率、响度等物理指标要求不同,可以分别加以处理。经常会根据需要对音频素材进行处理,如调整声音的大小、加快或减慢声音的速度等,以制作出具有专业品质的声音效果。

在系统中有一部分音频信号是以 WAV、MP3 等音频格式独立存在的,可以直接拖曳到时间轴的音频轨道上使用,另外部分音频信号是与视频信号一起存在的,将带有音频信号的视频素材拖曳到时间轴上,音视频信号会分别显示在不同的音视频轨道上,可以对其中的音频和视频分别进行编辑处理。用户可以借助波形来判断声音的大小和开始的位置,对音频信号的处理可以借助参考视频信号来确定起始点和处理的范围。

通常编辑音频的步骤包括,打开待编辑的音频文件,根据影视作品画面和剧情的需要对音频文件进行剪切,然后对筛选的声音文件进行多轨混合、降噪、混响、音量、淡入淡出等编辑处理。

10.2.2　工具面板

在 Premiere 中的工具面板中包含了许多工具,这些工具主要用于编辑时间轴上的素材,如图 10-2 所示。在工具面板中单击这些工具,激活相应的工具即可使用,各个工具的功能如下。

(1) 选择工具,通常用于在时间轴上选取和移动素材。

(2) 轨道选择工具,可以选中一条轨道上的所有元素。按下 Shift 键,使用轨道选择工具,可以选中多条轨道。

(3) 波纹编辑工具,可以在不影响相邻素材的情况下编辑素材。当单击并拖动以延长一个素材的出点时,Premiere 会将下一个素材向右推动以避免改变其入点,从而改变了作品的总时间。如果单击并向

选择工具
轨道选择工具
波纹编辑工具
旋转编辑工具
比例缩放工具
剃刀工具
错落工具
滑动工具
钢笔工具
手形把握工具
缩放工具

图 10-2　工具面板

左拖动以收缩出点,Premiere 不会改变下一个素材的入点。为了补偿这种改变,Premiere
会缩短序列的时间。

（4）旋转编辑工具,可以单击并拖动一个素材的编辑线,并同时更改编辑线前后一个素
材的入点或者出点。当单击或拖动编辑线时,后一个素材的持续时间将自动进行编辑,以配
合前一个素材的改动。例如,如果在前一个素材中增加了 2 秒,则将从下一个素材中减去 2
秒。因此旋转编辑使用户可以编辑一个剪辑,而不改变被编辑影片的总时间。

（5）比例缩放工具,可以通过拖动素材的边缘,调整剪辑的播放速度。

（6）剃刀工具,用于对素材的剪切。按下 Shift 键,使用剃刀工具,可以在多个轨道中同
时剪切剪辑。

（7）错落工具,可以更改两个素材之间的素材的入点和出点,并保持该素材原来的持续
时间。在拖动素材时,素材左右两边的相邻素材不会改变。因此,序列的持续时间也不会
改变。

（8）滑动工具,可以对位于序列中两个其他素材中间的那个素材进行编辑。滑动编辑
维持了正在拖动的剪辑的入点和出点,同时改变了与选中素材相邻的素材的持续时间。进
行滑动编辑时,向右拖动,将延长前面素材的出点,同时也延长了后一个素材的入点。向左
拖动,将缩短前一个素材的出点,同时也缩短了后一个素材的入点。因此,被编辑素材和整
个被编辑影片的持续时间不会改变。

（9）钢笔工具,在调整视频和音频素材的时候,可以在时间轴上创建关键帧。

（10）手形把握工具,可以在不改变时间间隔的情况下,滚动时间线,查看素材的各个
部分。

（11）缩放工具,是另一个改变时间轴时间间隔的方式。选中缩放工具,直接单击可以
放大时间间隔,按下 Ctrl 键后再单击可以缩小时间间隔。

10.2.3　监视窗口

监视窗口主要用来预览作品的效果。要预览效果,可以在素材源监视器窗口或者节目
监视器窗口中单击“播放”按钮。在监视窗口中,还可以设定素材的入点和出点。入点和出
点将决定素材中的哪一部分会出现在项目中。

在 Premiere 中一共有 5 种监视窗口,分别是素材源监视窗口、节目监视窗口、修剪监视
窗口、参照监视窗口、多机摄像监视窗口。这些窗口都可以通过 Premiere 的窗口菜单打开。

（1）素材源监视窗口,用于显示尚未被添加到时间轴的视频轨道上的原始素材。在素
材源监视窗口中,可以为素材设定入点和出点,并将它们以插入或覆盖的方式添加到作品中。
在素材源监视窗口中,还可以显示音频素材的波形表。素材源监视窗口如图 10-3 所示。

（2）节目监视窗口,用来播放整个影视作品,也就是在时间轴窗口中的视频序列中组接
起来的所有元素,包括视频素材、图像、特效、视频过渡等。单击“播放”按钮或者直接按下键
盘上的空格键就可以播放作品了。素材源窗口通常用来显示尚未添加到时间轴上的原始素
材,而节目监视器窗口显示已经添加到时间轴上的影片素材,如图 10-4 所示。

（3）修剪监视窗口,用来对作品做更为精确的微调处理。在节目监视窗口中单击“修
剪”按钮,就可以打开修剪监视窗口。在修剪监视窗口中有两个监视器,显示着待处理作品
的开始部分和结束部分。在两个监视器之间通过拖曳鼠标,可以为素材的这两个部分添加

图 10-3　素材源监视窗口

图 10-4　节目监视窗口

或移除帧。也可以通过单击窗口中的"数字"按钮,来决定每次添加或移除 1 帧或者 5 帧。修剪监视窗口可以准确更改时间轴上素材的编辑点。在窗口中可以通过单击在编辑点之间移动,然后在编辑线的任何一边删除或增加帧。在修剪监视窗口中可以创建波纹编辑和旋转编辑。在进行波纹编辑时,项目持续时间的增加或者减少根据在编辑时是增加了帧还是删除了帧而决定。在进行旋转编辑时,项目持续时间保持不变。在使用修剪监视窗口之前,应该确保在时间轴上至少有两个不同的相邻素材。一直开着时间轴窗口,可以在编辑过程中查看效果。修剪监视窗口如图 10-5 所示。

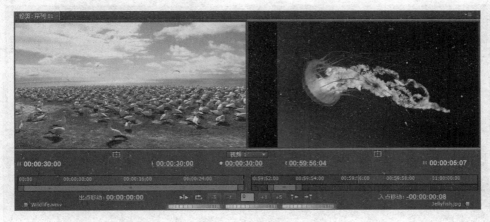

图 10-5　修剪监视窗口

（4）参照监视窗口,经常被用来调整影片的色彩和色调。用户可以一边在节目监视窗口中查看影片的实际效果,一边在参考监视窗口中查看它的映像示波器。参照监视窗口的内容可以和节目监视窗口一起同步播放,也可以单独播放。参照监视窗口如图 10-6 所示。

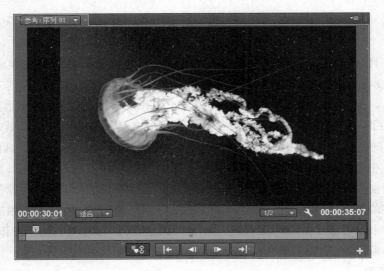

图 10-6　参照监视窗口

（5）多机摄像监视窗口,可以同时查看四段不同的素材,当在窗口中播放素材时,通过鼠标或者键盘的操作,可以将某个素材直接插入影片序列中。多机摄像监视窗口在同时处理来自多个不同摄像机的内容时非常有用。例如,同时使用多个摄像机拍摄现场事件时,如果按照顺序编辑这些素材费时费力。可以使用 Premiere 的多机摄像监视窗口模拟视频切换器的功能,可以自由地选择摄像机的镜头,最多可以同时查看 4 个视频源,快速地将最好的镜头放入播放序列里。当视频滚动时,可以选中 4 个同步视频源中的任何一个。在完成多机摄像编辑之后,可以返回序列,在各个摄像机之间替换素材。多机摄像监视窗口如图 10-7 所示。

图 10-7　多机摄像监视窗口

10.2.4　特效窗口

在电视节目,尤其是新闻类和纪实类电视节目中,通常镜头之间的切换采用硬切的方法,镜头画面没有做任何特殊处理,两个相邻镜头的组接也没有任何技巧,前一个镜头紧挨着后一个镜头。但是,随着技术的发展和影片艺术创作的需要,有必要对原始素材人为地进行特殊处理,在两个相邻的镜头之间需要采用特殊的技巧转场方式。这些特效和转场使影片制作有了丰富的创作力,也强化了影视画面对观众的视觉刺激,极大地丰富了画面的表现力。

Premiere 中的特效窗口为用户提供了大量有用的特效和过渡,用户可以在音频和视频的编辑过程中使用并实现相应的效果,如调整颜色、调整图像的对比度、划像等。所有的特效都以文件夹的形式进行了分类排放。特效的使用方法很简单,只要拖曳相应的特效时间轴上某个素材上就可以了。如果需要进一步编辑调整,可以在时间轴上双击该特效,就会进入到特效控制窗口,在里边调节相应的参数以改变效果。

1. 视频特效

Premiere 的特效窗口中有一个视频特效文件夹,文件夹中提供了多种视频特效,对视频素材进行画面处理或者实现特殊效果。例如,调整色度、键控、改变色温、柔化、模糊等,还可以加入模拟自然界的光晕效果、燃烧效果、蝴蝶飞舞效果等。

2. 视频切换效果

视频切换效果文件夹中包括多种视频转换效果,可以实现相邻两段素材之间的特技转换,如淡入淡出、叠化、划像等转场效果。

使用视频切换效果连接镜头是影视视听语言的基本表现手段之一。用于影片情节段落之间的转换,强调观众心理的隔断性,使观众有明确的段落感觉。不同的视频切换效果会产生不同的视觉心理效果,它直接关系到画面的时空变化、场景转换的力度和画面内涵的拓展,会对观众的视觉感受、审美感知等产生影响。例如,淡入淡出的效果,使观众心理上产生间歇或重新开始的感觉,一般用于大段落的切换,指明在时间连贯性上有一个大的中断。又如,叠化效果,其转换过程柔和、自然、流畅,主要用于较小段落的转场,或者表示一个时间或空间上的较小转变,或者表示两个地方同时发生的事情。因此,合理地利用视频切换效果,可以更加明确地表达出影片的逻辑关系,更加清晰地叙述影片剧情的发展,使观众更加容易理解影片作品的内涵。

3. 音频特效

在 Premiere 中还提供了各种各样的音频特效,用于改善音频素材的音质,制作出不同寻常的声音特效。例如,调节音量、转换声道、混合多路声音等。例如,延迟特效可以使声音在一段时间的延迟之后,再次重复播放声音,可以使声音变形,听起来像是从一个大屋子的四面八方传来的或者像是从大峡谷中产生的回声一样。又如,音频特效中的音高变换器特效,可以更改音高,特别是在制作声音变化效果的时候,可以产生一些特殊的效果,可以使音频中的人声听起来像是来自外太空一样。

4. 音频切换效果

在 Premiere 的音频切换效果文件夹中提供了两种淡入淡出特效。恒定增益和恒定放大,恒定放大是一种默认的过渡,它的效果使声音好像由远及近地接近,又由近及远地离开。通常在两个音频素材之间使用淡入淡出的效果以产生平滑的过渡。

视频和音频特效及切换特效窗口如图 10-8 所示。

图 10-8　特效窗口

10.3　参数设置

10.3.1　常规设置

新创建项目文件时对话框的常规设置部分,里边提供了项目的一些主要常规设置选项,如图 10-9 所示。

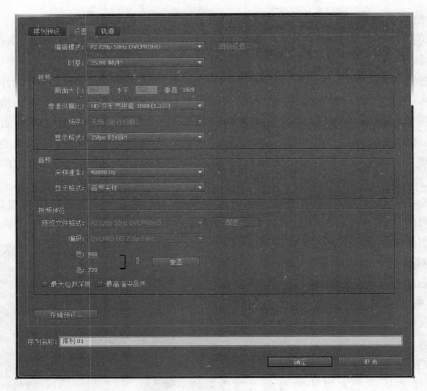

图 10-9　常规设置窗口

（1）编辑模式。该选项设置了时间线的播放方式和压缩设置。当选择了 DV 预选项之后，编辑模式将自动地设置为 DV NTSC 或 DV PAL。如果没有选中预设置项，那么可以在自定义设置选项卡中选择一种编辑模式。如果处理的是采用正方形像素的模拟视频，那么编辑模式可以选择自定义选项，这样就可以在帧大小选项中将帧大小调整为与原始素材一样的尺寸。

（2）时间基准。时间基准决定了在计算编辑精度时，Premiere 划分视频帧的方式。一般情况下，时间基准应该与采集到的素材的帧频率一致。对于 DV 项目，时间基准固定为29.97，这是不可以改变的。PAL 项目的时间基准应该是 25，电影胶片项目的时间基准应该是 24。时间基准选项的值也决定了显示格式项的选择。时间基准项和显示格式项决定了时间轴窗口中标尺上的记号标志的位置。

（3）画面大小。画面大小是以像素为单位的画面宽度和高度。第一个数字表示的是帧的宽度，第二个数字表示的是帧的高度。如果选择的是 HDV 720p 编辑模式，那么项目的帧大小就是 1280 像素×720 像素。如果在创建项目时选择的是自定义编辑模式，那么帧大小是可以更改的。

（4）像素纵横比。这个选项应该与图像中一个像素的宽高比相匹配。如果是模拟视频和由软件制作出来或者是扫描得到的图像，应该选择方形像素。又如，D1/DV PAL 像素纵横比是 1.067，HDV 720p 是正方形像素的格式。

（5）场序，NTSC、PAL 和 SECAM 标准都将每一帧划分为两个场。在 NTSC 制式的视频中，帧频率大约是 29.97 帧/秒，每秒将显示大约 30 个视频帧。每一帧划分为两个场，每场显示 1/60 秒。PAL 制式系统中，每秒显示 25 个视频帧，而每个场都显示 1/50 秒。

（6）视频显示格式。它决定了 Premiere 在播放时间轴上的内容时使用的帧数，以及是使用失帧的时间码还是使用非失帧的时间码。在 Premiere 中，时间码是时间轴以及其他窗口中显示的视频项目的时间。

（7）字幕安全区域和动作安全区域。在字幕安全区域和动作安全区域中进行编辑操作，可以有助于防止监视器的过扫描，过扫描会让电视机的屏幕将画面的边缘部分切掉，这对于项目在视频监视器上正常显示至关重要。它们提供了警戒的边界，显示了字幕和动作可以正常显示的限制区域，可以使用百分比的形式更改字幕和动作的安全区域。

（8）音频采样率。它决定了音频的质量。采样率越高，声音的音质就越好。最好将该选项的值设置为与音频素材的采样率保持一致。如果选择了其他不同的采样率，那么就需要做大量的处理工作，使其一致，这样音质就会受到比较大的影响。

（9）音频显示格式。在处理音频素材的时候，可以更改时间轴窗口或者监视器窗口的显示方式，使它们按照音频单位而不是视频单位的帧来显示素材。在该选项中，可以将音频单位设成毫秒或者是音频采样样本。

10.3.2　采集设置

在使用 Premiere 制作的项目中，视频素材的品质好坏很大程度上取决于视频素材的采集方式。在 Premiere 中提供了非常有效而可靠的采集选项。在采集过程开始之前，要进行采集设置，与采集有关的默认项包括暂存盘设置和设备控制设置。

1. 设置暂存盘参数

不管是采集数字视频还是对模拟视频做数字化处理，首先就是要为 Premiere 的暂存盘指定正确的存储路径。暂存盘就是实际采集时用到的磁盘。必须保证磁盘有足够的可用空间。在 Premiere 中可以为视频和音频指定不同的暂存盘路径。通过菜单中的"编辑"→"参数"→"暂存盘"命令，查看暂存盘的设置。要改变视频或音频的采集设置，单击"浏览"按钮，通过导航器重新指定采集路径，如图 10-10 所示。

图 10-10　"暂存盘"窗口

2. 设置采集参数

通过菜单中的"编辑"→"首选项"命令，查看采集的参数，如图 10-11 所示。在其中可以指定当发生失帧时，是否停止采集会话、是否报告失帧的情况，以及在采集失败的时候是否生产批量日志文件。如果要使用由外部设备生成的时间码，而不是素材本身的时间码，可以选择使用设备控制时间码。

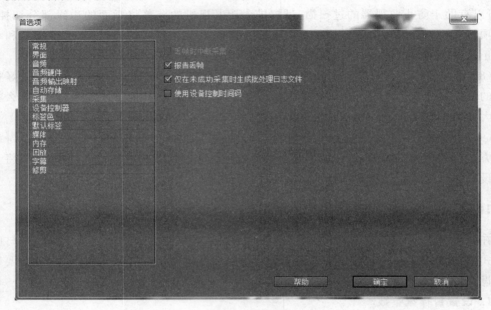

图 10-11 "采集"选项

3. 设置设备控制参数

如果系统支持设备控制，可以通过 Premiere 屏幕上的按钮，启动或停止录制过程，并设置入点和出点。如果要使用设备控制，就从设备下拉菜单中选择"DV/HDV 设备控制器"选项。如果不使用设备控制，可以从设备下拉菜单中选择"无"选项。

预卷用于设置提前量，可以使播放设备在采集开始之前做好准备，并运转到工作速度。

时间码偏移可以更改采集到的视频上的时间码，使其与原始录影带上的帧保持一致。设备控制器的设置如图 10-12 所示。

4. 项目的采集设置

项目的采集设置决定了视频和音频的采集方式，一般从 DV 摄像机采集视频的过程比较简单。DV 机自身会进行压缩和数字化处理，需要更改的设置比较少。如果是从 DV 源进行采集，则可以选择一个 DV 项目的预设置。

通过菜单中的"项目"→"项目设置"→"采集"命令，单击采集格式下拉菜单中与素材相匹配的设置项：Adobe HD-SDI Capture、DV Capture 或者 HDV Capture。

5. 采集窗口设置

采集窗口中的设置，决定了视频和音频素材是否同时采集。在采集窗口中也可以更改暂存盘和设备控制参数的值。通过菜单中的"文件"→"采集"命令，打开"采集"窗口。选择"设置"选项卡，可以查看采集设置。在采集设置窗口中，显示的是"项目设置"对话框中所选的采集格式设置。单击"编辑"按钮打开"项目设置"对话框。如果采集的是 DV，那么帧大小或者音频选项都不能更改。只有拥有第三方采集板的 Premiere 用户才可以更改帧大小、帧频率和音频采样率的设置。

"采集位置"选项中显示的是视频和音频的默认设置。单击"浏览"按钮,可以更改视频和音频的采集位置。

"设备控制"选项显示的是"设备控制首选项"对话框的默认设置。在这里可以更改默认设置,可以单击"选项"按钮设置播放设备。如果在采集过程中发生失帧,也可以在这里选择中止会话。

采集参数设置窗口如图 10-13 所示。

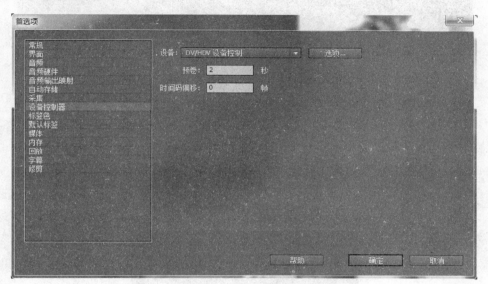

图 10-12　设备控制器设置

10.3.3　视频渲染设置

在"项目设置"对话框的视频渲染部分,可以指定视频播放时的一些设置。选择菜单中的"文件"→"新建"→"项目"命令,然后选择"自定义设置"选项卡,再单击"视频渲染"按钮之后就会出现"视频渲染"窗口。如果在创建项目之后打开该窗口,可以选择"项目"→"项目设置"→"视频渲染"命令。

最大位数深度选项指定了在该项目的设置中,Premiere 显示视频的最大位深,位深最大为 32 位。

视频渲染设置窗口中的预览部分指定了在 Premiere 中视频预览的方式。其中的大部分选项由项目的编辑模式决定,并且不能更改。例如,在 DV 项目中,所有的选项都不能更改。如果选择的是自定义编辑模式,那么可以在"压缩"下拉菜单中选择"编码解码器"。如果选择的是 HD 编辑模式,那么可以选择文件格式中的选项。在视频渲染窗口的预览部分各部分可选的情况下,可以选择合适的文件格式、压缩器和色彩深度,以便控制好影片质量、渲染时间和文件量大小之间的关系。

选择"优化静帧"选项之后,Premiere 会在渲染静态图像时减少帧的使用数量。

视频渲染设置窗口如图 10-14 所示。

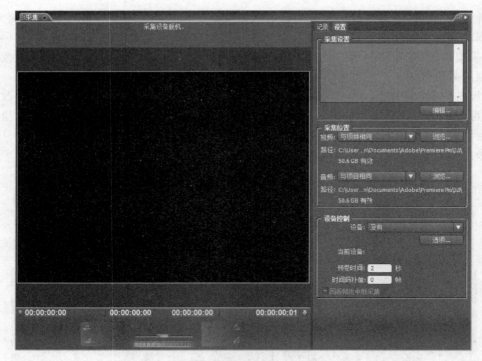

图 10-13　采集参数设置窗口

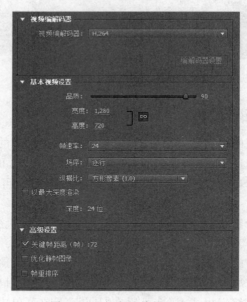

图 10-14　视频渲染设置窗口

10.3.4　默认序列设置

在项目设置的默认序列设置部分,可以为新创建的项目设置时间轴的默认参数,包括时间轴窗口中视频轨道和音频轨道的数量。

更改这个对话框中的设置参数并不会影响当前的时间轴。只有当创建新项目或者新的序列时，添加另一条时间轴到项目当中的时候，设置才会发生作用。在对话框的选项中，可以更改视频轨道和音频轨道的数量，也可以选择是否创建子混合轨道。默认序列的设置如图 10-15 所示。

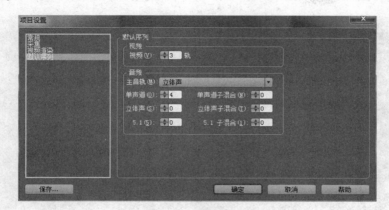

图 10-15　默认序列设置

10.4　电影制作实例

10.4.1　新项目文件的建立

运行 Adobe Premiere CS6 程序，启动之后，Premiere 会打开上一次退出时正在编辑的项目。如果 Premiere 已经启动，可以通过"文件"→"新建"→"项目"菜单命令选择创建新项目选项。每次创建新项目时，都会弹出"新建项目"对话框，如图 10-16 所示。在对话框的"常规"选项卡中选择要保存的文件路径和名称，单击"确定"按钮，会弹出"新建序列"对话框，在其中的"序列编辑模板"选项卡中选择一个视频制式，在"常规"选项卡中进一步设置所需要的视频制式，包括画面的大小、像素比、帧速率等。在设置完对话框中的各项参数后，就可以创建一个全新的项目文件。

图 10-16　新建项目常规设置

通常总是选择与原始素材相匹配的项目配置。在本实例中,设置文件名称为"test",文件路径选择"我的文档"。在"新建序列"对话框中选择 HDV 中的"720p",在"常规"选项卡中会显示 720p 的配置信息,如图 10-17 所示。单击"确定"按钮,完成项目创建。

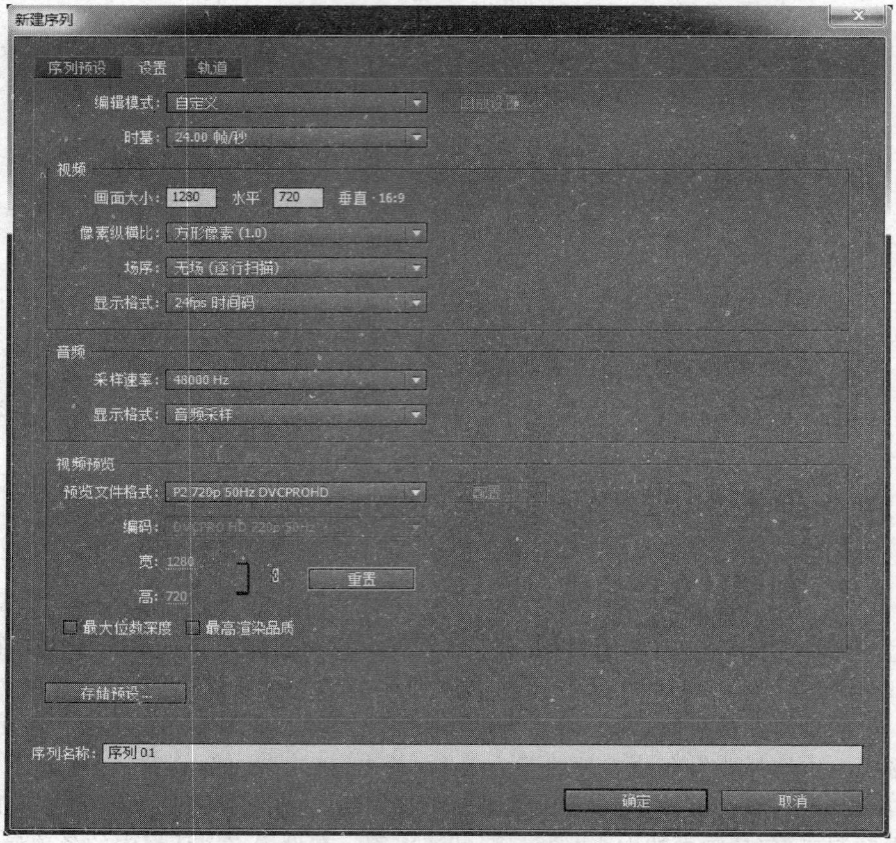

图 10-17 序列设置窗口

10.4.2 素材的剪辑

1. 导入素材

Premiere 支持编辑多种数码格式的视频、音频和静态图像文件。Premiere 支持多种导入方式,包括导入单个文件、导入多个文件、导入整个文件夹,也可以将整个项目文件导入到另一个项目中。导入的素材存放在 Premiere 的项目窗口中,可以设置以缩略图或以列表形式显示。在每一个素材上都显示一些信息,指明该项是视频剪辑、音频剪辑或图像。

通过"文件"→"导入"菜单命令,在素材文件夹中选择项目所需的视频、音频、图片等文件,单击"导入"按钮即可将所选素材放置在项目窗口中。本项目导入了一段工程师介绍光伏产业的视频,一盏闪烁的灯的视频,一个人使用 iPad 的视频,一段纯音乐,以及其他相关的素材,如图 10-18 所示。

2. 查看素材

在项目窗口中查看导入的素材,可以将鼠标放置在某个视频素材上,视频会在原地自动播放,可以试听音频。双击素材可以在项目窗口上方的源窗口中打开,单击"播放"按钮可以查看素材的预览效果。

图 10-18　导入素材

3. 组接素材

在开始编辑工作之前,要在项目窗口右边的时间轴窗口中按照影片要表达的主旨意思,按照一定的顺序导入素材。其中包含组成作品的所有元素,包括视频、音频、特效和过渡。

在项目窗口中选中要使用的素材,单击并拖动该素材,将它放置在时间轴窗口的某个轨道上。在编辑作品时,需要不断地在时间轴上对素材剪辑的位置做出调整。利用项目窗口与时间轴窗口中间的工具面板提供的工具,包括选择、剃刀、轨道选择等工具,根据作品剧情的需要,使用插入编辑、波纹编辑、覆盖编辑、三点编辑、四点编辑等方法,对放置在时间轴上的素材进行编辑,包括素材的持续时间,素材出现的先后顺序等,如图 10-19 所示。

图 10-19　组接素材

10.4.3 特技效果的使用

1. 制作字幕

执行"字幕"→"新建字幕"命令,弹出"新建字幕"对话框,如图 10-20 所示,然后在如图 10-21 所示的窗口中可以使用文本工具,在特定的时间和画面合适的位置添加字幕,可以通过右边的字幕属性面板编辑字幕的样式。在画面下方,制作字幕"光伏产业介绍",并设定文字的样式。关闭窗口完成字幕的制作。

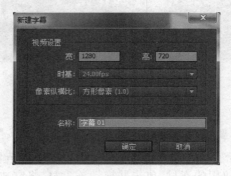

图 10-20 "新建字幕"对话框

图 10-21 "字幕编辑"窗口

2. 视频特效

打开效果窗口,选择其中的"视频特效"→"模糊与锐化"→"快速模糊"特效选项,单击并拖动至"Bulb_60fps_B_roll.mp4"素材上,双击素材,打开特效控制台窗口,设置模糊值为 45。此时该素材被做了模糊处理,如图 10-22 所示。

图 10-22 模糊视频特效

3. 视频切换

在节目窗口中，单击"播放"按钮，可以预览到目前为止的工作成果。在播放过程中，发现视频片段之间的跳跃很突然，使观众在心理上难以接受。因此，需要在两段视频之间加入过渡，让素材片段与素材片段之间的过渡变得更加自然。

在第一段和第二段素材之间加入划像的过渡效果。打开效果窗口，选择其中的"视频切换"→"划像"→"划像交叉"选项，单击并拖动该选项到第一段和第二段素材之间。在时间轴上双击该过渡效果，打开特效控制台窗口，面板中的选项是划像的各种参数，可以设定划像过渡效果的起始点和结束点，"对齐"选项中选择"居中于切点"，设定划像过渡持续的时间是2秒，如图 10-23 所示。

10.4.4 添加音频

到目前为止，项目大部分的编辑工作已经基本完成，再加上一段音频作为背景音乐就可以了。在 Premiere 中音频和视频的处理方式很相似。把音频文件拖曳到时间轴上，并降低该音频的音量。

选择合适的纯音乐音频，单击并拖曳至声轨 2 的轨道上，使得音频轨道与视频轨道的起点处于同一位置。双击音频素材，打开特效控制台，在"音量"选项中降低音量，与视频素材中的对白声音相协调，背景音乐音量不能太大，以免影响对白声音的表达，如图 10-24 所示。

图 10-23　划像特效

图 10-24　添加音频

10.5　输出影片

Premiere 能够输出的视频格式以及其他媒体格式有多种，根据影片播放媒介的不同，将最终的输出分为两大类，一类是用于广播电视的输出；另一类是用于计算机的数码格式。对于影片的每一种压缩格式，都包括多种数字编码器，不同的压缩编码器有不同的算法和用途，压缩的方法、比例和质量是不相同的。其中不仅包括 MPEG-1 和 MPEG-2 格式，还支持输出 RealMedia、QuickTime 和 Windows Media 等主流媒体格式。用户除了可以对压缩率等参数进行详细的设置以外，还可以选用逐行化、过滤视频噪声、缩放等滤镜对视频进行预处理。Premiere 能够将视频内容直接输出到 DVD 光盘上。可以事先在 Premiere 的时间线上设置一些必要的 DVD 标记，然后根据这些标记创建相应的按钮，可以预览处理后的效果。最后，关闭 DVD 预览，单击"刻录"按钮，可以直接从 Premiere 中刻录 DVD 光盘。

经过了视频编辑的过程之后，将完成的项目输出为独立的数字视频文件是 Premiere 中非线性编辑工作流程中的最后一步。在保存文件之后，执行"文件"→"导出"→"媒体"命令，会弹出"导出设置"窗口，在该窗口中的左下角可以选择输出区域，可以选择输出整段序列、序列入点/序列出点，工作区或者自定义。在"输出"设置选项卡中，单击"格式"下拉列表，列出了 Premiere 支持的多种导出视频格式，包括 Windows Media、AVI、H. 264、MPEG-4、QuickTime、FLV、F-4V 等格式。在下面的预设下拉列表中提供了各种格式对应的"预设"选项，根据需要进行选用。单击输出名称后面的黄颜色字，可以设置输出的视频文件的保存名称和路径。参数设置完毕以后，单击窗口右下方的"导出"按钮进行输出。输出结束后可以在输出的文件夹中找到所输出的视频文件并进行播放预览。

下面是导出两种视频格式的方法。

（1）导出 Windows Media 文件。执行"文件"→"导出"→"媒体"命令，弹出"导出设置"窗口，在"格式"下拉列表框中选择 Windows Media 选项。单击"输出名称"后边的"序列01.wmv"，为将要导出的视频文件指定存储路径和文件名称。"视频编解码器"选择 Windows Media Video 9。在"基本视频设置"选项中，画面大小保持默认的 1280×720，"帧速率"为 24f/s，"场序"为逐行扫描，如图 10-25 所示。设置完毕以后，单击"导出"按钮，即可在指定位置出现 Windows Media 的视频文件。

图 10-25　导出 Windows Media 文件

（2）导出 QuickTime 文件。执行"文件"→"导出"→"媒体"命令，弹出"导出设置"窗口，在"格式"下拉列表框中选择 QuickTime 选项。单击"输出名称"后边的"序列 01. mov"，为将要导出的视频文件指定存储路径和文件名称。"视频编解码器"选择"H. 264"。在"基本视频设置"选项中，"品质"设定为 90，画面大小保持默认的 1280×720，"帧速率"为 24f/s，"场序"为逐行扫描，如图 10-26 所示。设置完毕以后，单击"导出"按钮，即可在指定位置出现 QuickTime 的视频文件。

图 10-26　导出 QuickTime 文件

10.6　本章小结

本章主要让读者了解 Premiere 的强大功能，介绍了 Premiere 软件的基础使用知识，从认识软件界面到设置项目参数，再到制作实际项目，再到输出项目影片全过程。通过本章的学习让读者掌握了视频剪辑的知识，掌握了视频剪辑的几种方法，掌握了特效的使用、字幕的制作方法等。

习题 10

1. 简述 Premiere 工具面板各个工具的使用方法。
2. 简述视频渲染的设置参数。
3. 简述输出 QuickTime 影片的具体步骤。

参 考 文 献

[1] 贾勇,孟权国. 完全掌握 Flash CS6 白金手册. 北京:清华大学出版社,2012.

[2] 吴志华,邱军虎. Flash CS4 动画设计与制作 208 例. 北京:人民邮电出版社,2009.

[3] 使用 Flash 骨骼工具制作角色动画. 百度文库,2011.

[4] 李年敏. Flash 的骨骼工具制作皮影动画技巧. 百度文库. 2013.

[5] 中国教程网. Flash 鼠绘入门教程系列课程. http://www. 360doc. com/content/09/1117/18/283614_
     9232537. shtml,2009.

[6] 海天. Photoshop CS6 入门与提高. 北京:人民邮电出版社,2013.

[7] 刘达,龚建荣. 数字电视技术. 北京:电子工业出版社,2005.

[8] 黎洪松,陈冬梅. 数字视频与音频技术. 北京:清华大学出版社,2011.

[9] 高文,赵德斌,马思伟. 数字视频编码技术原理. 北京:科学出版社,2010.

[10] Charles Poynton. A Digital Video and HDTV: Algorithms and Interfaces. Morgan Kaufmann Publishers,
      2003.

[11] 赵艳铎. 网页设计与制作基础培训教程. 北京:中国铁道出版社,2004.

[12] 孔璐,袁珏. CSS+DIV 网页设计开发技术与实例应用. 北京:国防工业出版社,2010.

[13] 温谦. CSS 网页设计标准教程. 北京:人民邮电出版社,2010.

[14] 陈学平. Dreamweaver 8.0 网页制作自学手册. 北京:电子工业出版社,2006.

[15] 张永宝,李刚. Dreamweaver 8 中文版入门与提高. 北京:清华大学出版社,2007.

[16] 贾素玲,王强. HTML 网页设计. 北京:清华大学出版社,2007.

[17] 贾铮,王鞲,雷奇文. HTML+CSS 网页布局开发指南. 北京:清华大学出版社,2008.

[18] 叶青,孙亚南,孙泽军. 网页开发手记. 北京:电子工业出版社,2011.

[19] 胡崧. HTML 从入门到精通. 北京:中国青年出版社,2007.

[20] 李四达. 数字媒体艺术概论. 北京:清华大学出版社,2011.

[21] 金辅堂. 动画艺术概论. 北京:中国人民大学出版社,2011.

[22] 李飞雪. 影视声音艺术概论. 北京:中国广播电视出版社,2010.

[23] 孙聪. 动画运动规律. 北京:清华大学出版社,2011.

[24] 朱明健,周艳. 动画技法. 北京:高等教育出版社,2012.

[25] 刘强. Adobe Audition3 标准培训教材. 北京:人民邮电出版社,2011.

[26] 付龙,张岳. 声音设计与制作. 北京:高等教育出版社,2012.

[27] 周小波. 数字游戏场景设计. 北京:高等教育出版社,2012.

[28] 翟晓. 数字动画编导制作. 北京:清华大学出版社,2010.

[29] 左明章,刘震. 非线性编辑原理与技术. 北京:清华大学出版社,2010.

[30] 理查德·威廉姆斯. 原动画基础教程. 北京:中国青年出版社,2011.

[31] 王毅敏. 计算机动画制作与技术. 北京:清华大学出版社,2010.

[32] 朱耀庭,穆强. 数字化多媒体技术与应用. 北京:电子工业出版社,2006

[33] 林福宗. 多媒体技术与应用. 北京:清华大学出版社,2000.

图 书 资 源 支 持

感谢您一直以来对清华版图书的支持和爱护。为了配合本书的使用，本书提供配套的资源，有需求的读者请扫描下方的"书圈"微信公众号二维码，在图书专区下载，也可以拨打电话或发送电子邮件咨询。

如果您在使用本书的过程中遇到了什么问题，或者有相关图书出版计划，也请您发邮件告诉我们，以便我们更好地为您服务。

我们的联系方式：

地　　址：北京市海淀区双清路学研大厦 A 座 701

邮　　编：100084

电　　话：010－62770175－4608

资源下载：http：//www.tup.com.cn

客服邮箱：tupjsj@vip.163.com

QQ：2301891038（请写明您的单位和姓名）

用微信扫一扫右边的二维码，即可关注清华大学出版社公众号"书圈"。

资源下载、样书申请

书圈

扫一扫，获取最新目录